JN033721

シリーズ **現代の天文学** ［第2版］ 第12巻

天体物理学の基礎 II

観山正見・野本憲一・二間瀬敏史 ［編］

日本評論社

□絵1　重力多体系の典型的天体（1.1節, 1.2節参照）
（上）球状星団：M13（Adam Block-http://www.caelumobservatory.com/gallery/m13.shtml）
（下）楕円銀河：M87（Canada-France-Hawaii Telescope, J.-C. Cuillandre (CFHT), Coelum提供）

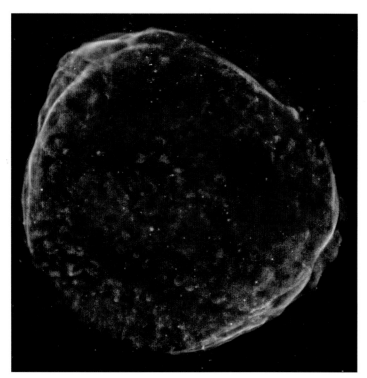

口絵2
宇宙のさまざまなプラズマ現
象（2章参照）
（上）地球のオーロラ（国立極
地研究所提供）
（下）「チャンドラ」衛星がX線撮
像した超新星残骸1006
（NASA/CXC/Middlebury
College/F.Winkler提供）

（上）「ひので」衛星が観測した太陽コロナのX線画像（国立天文台／JAXA提供）
（中）ハッブル宇宙望遠鏡によるかに星雲（NASA,ESA,J.Hester and A.Loll(Arizona State University)提供）
（下）電波望遠鏡（NRAO）がみた白鳥座Aのジェット（NRAO/AUI提供）

口絵3
（上）1921年にウィーンで講演するアインシュタイン
（下左）1919年にアインシュタインの理論を確かめるため，エディントン卿の率いる観測隊が撮影した皆既日食の写真
（下右）その観測によりアインシュタインの理論が勝利を収めたことを報じるニューヨークタイムズ（1919年11月10日付）
（1.3節参照）

LIGHTS ALL ASKEW
IN THE HEAVENS

Men of Science More or Less
Agog Over Results of Eclipse
Observations.

EINSTEIN THEORY TRIUMPHS

Stars Not Where They Seemed
or Were Calculated to be,
but Nobody Need Worry.

A BOOK FOR 12 WISE MEN

No More in All the World Could
Comprehend It, Said Einstein When
His Daring Publishers Accepted It.

シリーズ第2版刊行によせて

　本シリーズの第1巻が刊行されて10年が経過しましたが，この間も天文学の
めざましい発展は続きました．2015年9月14日に，アメリカの重力波望遠鏡
LIGOによってブラックホール同士の合体から発せられた重力波が検出されまし
た．これによって人類は，電磁波とニュートリノなどの粒子に加えて，宇宙を観
測する第三の手段を獲得しました．太陽系外惑星の探査も進み，今や太陽以外の
恒星の周りを回る3500個を越す惑星が知られています．生物の住む惑星はもと
より究極の夢である高等文明の探査さえ人類の視野に入ろうとしています．観測
された最遠方の銀河の距離は134億光年へと伸びました．宇宙の年齢は138億
年ですから，この銀河はビッグバンからわずか4億年後の宇宙にあるのです．ま
た，身近な太陽系の探査でも，冥王星の表面に見られる複数の若い地形や土星の
衛星エンケラドス表面からの水の噴き出しなど，驚きの発見が相次いでいます．
　さまざまな最先端の観測装置の建設も盛んでした．チリのアタカマ高原にある
日本（東アジア），アメリカ，ヨーロッパの三極が運用する電波干渉計アルマ
（ALMA）と，銀河系の星全体の1%にあたる10億個の星の位置を精密に測る
ヨーロッパのGaia衛星が観測を始めています．今後に向けても，我が国の重力
波望遠鏡KAGRA，口径30mの望遠鏡TMT，長波長帯の電波干渉計SKA，
ハッブル宇宙望遠鏡の後継機JWSTなどの建設が始まっています．
　このような天文学の発展を反映させるべく，日本天文学会の事業として，本シ
リーズの第2版化を行うことになりました．第1巻から始めて適切な巻から順
次全17巻を2版化して行く予定です．「新版シリーズ現代の天文学」が多くの
方々に宇宙への夢を育む座右の教科書として使っていただければ幸いです．

2017年1月

日本天文学会第2版化WG　岡村定矩・茂山俊和

シリーズ刊行によせて

　近年めざましい勢いで発展している天文学は，多くの人々の関心を集めています．これは，観測技術の進歩によって，人類の見ることができる宇宙が大きく広がったためです．宇宙の果てに向かう努力は，ついに 129 億光年彼方の銀河にまでたどり着きました．この銀河は，ビッグバンからわずか 8 億年後の姿を見せています．2006 年 8 月に，冥王星を惑星とは異なる天体に分類する「惑星の定義」が国際天文学連合で採択されたのも，太陽系の外縁部の様子が次第に明らかになったことによるものです．

　このような時期に，日本天文学会の創立 100 周年記念出版事業として，天文学のすべての分野を網羅する教科書「シリーズ現代の天文学」を刊行できることは大きな喜びです．

　このシリーズでは，第一線の研究者が，天文学の基礎を解説するとともに，みずからの体験を含めた最新の研究成果を語ります．できれば意欲のある高校生にも読んでいただきたいと考え，平易な文章で記述することを心がけました．特にシリーズの導入となる第 1 巻は，天文学を，宇宙－地球－人間という観点から俯瞰して，世界の成り立ちとその中での人類の位置づけを明らかにすることを目指しています．本編である第 2－第 17 巻では，宇宙から太陽まで多岐にわたる天文学の研究対象，研究に必要な基礎知識，天体現象のシミュレーションの基礎と応用，およびさまざまな波長での観測技術が解説されています．

　このシリーズは，「天文学の教科書を出してほしい」という趣旨で，篤志家から日本天文学会に寄せられたご寄付によって可能となりました．このご厚意に深く感謝申し上げるとともに，多くの方々がこのシリーズにより，生き生きとした天文学の「現在」にふれ，宇宙への夢を育んでいただくことを願っています．

2006 年 11 月

編集委員長　岡村定矩

第2版はじめに

　「シリーズ現代の天文学」第 12 巻の『天体物理学の基礎 II』第 2 版を上梓する.

　天体物理学は,宇宙の中で,我々はどこにいて,どこから来て,どのような将来を迎えるかに答えを見いだす試みであり,人間の根源的な知的活動である.宇宙は,ビッグバン以後の長大な時間と,膨大な空間を表し,その中には,さまざまな天体を有する.宇宙は,その大きさゆえに,多様でかつ複雑さを内在していると思われるが,巨視的に見るならばきわめてシンプルなシステムである.すなわち,この巨大なスケールや,長大な時間スケールで見る限り,さまざまな微視的複雑さは消え,物理学の基礎法則に直接反映された世界が見えてくる.

　本シリーズは,現在最先端の天体物理学や天文学を理解するための教科書であるが,その中で,宇宙を支配する基礎過程や基礎方程式を『天体物理学の基礎 I』と II で示す.我が国の天文学の教科書において,これまで,天体物理学に必要な基礎過程等に集中して記したものはあまりなかった.したがって,このシリーズの刊行の機会に,天文学をただ知識として知るだけでなく,さまざまな現象を深く解析・理解することが重要で,そのための一助となることを願って本巻を出版することとした.

　『天体物理学の基礎 II』が初版が出版されたのは,2008 年であった.それから今日まで,数々の天文学的・天体物理学的な発見があった.たとえば,太陽系外の多様な惑星の発見が続き,「はやぶさ」や「はやぶさ 2」による小惑星からのサンプルリターンの成功,ブラックホールまたは中性子星同士の衝突による重力波の初検出,EHT（Event Horizon Telescope）によるブラックホールの直接撮像,ALMA（Atacama Large Millimeter and sub-millimeter Array）の完成と,それによる原始惑星系円盤や惑星形成過程の撮像成功など数々の進展があった.現代の天文学は飛躍的に進展しているため,このシリーズの教科書も改訂する必要が多数あるであろう.

　一方,天文学及び天体物理学は,基本的に物理学を基盤としている.このた

め，本書では，その基盤となる物理学について，基本方程式の導出もふくめて必要最小限を示したから，それら観測的進展に比べれば，第2版において大改訂がなされたわけではない．しかし，初版を見返すと，さまざまな誤記も見つかり，また，新たな理論的知見に基づき，表現を変えることが良いと判断した箇所もあり，それらは適切に変更が加えられている．

　天体物理の最大の特徴は，重力系ということである．そのため本書の第1章では，「重力」について論じた．特に，前半では，銀河系や球状星団などを，星の多体集団としてとらえ，その基礎理論を示してある．重力多体系の基礎はほとんど網羅されている．したがって，銀河や球状星団などの本質を理解するためには必読の部分である．

　現代の天文学にはさまざまな研究テーマが存在するが，宇宙の構造や歴史を研究する宇宙論や，ブラックホール等の特異天体の物理，並びに重力波の放出過程は，重要課題である．その重力の基礎過程は，言うまでもなく一般相対性理論である．限られた紙幅で，そのすべてを示すことはできないが，本書では，適切な導入や歴史を伝えながら，一般相対性理論の本質が明らかにされる．

　広大な宇宙において物質はさまざまな状態で存在する．なかでも多くの物質は，電離したガス状態にある．これは，プラズマと呼ばれる状態である．我々が生活している世界は，基本的に中性物質で構成されているが，星間空間，恒星内部の多くの部分は，プラズマ状態にある．それらプラズマ中では，程度の差こそあれ物質は電離物質であり，磁場とのカップリングが重要となる．このため，流体と磁場との結合が生じ，新たな波動や種々の不安定が発生することとなる．宇宙の諸現象を理解する上で，プラズマの物理を把握しておくことは重要である．

　さらに，天体物理現象を理解する上で重要なのは，放射（電磁波）の発生や輸送のメカニズムである．多くの天体にとって，エネルギーの発生機構と，エネルギー輸送および放出過程が基本である．物質の密度や温度などの状態により，物質と放射の相互作用は異なる．それによって，天体はそれぞれの進化の歴史を変えるのである．さらに，我々は，電磁波の観測装置によって，各種の天体現象を観測することになるが，これはまさに対象天体と観測者のあいだの放射輸送過程に依存している．別の言葉で表現するならば，天体の状態を正確に把握するためには，さまざまな波長の観測による放射輸送過程の理解が必要となる．

　以上，本書の内容を概観したが，編集者は，この書籍の刊行が天体物理学を志す若い研究者にとって，何度も振り返って参照できるような教科書となることを望みたい．

　また，この巻の発行に際して協力していただいたすべての方に深く感謝する．特に著者との連絡に協力いただいた岐阜聖徳学園大学の学長室竹市有里氏，校正及び出版に尽力いただいた日本評論社の佐藤大器氏には深く感謝する．

2023 年 8 月

編集者を代表して　観山正見

第3章 放射の生成と散乱過程の基礎 223

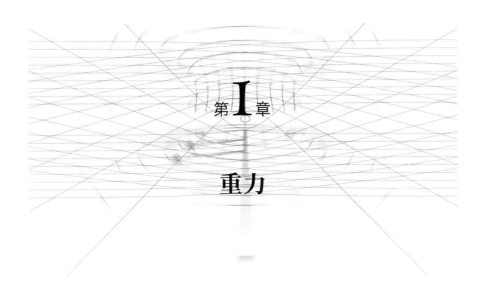

第 I 章

重力

1.1 自己重力多体系

この章では，天体物理学の扱う主要な対象の一つである自己重力多体系の進化について，その概要を扱う．自己重力多体系とは，重力で相互作用する粒子が多数集まってできているシステムである．典型的な例は星団，銀河等の恒星系なので，自己重力多体系の進化を扱う理論を恒星系力学という．

1.1.1 基礎方程式

恒星系力学の基礎方程式は，各粒子（恒星）の運動方程式

$$\frac{d^2\boldsymbol{x}_i}{dt^2} = \sum_{j \neq i} Gm_j \frac{\boldsymbol{x}_j - \boldsymbol{x}_i}{|\boldsymbol{x}_j - \boldsymbol{x}_i|^3} \tag{1.1}$$

である．数値計算にはもちろんこれを使うわけだが，理論的な扱いには不便である．そのため，しばらくは（1 粒子）分布関数 $f(\boldsymbol{x}, \boldsymbol{v}, t)$ で話をする．ここでは粒子数が「無限に大きい」と思って，6 次元の位相空間 $(\boldsymbol{x}, \boldsymbol{v})$ の中の粒子の密度分布の時間進化を考える．とりあえずはこの f は質量密度である．つまり，dm が微小な質量として，位相空間内の微小体積 $dvdx$ と f の積は dm を与える．ただし，f がたとえば数密度や輝度密度でも f が従う方程式は同じである．このときの基礎方程式がいわゆる無衝突ボルツマン方程式である．

　以下，方程式を導く．位相空間でのある粒子の座標を $\boldsymbol{w} = (\boldsymbol{x}, \boldsymbol{v})$ と書くことにする．また重力ポテンシャルを $\Phi = \Phi(\boldsymbol{x}, t)$ とおくと，位相空間の中での粒子の流れは

$$\dot{\boldsymbol{w}} = (\dot{\boldsymbol{x}}, \dot{\boldsymbol{v}}) = (\boldsymbol{v}, -\nabla\Phi) \tag{1.2}$$

となる．ここで運動方程式

$$\dot{\boldsymbol{v}} = -\nabla\Phi \tag{1.3}$$

を使っている．流れにそって物質が保存するので，f は連続の方程式

$$\frac{\partial f}{\partial t} + \sum_{i=1}^{6} \frac{\partial f \dot{w}_i}{\partial w_i} = 0 \tag{1.4}$$

を満たす．一般の流れでは第 2 項の微分はややこしいが，位相空間では

$$\sum_{i=1}^{6} \frac{\partial \dot{w}_i}{\partial w_i} = \sum_{i=1}^{3} \left(\frac{\partial v_i}{\partial x_i} + \frac{\partial \dot{v}_i}{\partial v_i} \right) = \sum_{i=1}^{3} \left[-\frac{\partial}{\partial v_i} \left(\frac{\partial \Phi}{\partial x_i} \right) \right] = 0 \tag{1.5}$$

となるので $\boldsymbol{w}$ の微分の項は全部なくなり，結局

$$\frac{\partial f}{\partial t} + \boldsymbol{v} \cdot \nabla f - \nabla\Phi \cdot \frac{\partial f}{\partial \boldsymbol{v}} = 0 \tag{1.6}$$

となる．いま，f が質量密度分布関数であり，外場がないとすると重力ポテンシャル Φ は以下のポアソン方程式

$$\nabla^2 \phi = -4\pi G \rho \tag{1.7}$$

の解である．ここで，G は重力定数であり，ρ は空間での質量密度

$$\rho = \int d\boldsymbol{v} f \tag{1.8}$$

である．

　式（1.6）の直観的な意味は，左辺は

$$\frac{Df}{Dt} = \frac{\partial f}{\partial t} + \boldsymbol{v} \cdot \nabla f - \nabla\Phi \cdot \frac{\partial f}{\partial \boldsymbol{v}}. \tag{1.9}$$

つまり 6 次元位相空間でのラグランジュ微分であり，これが恒等的に 0 ということは非圧縮での連続の式である．

　これが「無衝突」であることの意味は後でもう一度述べるが，単純には上でみ

たように f がラグランジュ的[*1]にみて保存するということである．これは，統計力学的なエントロピーが保存するということを意味しており，無衝突の近似が成り立つ限りにおいて系は熱平衡に向かうという保証はない．

1.1.2 力学平衡と単純なモデル

以下では，まず「力学平衡状態」とはどう定義され，どういう性質があるかということを考え，それから具体的な平衡状態の例を見ていく．

まず，「力学平衡」とは何かということだが，これは無衝突ボルツマン方程式（1.6）とポアソン方程式（1.7）を連立させたものの定常解，すなわち，時間的に変化しない解ということになる．したがって，ある分布関数 f が力学平衡にあるということは，それによって決まるポテンシャル Φ を固定して考えたときに，f の時間微分が 0 になるということである．

ここで，わざわざ「力学」とつけるのは，もちろん平衡状態にはほかにもいろいろあるからである．もっとも重要なのは熱平衡の概念であるが，これは 1.2 節でより詳しく扱う．

運動の積分

力学平衡を考える上で基本になるのは，「運動の積分」という概念である．ポテンシャル Φ のもとで，ある $\boldsymbol{x}, \boldsymbol{v}$ の関数 I が運動の積分であるとは，その上で

$$\frac{d}{dt} I(\boldsymbol{x}, \boldsymbol{v}) = 0 \tag{1.10}$$

が成り立つことである．つまり，実際にすべての粒子の軌道について，その上でその量が変化しないということである．少し変形すれば

$$\boldsymbol{v} \cdot \nabla I - \nabla \Phi \cdot \frac{\partial I}{\partial \boldsymbol{v}} = 0 \tag{1.11}$$

となる．これと無衝突ボルツマン方程式（1.6）を比べてみると，すぐわかるように時間微分が落ちているだけである．

なお，ここでは運動の積分は位相空間の座標だけの関数であって同時に保存量であるものをさすことにする．たとえば 1 次元調和振動子では，エネルギーは運

[*1] 粒子の流れにのってみる見方．

動の積分であるが，「初期の位相」というのは保存量であるものの運動の積分ではない．これは時間が入ってくるからである．

ジーンズの定理

さて，上のように I を定義すると，以下の「ジーンズの定理」が成り立つことがわかる．

ジーンズの定理　任意の無衝突ボルツマン方程式の定常解は，運動の積分を通してのみ位相空間座標に依存する．逆に任意の運動の積分の関数は定常解を与える．

言い換えると，分布関数 f が定常であるための必要十分条件は，運動の積分 $I_1, I_2, \cdots, I_m$ があって $f = f(I_1, I_2, \cdots, I_m)$ の形で書けることである．

証明は，まず「定常ならば運動の積分で書ける」は，f 自体が運動の積分の定義を満たしているので自明である．逆は，実際に f の全微分を I_k で書き下せば，それぞれが 0 になるということからいえる．

これは強力な定理だが，一般の場合にはそれほど役に立つわけではない．というのは，ポテンシャルを与えたときに運動の積分というのは一般に 5 個あるはずだが，それらをすべて知っているということはないからである．

ただし，球対称や軸対称という条件をつけると，いろいろ決まるようになる．以下，まず球対称の場合を考える．

球対称の場合

球対称の場合，運動の積分はエネルギーと角運動量 $\boldsymbol{J}$ の 3 成分で四つある．さらに球対称なので $\boldsymbol{J}$ の方向に依存することはなく，絶対値だけに依存する．したがって，実は球対称の分布関数は一般に $f(E, J)$ と書ける．

我々が扱いたいのは自己重力系なので，実際にポアソン方程式に分布関数 f をいれたものを球対称の場合に書き下してみると

$$\frac{1}{r^2}\frac{d}{dr}\left(r^2\frac{d\Phi}{dr}\right) = 4\pi G \int f\left(\frac{1}{2}v^2 + \Phi, |\boldsymbol{r} \times \boldsymbol{v}|\right) d\boldsymbol{v} \tag{1.12}$$

となる．これから，f を与えれば r を独立変数とする Φ についての常微分方程式が得られ，それを解くことで Φ や ρ を求めることができる．しかし，逆に Φ や ρ を与えても可能な f は無限にたくさんあり一意には決まらない．

$f(E)$ の場合

さらに単純化して J にもよらない場合というのを考えてみる. 以下, 扱いやすくするために変数をとり直す.

$$\Psi = -\Phi + \Phi_0, \quad \mathcal{E} = -E + \Phi_0 = \Psi - v^2/2. \tag{1.13}$$

ここで Φ_0 は定数で, $\mathcal{E} > 0$ で $f > 0$, $\mathcal{E} \leqq 0$ で $f = 0$ となるようにとる.

これらを使って, さらに v の角度方向に渡って積分すれば

$$\frac{1}{r^2}\frac{d}{dr}\left(r^2\frac{d\Psi}{dr}\right) = -16\pi^2 G \int_0^{\sqrt{2\Psi}} f(\Psi - \frac{1}{2}v^2)v^2 d\boldsymbol{v}$$

$$= -16\pi^2 G \int_0^\Psi f(\mathcal{E})\sqrt{2(\Psi - \mathcal{E})}d\mathcal{E}. \tag{1.14}$$

これから一般に f から Ψ を求めることや, その逆ができる. ただし, Ψ から f を決めるときには求まった f が $f \geqq 0$ の条件を満たすという保証はない.

球対称な分布関数の例

ここであげるものはさまざまな理由からその性質がよく調べられているものである.

● ポリトロープとプラマーモデル

ある意味でもっとも簡単な分布関数は, $\mathcal{E}$ のベキ乗（パワー）で書けるものである. これをポリトロープ型の分布関数という. たとえば

$$f(\mathcal{E}) = \begin{cases} F\mathcal{E}^{n-3/2} & (\mathcal{E} > 0) \\ 0 & \text{その他.} \end{cases} \tag{1.15}$$

ここで F は正の定数である. これから, まず密度を Ψ の関数として求めると答えは

$$\rho = c_n \Psi^n \quad (\Psi > 0) \tag{1.16}$$

となる. ただし, c_n が有限になるためには $n > 1/2$ でないといけない.

式（1.16）を使ってポアソン方程式から ρ を消去すると

$$\frac{1}{r^2}\frac{d}{dr}\left(r^2\frac{d\Psi}{dr}\right) + 4\pi G c_n \Psi^n = 0. \tag{1.17}$$

変数を適当にスケーリングして

$$\frac{1}{s^2}\frac{d}{ds}\left(s^2\frac{d\psi}{ds}\right) + \psi^n = 0 \tag{1.18}$$

としたものをレーン–エムデン（Lane–Emden）方程式と呼ぶ.

一般の n ではこの方程式には初等的な解はないが，$n = 5$ の場合には解があることが古くから知られている．これは

$$\psi = \frac{1}{\sqrt{1 + \dfrac{1}{3}s^2}} \tag{1.19}$$

の形をしている．密度は ψ^5 に比例する．これをプラマーモデルと呼ぶ．

密度が $r = 0$ で有限で，$r \to \infty$ で $1/r^3$ より速く落ちるので質量は有限である．

球状星団のうち中心密度が低いものは，このモデルで近似できることもある．とりあえず，これの意味は，解析関数で簡単に書ける自己重力系の数学的に矛盾のないモデルであるということである．

● ハーンキストモデル

プラマーモデルはその存在が 20 世紀初頭から知られているが，こちらは論文が発表されたのが 1990 年と新しいモデルである．ポテンシャルは

$$\Phi = -\frac{1}{r + a} \tag{1.20}$$

で与えられる．対応する密度分布は

$$\rho = C\frac{a^4}{r(r+a)^3} \tag{1.21}$$

となる．分布関数は省略する．

このモデルには，「$r^{1/4}$ 則をかなり良く再現する」という著しい特徴がある．

$r^{1/4}$ 則とは，要するに観測される楕円銀河の表面輝度の対数が，半径の $1/4$ 乗に対して直線にのって見えるというものである．この性質と解析関数で分布関数が書けるということのために，ハーンキストモデルは楕円銀河やダークハローのモデルとして広く使われるようになった．ハーンキストモデルは内側と外側で指数が違う二つのベキ乗密度分布をつないだ形になっている．それを一般化した

ものとして，デーネンモデル，トレメインの η モデル，$\alpha\beta\gamma$ モデル等がある．また，ダークマターの密度分布モデルとして良く使われる NFW プロファイル

$$\rho = C \frac{a^3}{r(r+a)^2} \tag{1.22}$$

も同様な形をしている．なお，NFW プロファイルは $r \to \infty$ で $\rho \to r^{-3}$ であり，質量が有限ではない．これはシミュレーションでできるハローではまわりから物質の降着があり，厳密な力学平衡にはないことに対応している．

● 等温モデル

無衝突ボルツマン方程式の定常解は熱平衡とは限らないし，そもそも無衝突系ではエントロピーが発生しないのだから系が熱平衡に向かって進化するとも限らない．しかし後で出てくるようないくつかの理由から熱平衡状態について理解しておくことは重要である．熱平衡状態では分布関数はマクスウェル–ボルツマン分布

$$f(\mathcal{E}) = \frac{\rho_1}{(2\pi\sigma^2)^{3/2}} e^{\mathcal{E}/\sigma^2} = \frac{\rho_1}{(2\pi\sigma^2)^{3/2}} \exp\left(\frac{\Psi - v^2/2}{\sigma^2}\right) \tag{1.23}$$

で与えられる．これを速度空間で積分して密度をポテンシャルの関数として表すと

$$\rho = \rho_1 e^{\Psi/\sigma^2}. \tag{1.24}$$

ポアソン方程式にこれを入れると

$$\frac{1}{r^2} \frac{d}{dr}\left(r^2 \frac{d\Psi}{dr}\right) = -4\pi G\rho. \tag{1.25}$$

したがって，

$$\frac{1}{r^2} \frac{d}{dr}\left(r^2 \frac{d\log\rho}{dr}\right) = -4\pi G\sigma^2\rho. \tag{1.26}$$

まず，一つ特別な解があるということを指摘しておく．中心で発散する密度分布

$$\rho = \frac{\sigma^2}{2\pi G r^2} \tag{1.27}$$

は，上の方程式を満たす．これを特異等温球（singular isothermal sphere）と

呼ぶ. これは孤立した天体を表すモデルではない. というのは, 質量が $M_r \propto r$ となって有限ではないからである. しかしたとえば銀河ハローの中心部, あるいは楕円銀河についても中心部についてはこれで比較的良く近似できるものもあるということがわかっている.

特に渦巻銀河については,「回転速度が中心からの距離に（あまり）依存しない」（いわゆる flat rotation curve）という性質が知られていて, これを説明するためには上のような $\rho \sim 1/r^2$ のダークハローが必要である.

一般の解は, 中心密度を有限にして中心から外側に向かって解いていけば求められる. このときでも, $r \to \infty$ の極限では等温分布 $r \propto r^{-2}$ に近付く.

なお, 等温モデルの密度分布は, 等温ガス球のそれと同じになる.

● キングモデル

等温モデルは, 熱平衡という重要な意味を持つ定常解ではあるが, 質量が無限大であり現実には存在しない. なにか適当な仮定を置くことで, 等温モデルに近いが有限の大きさをもつものを構成することを考える. 等温の分布関数で質量が発散する本質的な理由は, 分布関数がエネルギー無限大 $(\mathcal{E} \to -\infty)$ まで 0 にならないことにある. 有限の質量のものが自己重力でまとまっているためには, すべての粒子のエネルギーが負でなければならないので, これでは自己重力系が表現できないのは当然である. 逆にいうと, ある有限のエネルギー以上のものはないことにしてしまえば, 有限質量のモデルが構成できる. 一つの方法としてマクスウェル分布から定数を引いた以下の分布関数を考える:

$$f(\mathcal{E}) = \begin{cases} \dfrac{\rho_1}{(2\pi\sigma^2)^{3/2}} (e^{\mathcal{E}/\sigma^2} - 1) & (\mathcal{E} > 0) \\ 0 & (\mathcal{E} \leqq 0). \end{cases} \tag{1.28}$$

まず速度空間で積分すれば

$$\begin{aligned} \rho &= \frac{4\pi\rho_1}{(2\pi\sigma^2)^{3/2}} \int_0^{\sqrt{2\Psi}} \left[\exp\left(\frac{\Psi - v^2/2}{\sigma^2} \right) - 1 \right] v^2 dv \\ &= \rho_1 \left[e^{\Psi/\sigma^2} \operatorname{erf}\left(\sqrt{\frac{\Psi}{\sigma}} \right) - \sqrt{\frac{4\Psi}{\pi\sigma^2}} \left(1 + \frac{2\Psi}{3\sigma^2} \right) \right]. \end{aligned} \tag{1.29}$$

ここで erf は誤差関数で, 積分が有限区間であるために出てくる. 最後の項は 1 を引いている分の寄与である. あとはポアソン方程式に入れて数値的に解くだけ

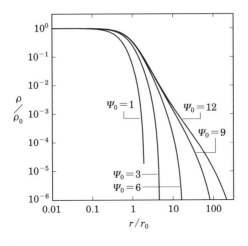

図 **1.1**

である.

　外側の境界をどうとるべきかは自明ではないので, とりあえず中心から初期値問題として解くことを考える. 初期条件としては, まず $d\Psi/dr = 0$ とする. すなわち, 中心密度が有限の解を考える. Ψ_0 は任意に選べるので, これの値によっていろいろな解がでてくる.

　図 1.1 は実際に数値的に解いてみたものの例である. 速く落ちるものから, Ψ_0 が 1, 3, 6, 9, 12 である.

　なお横軸のスケールの r_0 は,

$$r_0 = \sqrt{\frac{9\sigma^2}{4\pi G \rho_0}} \tag{1.30}$$

である. これは球状星団や楕円銀河のいわゆる「中心核（コア）半径」とそこそこ一致する. 通常, キングモデルの中心核半径というときにはこれをさす. 観測的には, 中心の表面輝度の 1/2 になるところとするのが普通である.

　グラフからわかるように有限の半径 r_t で ρ は 0 になる. この半径では Ψ も 0 になる. この半径のことをキングモデルの潮汐半径という. このモデルの場合, Ψ と本当のポテンシャル Φ との間に以下のような簡単な関係が成り立つことに注意する.

$$\Phi = -\frac{GM}{r_t} - \Psi. \tag{1.31}$$

ここで M は系の全質量である.

　キングモデルは, 球状星団のプロファイルのモデルとして非常によく使われている. なお, $c = \log(r_t/r_0)$ のことを中心集中度パラメータ (concentration parameter) といって, 観測データにキングモデルを合わせた論文では普通これがパラメータになる.

1.1.3　ジーンズ方程式とビリアル定理

　ここまでは, 球対称な恒星系のモデルをいろいろ見てきた. これからしばらく無衝突ボルツマン方程式 (1.6) のいろいろな平均 (モーメント) をとることによって恒星系の性質を見ていく.

ジーンズ方程式

　まず無衝突ボルツマン方程式 (1.6) を速度空間全体で積分してみる. すると, 左辺第 3 項は発散定理によって表面積分に置き換えられ, $|v| \to \infty$ の極限で f は十分速く 0 にいくので (普通は有限の $|v|$ で 0 になってないと, 自己重力的にならない), 結局 0 になる. 左辺の最初の 2 項は

$$\nu = \int f d^3\boldsymbol{v}; \quad \bar{v}_i = \frac{1}{\nu} \int f v_i d^3\boldsymbol{v} \tag{1.32}$$

とおけば (密度と局所的な平均速度)

$$\frac{\partial \nu}{\partial t} + \frac{\partial(\nu\bar{v}_i)}{\partial x_i} = 0 \tag{1.33}$$

となる. これは流体の場合の連続の式と同じものである. さらに速度の 1 次のモーメントをとるために無衝突ボルツマン方程式に v_j を掛けて積分してみる.

$$\frac{\partial}{\partial t} \int f v_j d^3\boldsymbol{v} + \int v_i v_j \frac{\partial f}{\partial x_i} d^3\boldsymbol{v} - \frac{\partial \Phi}{\partial x_i} \int v_j \frac{\partial f}{\partial v_i} d^3\boldsymbol{v} = 0. \tag{1.34}$$

ただし, i についての和をとっていることに注意する.

　さて, $v_j f$ について発散定理 (1 次元) を使えば

$$\int v_j \frac{\partial f}{\partial v_i} d^3\boldsymbol{v} = -\int \frac{\partial v_j}{\partial v_i} f d^3\boldsymbol{v} = -\delta_{ij}\nu \tag{1.35}$$

となるので，結局

$$\frac{\partial(\nu\bar{v}_j)}{\partial t} + \frac{\partial(\nu\overline{v_i v_j})}{\partial x_i} + \nu\frac{\partial\varPhi}{\partial x_j} = 0. \tag{1.36}$$

ただし，$\overline{v_i v_j}$ は $v_i v_j$ の局所平均である．見通しの立つよい式にするために，まず連続の式を使って第 1 項から $\partial\nu/\partial t$ を消すと

$$\nu\frac{\partial\bar{v}_j}{\partial t} - \bar{v}_j\frac{\partial(\nu\bar{v}_i)}{\partial x_i} + \frac{\partial(\nu\overline{v_i v_j})}{\partial x_i} + \nu\frac{\partial\varPhi}{\partial x_j} = 0. \tag{1.37}$$

さらに，

$$\sigma_{ij}^2 = \overline{(v_i - \bar{v}_i)(v_j - \bar{v}_j)} \tag{1.38}$$

を使って書き直すと

$$\nu\frac{\partial\bar{v}_j}{\partial t} + \nu\bar{v}_i\frac{\partial\bar{v}_j}{\partial x_i} = -\nu\frac{\partial\varPhi}{\partial x_j} - \frac{\partial(\nu\sigma_{ij}^2)}{\partial x_i} \tag{1.39}$$

となる．この式をジーンズ方程式というが，流体の場合のオイラー方程式（運動方程式）と大体同じ格好になっている．左辺は平均の流れに沿ってみた平均速度のラグランジュ微分であり，右辺第 1 項はポテンシャルからの力である．最後の項は流体の場合の圧力の項に対応する．流体と違うのは，これが非等方的なストレステンソル σ_{ij}^2 になっているということである．

　速度分布が等方的であればストレステンソルは $\sigma^2 I$（I は単位行列）の形に書ける．等方的でない場合には，σ^2 は対称テンソルなので適当な座標系の回転によって対角化できる．たとえば $f(E, L)$ で書けるときには，一つの軸を原点に向けてとれば対角化される．以下，ジーンズ方程式の観測への適用を考える．

● 例: 球対称恒星系の M/L
　密度分布が球対称で平均の流れがない場合，極座標系でのジーンズ方程式は以下の形に書き直せる（証明は省略）:

$$\frac{d(\nu\overline{v_r^2})}{dr} + \frac{\nu}{r}\left[2\overline{v_r^2} - \left(\overline{v_\theta^2} + \overline{v_\phi^2}\right)\right] = -\nu\frac{d\varPhi}{dr}. \tag{1.40}$$

もうちょっと話を簡単にするために，速度分布が等方的な場合を考えると，結局

$$\frac{1}{\nu}\frac{d(\nu\overline{v_r^2})}{dr} = -\frac{d\varPhi}{dr}. \tag{1.41}$$

この式とポアソン方程式を球対称のとき 1 回積分した式

$$\frac{d\Phi}{dr} = -\frac{GM(r)}{r^2} \tag{1.42}$$

を用いると，次式が得られる．

$$M(r) = -\frac{r\overline{v_r^2}}{G}\left(\frac{d\ln\nu}{d\ln r} + \frac{d\ln\overline{v_r^2}}{d\ln r}\right). \tag{1.43}$$

つまり，密度と速度分散の半径方向の分布がわかれば，質量分布が決まるということになる．

　ここで注意してほしいのは，ν は質量を反映していないもの，たとえば星の数とか，あるいは単位体積あたりの光度分布でも構わないということである．さらに球対称，等方を仮定したので表面輝度分布や視線方向速度分布から輝度密度と速度分散の空間分布が求められる．したがって観測可能な量から「実際にどれだけの質量があるはずか」を求められるわけである．これから M/L の空間分布が決まることになる．楕円銀河の中心に大質量ブラックホールがあるというような話は，もっとも簡単にはこのようにして質量を推定する．

　なお逆に，M/L を一定と仮定して速度の非等方性の空間分布を求めることもできる．つまり，等方性を仮定するとブラックホールがあるという解析結果になったとしても，それは原理的には非等方性の高い速度分布があるということを示しているだけかもしれない．確実なことをいうためには速度分布のより高次のモーメント等も観測する必要がある．

ビリアル定理

　前節では，無衝突ボルツマン方程式の速度空間でのモーメントを考えてジーンズ方程式を導いた．ここではさらに空間全体のモーメントをとる．

　式（1.36）において，密度 ν を質量密度 ρ で置き換え，さらに x_k を掛けて空間全体で積分する．

$$\int x_k \frac{\partial(\rho\overline{v_j})}{\partial t}\, d^3\boldsymbol{x} = -\int x_k \frac{\partial(\rho\overline{v_i v_j})}{x_i}\, d^3\boldsymbol{x} - \int \rho x_k \frac{\partial\Phi}{x_j}\, d^3\boldsymbol{x}. \tag{1.44}$$

右辺の最初の項は，発散定理を使って書き直せる．

$$\int x_k \frac{\partial(\rho\overline{v_i v_j})}{x_i}\, d^3\boldsymbol{x} = -\int \delta_{ki}\rho\overline{v_i v_j}\, d^3\boldsymbol{x} = -2K_{kj}. \tag{1.45}$$

これは，運動エネルギーテンソル K の定義を与える．なお第 2 項はポテンシャルエネルギーテンソル W と呼ばれるものである．

さらに運動エネルギーテンソルを平均運動の項と分散の項に分ける．

$$K_{jk} = T_{jk} + \frac{1}{2}\Pi_{jk}. \tag{1.46}$$

ここで

$$T_{jk} = \frac{1}{2}\int \rho\bar{v}_j\bar{v}_k\,d^3\boldsymbol{x}, \quad \Pi_{jk} = \int \rho\sigma_{jk}^2\,d^3\boldsymbol{x} \tag{1.47}$$

である．さらに，j,k についての式と k,j についての式を足してやると

$$\frac{1}{2}\frac{d}{dt}\int \rho(x_k\bar{v}_j + x_j\bar{v}_k)\,d^3\boldsymbol{x} = 2T_{jk} + \Pi_{jk} + W_{jk}. \tag{1.48}$$

ここで慣性モーメントテンソル

$$I_{jk} = \int \rho x_j x_k\,d^3\boldsymbol{x} \tag{1.49}$$

を導入して，連続の式と発散定理を使うと

$$\frac{dI_{jk}}{dt} = \int \rho(x_k\bar{v}_j + x_j\bar{v}_k)\,d^3\boldsymbol{x} \tag{1.50}$$

となり，結局

$$\frac{1}{2}\frac{d^2 I_{jk}}{dt^2} = 2T_{jk} + \Pi_{jk} + W_{jk} \tag{1.51}$$

が成り立つ．これをテンソルビリアル定理という．

さて，定常状態（I の時間微分が 0）を考え，さらに上の式のトレースをとってみると，T, Π の定義からこれらの寄与は全運動エネルギー K の 2 倍になる．W の方は，Φ の定義を使えば

$$W = \int \rho\sum_k x_k\frac{\partial\Phi}{\partial x_k}\,d^3\boldsymbol{x} = \iint \rho(\boldsymbol{x})\rho(\boldsymbol{x}')\sum_k\frac{x_k(x_k - x_k')}{|\boldsymbol{x}-\boldsymbol{x}'|^3}d^3\boldsymbol{x}\,d^3\boldsymbol{x}' \tag{1.52}$$

となる．ここで $\boldsymbol{x}$ と $\boldsymbol{x}'$ を入れ換えた積分を書き，両方を足すと

$$W = \frac{1}{2}\iint \rho(\boldsymbol{x})\rho(\boldsymbol{x}')\sum_k\frac{(x_k - x_k')^2}{|\boldsymbol{x}-\boldsymbol{x}'|^3}d^3\boldsymbol{x}\,d^3\boldsymbol{x}' = \frac{1}{2}\int \rho\Phi\,d^3\boldsymbol{x} \tag{1.53}$$

となり，W は系の全ポテンシャルエネルギーである．結局，

$$2K + W = 0 \tag{1.54}$$

が成り立つ．これを，スカラービリアル定理，または単にビリアル定理という．

いま，系の全エネルギーを E とすれば，$E = K + W$ であるから，

$$E = -K = W/2 \tag{1.55}$$

になる．つまり定常状態にある自己重力恒星系では，必ず全エネルギーはポテンシャルエネルギーのちょうど半分であり，絶対値が運動エネルギーに等しい．これは球対称などの仮定なしに常に正しい．

ビリアル定理の応用

● 系の「比熱」

エネルギーの出入りに対する系全体の応答，つまり比熱を考えてみる．ビリアル定理から $K = -E$ であったので，すぐにわかるようにエネルギーを奪うと運動エネルギーが増え，逆ならその逆になる．つまり見かけ上比熱が負になっている．これは重力が効く系では普通のことで，たとえば地球を回る人工衛星といったものでも同様のことが起こっているわけである．

後で見るように，「見かけ上比熱が負」ということが，熱力学的不安定を通して構造形成（自己組織化）が起きる基本的な理由である．

系の質量 M/L

まず，系の「大きさ」についてどんなことがいえるかということをおさらいしておく．W は全ポテンシャルであったので，定義により以下のように書ける:

$$W = -\frac{1}{2} \sum_{i \neq j} \frac{G m_i m_j}{|\boldsymbol{r}_i - \boldsymbol{r}_j|}. \tag{1.56}$$

いま，粒子の質量がすべて等しい場合（あるいは，分布関数が質量によらない場合）を考えると，

$$r_v = \left\langle \frac{1}{|\boldsymbol{r}_i - \boldsymbol{r}_j|} \right\rangle^{-1} \tag{1.57}$$

を導入して，

$$W = \frac{-GM^2}{2r_v} \tag{1.58}$$

と書ける．この r_v を普通ビリアル半径という．この r_v を使って，$K = -W/2$ を書き直せば

$$|v^2| = \frac{GM}{2r_v}. \tag{1.59}$$

したがって，速度分散（系全体の平均）とビリアル半径がわかれば質量を決められる．観測的には球対称を仮定すれば，3軸方向の速度分散は等しいので視線方向の速度分散の $\sqrt{3}$ 倍が3次元速度分散ということになる．問題はビリアル半径のほうであるが，球対称を仮定すれば表面輝度分布から計算できる．

大雑把な見積りでよければ，たとえば質量の半分が入っている半径（half mass radius）r_h を適当に見積もって，それで r_v の代わりにしてもそれほど大きな誤差はない．典型的には

$$r_h \simeq 0.8r_v \tag{1.60}$$

である．

1.1.4 ジーンズ不安定

ここまで自己重力多体系の平衡形状を（ごく簡単な場合だけ）扱ってきた．ここからしばらくは平衡形状ではなく時間発展について考える．

時間発展といっても，もとの方程式が強い非線形性を持つので一般的な場合を解析的に扱うことはできない．そこでまず平衡状態から無限小だけずれている場合に対して線形化した発展を考える．さらに話を簡単にするために，「無限一様」な平衡状態とし，流体の場合を考える．

流体のジーンズ不安定

流体は，連続の式

$$\frac{\partial \rho}{\partial t} + \nabla \cdot (\rho \boldsymbol{v}) = 0 \tag{1.61}$$

オイラー方程式

$$\frac{\partial \boldsymbol{v}}{\partial t} + (\boldsymbol{v} \cdot \nabla)\boldsymbol{v} = -\frac{1}{\rho}\nabla p - \nabla \Phi \tag{1.62}$$

ポアソン方程式

$$\nabla^2 \Phi = 4\pi G \rho \tag{1.63}$$

で記述される．さらに状態方程式がいる．これはいま圧力が密度だけの関数で与えられるとする．断熱か等温かによらない．

いま，$\rho, p, \boldsymbol{v}, \Phi$ をそれぞれ $\rho = \rho_0 + \rho_1$ という格好にして，添字 0 がつくものはもとの方程式の平衡解であり，1 がつくものは小さい（2 次以上の項を無視していい）として方程式を書き直して整理すると

$$\frac{\partial^2 \rho_1}{\partial t^2} - v_s^2 \nabla^2 \rho_1 - 4\pi G \rho_0 \rho_1 = 0 \tag{1.64}$$

となる．

さて，後は分散関係を求めればよいが，その前にどういう方程式か見ておこう．最初の 2 項をみれば普通の波動方程式で，最後の項がポアソン方程式を通してでてくる重力の項である．したがって，波長が短い極限では普通の波動方程式に近づく．これに対し，波長が長い極限では空間 2 階微分の項が効かなくなるので，線形の常微分方程式になってしまう．

分散関係を求めるために，解を

$$\rho_1 = C e^{i(\boldsymbol{k} \cdot \boldsymbol{x} - \omega t)} \tag{1.65}$$

として代入すれば，

$$\omega^2 = v_s^2 k^2 - 4\pi G \rho_0 \tag{1.66}$$

ということになる．したがって，

$$k_{\mathrm{J}}^2 = \frac{4\pi G \rho_0}{v_s^2} \tag{1.67}$$

と書くと，

(1) $k > k_{\mathrm{J}}$ なら ω は実数．このときは，解は振動的（普通の音波と同じ）．

(2) $k = k_{\mathrm{J}}$ なら $\omega = 0$ で，与えた摂動は時間発展しない（中立安定）．

(3) $k < k_{\mathrm{J}}$ なら ω は純虚数．このときは，解は減衰する解と発散する解の両方がある（不安定）．

と三つの場合があることがわかる．

　ここで注意してほしいのは，十分に波長が長いと必ず不安定になるということである．これはつまり，重力があると無限に一様な状態というのは温度無限大でない限り必ず不安定であるということである．この不安定性を，ジーンズ不安定性という．

　k_J は波数なので，その逆数に 2π を掛けると波長になる．これをジーンズ波長 λ_J といい，式にすると

$$\lambda_J = \sqrt{\frac{\pi}{G\rho_0}}\, v_s \tag{1.68}$$

である．

　いま，半径がジーンズ波長くらいの球を考えてみる．これの単位質量当りの運動エネルギー（熱エネルギー）は，もちろん v_s^2 の程度である．これに対して重力エネルギーは GM_J/λ_J の程度，ここで M_J はジーンズ質量で半径 λ_J の球の質量である．λ_J に上の式を入れて計算すると，結局重力エネルギーが定数を別にして v_s^2 程度になることがわかる．

　つまり，熱エネルギーより重力エネルギーが大きくなるような長さの摂動は成長するということになる．

恒星系でのジーンズ不安定

　無衝突ボルツマン方程式（1.6）とポアソン方程式（1.7）を流体のときと同様に線形化して，その振る舞いを調べる．分布関数を $f_0 + f_1$，ポテンシャルを $\Phi_0 + \Phi_1$ とし，添字 0 がつくほうは定常解であるとして式を整理すれば

$$\frac{\partial f_1}{\partial t} + \boldsymbol{v} \cdot \nabla f_1 - \nabla \Phi_0 \cdot \frac{\partial f_1}{\partial \boldsymbol{v}} - \nabla \Phi_1 \cdot \frac{\partial f_0}{\partial \boldsymbol{v}} = 0, \tag{1.69}$$

$$\nabla^2 \Phi_1 = -4\pi G \int f_1 d\boldsymbol{v} \tag{1.70}$$

ということになる．これが線形化された無衝突ボルツマン方程式である．

　もっとも簡単に解析できる場合として，空間分布が一様な場合を考える．仮定から f_0 は速度だけの関数であり，Φ_0 は定数としてよいことになるので

$$\frac{\partial f_1}{\partial t} + \boldsymbol{v} \cdot \nabla f_1 - \nabla \Phi_1 \cdot \frac{\partial f_0}{\partial \boldsymbol{v}} = 0 \tag{1.71}$$

と少し式が簡単になる．まず，流体の場合と同じような平面波型の解を考えてみ

よう.

$$f_1 = f_a(\boldsymbol{v}) \exp[i(\boldsymbol{k} \cdot \boldsymbol{x} - \omega t)], \tag{1.72}$$

$$\Phi_1 = \Phi_a \exp[i(\boldsymbol{k} \cdot \boldsymbol{x} - \omega t)]. \tag{1.73}$$

速度空間の方にも伝わっていく波も考えられないわけではないが,とりあえずそういうものは考えない. これらを上の線形化した式に入れれば

$$(-\omega + \boldsymbol{v} \cdot \boldsymbol{k}) f_a(\boldsymbol{v}) - \Phi_a \boldsymbol{k} \cdot \frac{\partial f_0}{\partial \boldsymbol{v}} = 0, \tag{1.74}$$

$$-k^2 \Phi_a = 4\pi G \int f_a d\boldsymbol{v} \tag{1.75}$$

となる. これらから f_a を消せば,Φ_a も落ちて

$$1 + \frac{4\pi G}{k^2} \int \frac{\boldsymbol{k} \cdot \dfrac{\partial f_0}{\partial \boldsymbol{v}}}{\boldsymbol{k} \cdot \boldsymbol{v} - \omega} d\boldsymbol{v} = 0 \tag{1.76}$$

となって,f_0 が与えられていれば k と ω の関係,すなわち分散関係を与える.

もっともこれはちょっと困った式で,$\boldsymbol{k} \cdot \boldsymbol{v} - \omega = 0$ が特異点になっている.したがって,実数の振動数を考えるのはすこし厄介な話になる. まず,臨界点,すなわち振動数が 0 の場合と,不安定,すなわち振動数が純虚数の場合とを考えよう.

式を簡単にするため波数ベクトルを x 軸方向にとるとすると,分散関係は

$$1 + \frac{4\pi G}{k^2} \int \frac{k \dfrac{\partial f_0}{\partial v_x}}{k v_x - \omega} d\boldsymbol{v} = 0. \tag{1.77}$$

臨界安定で $\omega = 0$ とすれば,結局

$$k^2 = -4\pi G \int \frac{\dfrac{\partial f_0}{\partial v_x}}{v_x} d\boldsymbol{v} \tag{1.78}$$

となる. f_0 が $v_x = 0$ で有限で微分可能なら積分は求まるので,これから $\omega = 0$ となる波数が決まる. これを k_{J} とする.

流体の場合と対応をつけるために,速度分布 f_0 をマクスウェル分布

$$f_0(\boldsymbol{v}) = \frac{\rho_0}{(2\pi\sigma^2)^{3/2}} \exp\left(\frac{-v^2/2}{\sigma^2}\right) \tag{1.79}$$

とすると

$$k_{\rm J}^2 = \frac{4\pi G \rho_0}{\sigma^2} \tag{1.80}$$

となる．これは，流体の場合と同じになっている．つまり，中立安定な波長（ジーンズ波長）は，恒星系と流体で同じである．

- 不安定な場合

次に振動数が純虚数の場合を考えてみる．このときは，$\omega = i\gamma$ として元の式にマクスウェル分布を入れて整理すると

$$1 + \frac{2\sqrt{2}\pi G \rho_0}{k\sigma^3} \int \frac{v_x e^{-v_x^2/2\sigma^2}}{kv_x - i\gamma} dv_x = 0. \tag{1.81}$$

これは積分できて

$$k^2 = k_{\rm J}^2 \left\{ 1 - \frac{\sqrt{\pi}\gamma}{\sqrt{2}k\sigma} \exp\left(\frac{\gamma^2}{2k^2\sigma^2}\right) \left[1 - {\rm erf}\left(\frac{\gamma}{\sqrt{2}k\sigma}\right) \right] \right\} \tag{1.82}$$

となり，k と ω（γ）の関係がきまる．ただし，$k = k_{\rm J}$ の場合と $k = 0$ の極限を除いて，値は流体の場合とは一致しない．

こうして波長がジーンズ波長よりも長いモードは流体と同様不安定で，勝手に成長することになる．

- ファン・カンペンモード

それでは音波にあたるような振動数が純実数のモードというものはあるのだろうか？以下，ファン・カンペンの論文に沿った議論をする．分散関係の一つ前の式に戻ってみると，波数ベクトルは x 軸方向として

$$(-\omega + kv_x)g(v_x) - \frac{8\pi^2 G v_x}{k} f_0(v_x) \int g\, dv_x = 0 \tag{1.83}$$

となる．ただし，g は f_a を y, z 方向に積分したものである．また，f_0 は等方的であるとし，さらに

$$\int\int v^{-1} \frac{df_0}{dv} dv_y dv_z = -2\pi f_0(v_x) \tag{1.84}$$

なる関係を使った．これは，v_x 一定の平面上で極座標に変換すればすぐに出てくる．上の式は g についての線形斉次な方程式で，

$$g(v_x) = -\frac{8\pi^2 G}{k}\frac{v_x f_0(v_x)}{\omega - kv_x} \tag{1.85}$$

という解を持つ. ただし, 意味のある解であるためには

$$-\frac{8\pi^2 G}{k}\int \frac{v_x f_0(v_x)}{\omega - kv_x}dv_x = 1 \tag{1.86}$$

を満たすようになっている必要がある. これは分散関係 (1.76) と実は同じ式である. これに対して意味のある解を求める一つの考え方は, g を超関数に拡張してしまうことである:

$$g(v_x) = -\frac{8\pi^2 G v_x f_0(v_x)}{k}\left[\mathcal{P}\frac{1}{\omega - kv_x} + \lambda\delta(\omega - kv_x)\right]. \tag{1.87}$$

ここで $\mathcal{P}$ は主値をとるということで, 要するに積分の不定性を δ 関数のほうに押しつけてみたというだけである. 実際, 規格化を満たすという条件から λ の値を決めることができる. この「モード」は, 任意の ω と $k > k_{\mathrm{J}}$ なる k のすべての組合せに対して存在し, 完備である. これをファン・カンペンモードという.

これがどういうものかを考えてみよう. まず, δ 関数の項は, $v_x = \omega/k$ のところにだけ値があるということを示している. つまり, 位相速度が摂動を受けていないもともとの速度と等しい, 言い換えれば与えたものがそのままラグランジュ的に動いていくものである. いま重力がまったくない極限を考えれば, 単に摂動がまわりと相互作用することなくそのまま動いていくというものである. これにたいして, もう一つの項は重力による応答を示していると考えてよい.

- 位相混合

任意の摂動が減衰しないモードの組合せとして表現できるのなら, それはなにか音波のような伝わっていく波になっているか, というとそんなことはない. これは, 以下の簡単な例で示すことができる. 図 1.2 のように, 1 次元で重力がない系である有界な領域に摂動 (overdensity) を与えたとする. 簡単のために周期境界を課し, 右から出ていったものが左から入ってくるとしよう. もちろん, 適当なポテンシャルを考えるとか, 無限一様な場合を考えても本質は同じである.

すると, 時間がたつに従って摂動が引き延ばされていくということがわかる. このためたとえば密度の変化といった量は時間がたつに従って減衰していく.

つまり, 特異なファン・カンペンモード自体は減衰しないが, それを重ね合わ

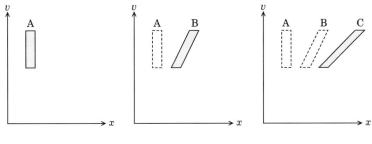

図 1.2 摂動の進化.

せた有限の広がりを持つ摂動は減衰するように見える。これが通常，位相混合（phase mixing）と呼ばれるものである。

力学的摩擦

さて，ここで少し違った状況を考えてみる。いま，温度 0 （温度 0 の場合，ジーンズ不安定が起きるが，これはとりあえず考えない。すなわち自己重力は無視する）の無限に一様な物質分布の中を適当な大きさを持った球対称なポテンシャルの摂動が動いているとしよう。これは分布関数の摂動ではなく，時間がたっても形は変わらないとする。たとえば質点でもよい。

座標系は，この質点の運動の方向を対称軸にとった円筒座標で考えてよい。このとき，バックグラウンドの物質がどう動くかを考えると，質点に固定した座標系では図 1.3 のようになる。つまり平行に入ってきたものが散乱されるだけである。

一方，もともとの止まっていた物質分布に固定された座標系で考えると，散乱されたものは，左向きと中心向きの速度をもらうことになり，正味として加速されている。つまり，エネルギーをもらっているのである。

まわりがエネルギーをもらっているので，動いている質点のほうは減速されなければならない。これが力学的摩擦（dynamical friction）と呼ばれるものである。この効果は，別に動いているものが単純な質点のポテンシャルなどでなくても，3 次元空間のなかで有界なものが動いていれば常に働くということに注意してほしい。

一方向に進む平面波は正味としてエネルギーのやりとりはできないが，3 次元

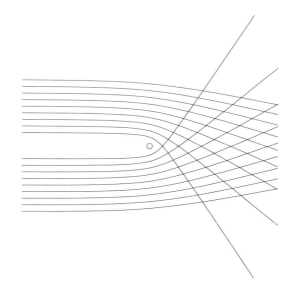

図 **1.3** 重い粒子のまわりの粒子の軌跡.

的な孤立波とか非周期的な摂動は非線形な減衰を受けることになる．このように，摂動とまわりの相互作用を考えれば，実際にエネルギー交換がおきてそれが摂動のエネルギーをまわりに伝える場合がある．

ただし，この場合エントロピー生成はないということには注意が必要である．力学的摩擦の例では，質点の運動エネルギー（これはエントロピーを持たない）がまわりの粒子の運動に変換されたわけだが，まわりの粒子の運動は依然として組織的なものでありランダム成分を持たないので，エントロピーは生成されていないのである．

1.1.5 激しい緩和

理論

無衝突系で考えている限り，エントロピーは増えない．分布関数を粗視化したエントロピーは位相混合により増えるが，それが熱平衡に導くという保証はない．しかし，いかなる意味でも熱平衡に近付いていないと断言できるだろうか？

このような問題意識には，観測的な理由もないわけではない．それは楕円銀河

というものの存在である.

楕円銀河は，大雑把にいってどれも似たような形をしている．これはたんに形が似ているというだけではなく，実は半径方向の密度（表面輝度）分布に共通性が高いということがわかっている．具体的には，いわゆる $r^{1/4}$ 則，あるいはハーンキストモデルでよく近似できている.

楕円銀河がどのようにしてできたかはよくわかっていないが，初期条件がどれもこれも非常によく似ていたというのはあまりありそうにない．それにも関わらず，みんながよく似た形をしているというのは，何らかの熱平衡にむかうような緩和過程の存在を示唆しているのかもしれない.

このように考えて，リンデンベル（D. Lynden-Bell）は激しい緩和（violent relaxation）というものを提案した．彼の論理は，大雑把にいうと以下のようなものである.

（1）　系がまだ力学平衡に落ちついていないあいだ密度分布，したがってポテンシャルは複雑な時間変化をする．これは，それぞれの粒子のエネルギーを変える.

（2）　粒子のエネルギーの変わり方は初期の（位相空間内での）位置によって決まるので，エントロピーが変わるとか，ランダム化されるとかということはないが，粗視化してみれば粒子のエネルギーの変わり方はランダムとみなせるはずである.

（3）　したがって，このランダムな変化に対する熱平衡が存在するはずである．これをリンデンベル統計と名付ける.

（4）　力学平衡に向かう間は，単に位相混合だけが起こっているわけではなく，このリンデンベル統計に向かう進化も同時に起きているはずである.

なお，リンデンベル統計であって普通のマクスウェル–ボルツマン統計には従わない理由は，f の値に制約がある（初期の分布の最大値を超えられない）からである.

帰結

上の激しい緩和が本当に有効に働くとすると，どんなことがおきることになるかを考えてみる．これによって起きる緩和は，いくつかの点で通常の熱平衡に向

かうものと異なっている.

（1） 等分配則が働かない. これは，（単位質量当たりの）エネルギー変化が
位置だけで決まるからである.

（2） 通常の意味で平衡に近付くかどうかは本当はわからない. 普通の緩和過
程では，エネルギーの高い粒子はそれを失う傾向があるし，低いものはもらう傾
向があるが，この場合，そういう傾向があるかどうかわからない.

（3） 緩和がどの程度進むかはわからない. 力学平衡に落ちつけばエネルギー
変化は止まってしまうからである.

数値実験とその解釈

激しい緩和というのは，いろいろな意味で魅力的な提案であったので，数値
実験によって実際にそんなにうまくいくかどうかを調べようという試みが多数
なされている. ここでは，その代表的なものであるファン・アルバーダ（van
Albada）を取り上げて，どのような結果になったかをまとめる.

計算は，極座標でポアソン方程式を球面調和関数展開してポテンシャルを求め
る方法によっている. このために，1982 年というかなり昔でありながら，5000
粒子というこの目的には十分な数の粒子を使うことができた.

初期条件は，粒子に少しだけランダム速度を与えて，大体球状（実際には，い
ろいろ変化させているが）に分布させ，手を離してどうなるかを見るというもの
である.

図 1.4 はさまざまな初期条件からの結果をすべてまとめたものである. プロッ
トしたものはシミュレーションの最終状態での $N(E)$ であり，$N(E)dE$ が粒子
の数を与えるものである. f とは違うことに注意してほしい. 初期条件によっ
て，$N(E)$ はいろいろであり，とてもある一つのものに向かうといえるようなも
のではないということが見てとれるであろう.

楕円銀河の形の起源

数値実験の結果は，激しい緩和がある普遍的な分布に導くわけではない，とい
うものであった. したがって，楕円銀河がそれなりによく似ているということに
は，別の説明が必要である. ここでは，二つの考え方を紹介する.

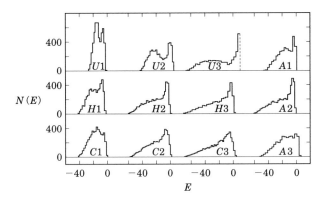

図 **1.4** 最終状態の $N(E)$（van Albada 1982, *MNRAS*, 201, 939）.

$N(E)$ の連続性

楕円銀河が円盤銀河とはちがった何らかの力学的な進化，すなわちリンデンベルが想定したような系全体の振動のようなものを経験したと考えること自体はそれほど不自然ではない．すると，それが構成する各粒子のエネルギーを変化させることになる．

エネルギーが変化した粒子のなかには，もちろんエネルギーが正，すなわち系に束縛されなくなってそのまま無限遠にいってしまうものもある．また，そうでなくても，エネルギーがある程度 0 に近ければ，いったん遠くにいって，また戻ってくる頃には系はほとんど落ちついているので，それ以上エネルギーが変化するということはない．

このようなエネルギーが 0 に近い粒子の分布というものを考える．実際にそういった粒子ができるところを考えてみると，たとえばエネルギーが正になってしまうかどうかを知っているわけではないし，どれくらいの位相空間体積があるかを知っているわけでもない．したがって，エネルギーが 0 に近い粒子の分布は，$N(E)$ が特異でない（発散したり 0 にいったりせず，おそらく微分可能である）ということによって特徴付けられると考えてよいと思われる．実際，ファン・アルバーダの数値実験では多くの場合にそうなっていた．

これは $N(E)$ が $E = 0$ の付近，すなわち大雑把にいって $r \to \infty$ の極限で $N(E) = N_0 + N_0' E \cdots$ の形の展開を持ち，特に $N_0 > 0$ であるということを意

味する.

このときに密度分布はどうなるかを考える.「十分外側」を考えるので,ポテンシャルは

$$\Phi = -M/r \tag{1.88}$$

で与えられるとする. 単純な例として,すべての粒子が円軌道を回る,すなわち最大の角運動量を持つ場合を考える. もちろんこんなことは現実にはあり得ないが,とりあえず計算は簡単なのでいいことにしよう. 円軌道の式からすぐにわかるように,

$$E = -\frac{M}{2r} \tag{1.89}$$

である. つまり,エネルギーが決まれば中心からの距離が決まる. したがって,密度を求めるにはヤコビアンを計算すればいい. つまり

$$dM = |4\pi r^2 \rho dr| = |N(E)dE| \tag{1.90}$$

と,式 (1.89) からでる

$$\frac{dE}{dr} = \frac{M}{2r^2} \tag{1.91}$$

から,

$$\rho = \frac{MN(E)}{8\pi r^4} \tag{1.92}$$

を得る.

円軌道は特殊なので,もうちょっと違うことを考えれば違う答がでるのではないかと心配になる. ヤッフェ(W. Jaffe)は,等方的な場合にもやはり $\rho \propto r^{-4}$ を示している. また,牧野淳一郎らは分布関数がエネルギーと角運動量に分離できる場合について同じ結果を示した.

結局,比較的一般的な条件として,自己重力系で力学平衡から大きくずれた振動などを経験した場合には,$N(E)$ が $E \sim 0$ で連続という条件から,$\rho \sim r^{-4}$ という結論が出せる. これは,前にモデルのところででてきたハーンキストモデルや ヤッフェモデルに共通な性質であり,(中心部の構造がまったく違うにも関わらず)どちらも楕円銀河に良く合うとされている.「観測的に楕円

銀河の性質が共通である」というのは，その程度の意味であると考えるべきかもしれない．つまり，基本的には外側のほうで $\rho \sim r^{-4}$ に漸近していくような構造というのが本質ではないかと考えられる．

中心部の構造

それでは中心部の構造についてはなにもいえないのであろうか？これは実はまだ良くわかっていない問題である．ナバロ（J.F. Navarro）は，数値計算の結果をもとに以下のような主張をした．

（1）CDM（冷たい暗黒物質（ダークマター））シナリオによる構造形成を考えたとき，CDM が作る自己重力系（ガスとか星を考えない）は，

$$\rho \propto \frac{1}{r_*(1+r_*)^2} \tag{1.93}$$

の形に書ける．ここで r_* は適当に規格化した半径である．

（2）この形は普遍的（ユニバーサル）で，たとえば一つの銀河でも銀河団でも同じである．

この動径分布が，きわめて有名になった NFW プロファイルである．

しかし，実はナバロたちの結果の解釈にはすぐに異論がでており，CDM と初期条件を制限しても，たとえば福重俊幸，牧野やムーア（Moore）は，上の「ユニバーサル」な形になったのは数値誤差のせいと主張している．彼らの結果では，ナバロたちのものより中心で等温に近い $\rho \sim r^{-1.5}$ のベキ乗分布になっている．ナバロらの計算は 1 万粒子程度を使ったものだが，福重らやムーアらは 100 万粒子程度であり，数値誤差の影響が小さくなっていることは間違いない．「真の」の傾きがどうなるかについては現在も活発な研究が続いているが，現時点では CDM からの数値実験でできるハローの中心部は NFW よりもスロープの傾きが大きいということはほぼ万人の認めるところになった．

さらに，近年では 10 億粒子程度のシミュレーションまで行われ，福重やナバロが -1.5 のべき指数を得ていた領域では同様な結果であるものの，さらに内側ではべきが次第に浅くなるという結果が得られている．ただし，これらのシミュレーションでは，初期ゆらぎの最小質量スケールが質量分解能程度であり，中心部分の構造が信用できるかどうかは明らかではない．一方，最小質量スケールを

分解するようなシミュレーションも行われており，ここでは最小質量ハローでは
−1.5 になり，合体が進んでより大きなハローになると中心部のべきがわずかに
浅くなるという結果が得られている．これらから，NFW プロファイルよりはべ
きが深いが，中心に向かってある程度浅くなっていくものと考えられている．

1.2 衝突系の進化

前節では，重力多体系の粒子数が無限に多い連続体極限を考えた．実際には，
多くの場合に粒子数が有限である効果が無視できない．このときには無衝突ボル
ツマン方程式は良い近似ではなくなる．「無衝突」ボルツマン方程式は，もちろん
元々のボルツマン方程式の衝突項を無視したものである．ここで衝突項は，上の
「粒子数が有限である効果」を言い換えたものである．

本節では，「粒子数が有限である効果」とは何か，それによって重力多体系は
どのように進化するかを概観する．

1.2.1 2 体緩和

2 体緩和とはなにか？

衝突項に対する主要な寄与は 2 体緩和からくる．ここでは，まず，2 体緩和と
はいったいどういうものかというところから話を始める．原理的には，かなり厄
介な問題である．

有限粒子数の自己重力多体系を考えると，これは以下のような進化をすると考
えられる．まず，最初は力学平衡になかったとすると，とりあえず力学平衡に落
ちつく．粒子数が無限大であれば，無限に細かく見れば無限に時間がたっても真
の力学平衡に到達するわけではないが，漸近はしていく．このとき，各粒子は与
えられたポテンシャルの中を運動するだけになり，それ以上進化することはなく
なる．

さて，実際には有限粒子数であるので，そもそも真の力学平衡というものはな
い．有限の質量をもった各粒子が系の中を運動するに従って，ポテンシャルは必
ず変化するからである．この変化によって各粒子の軌道も変化することになる．

それでは，粒子の軌道の変化を粒子数が有限であることから来る成分と，それ
以外に分離することは可能であろうか？系が力学平衡にあるとみなすことがで

きれば，それは可能である．つまり，力学平衡にあれば，粒子のエネルギー変化
は定義によりすべて粒子数が有限であることによるからである．

しかし良く考えると問題なのは，そもそも有限粒子数であるものを力学平衡と
みなすとはどういうことかということである．このあたりを考えていると段々混
乱してくるので，まず理想化された状況から考えていくことにしよう．

理想化: 一様等方な分布

理想化として一様等方な分布を仮定する．たとえばマクスウェル分布があっ
て，その中の一つの粒子をとって考えるということをしたいわけだが，これはす
でに結構厄介なので，さらに簡単な例を考える．すなわち，速度0で空間内に一
様（ランダム）に分布した質点を考え，その中を質量0のテスト粒子を飛ばして
みる．

もちろん，この場合エネルギー交換はないので速度は変わらず，単に散乱され
るだけだが，この例は2体緩和のいくつかの重要な性質を示すので，すこし詳し
く見ていくことにする．分布している質点の質量を m，数密度を n とする．テ
スト粒子が一つの粒子から距離（衝突パラメータ）b を速度 v で通ったときに
曲がる角度は，実際にケプラー問題の解析解を使って

$$\tan\theta = \frac{2b}{(b/b_0)^2 - 1},$$
$$b_0 = \frac{Gm}{v^2} \tag{1.94}$$

で与えられる．単位時間当たり，衝突パラメータが $(b, b+db)$ の範囲にある散乱
の回数は $2\pi n v b\, db$ である．

さて，散乱の方向はランダムであると思われるので，平均としては変化は0
になる．しかし，変化の2次の項は0にならない．これは

$$\langle\Delta\theta^2\rangle = 2\pi n v \int_0^{b_{\max}} \delta\theta^2 b\, db \tag{1.95}$$

で与えられることになる．

この式からすでにいろいろな性質がわかる．しかし，その前に理論的な困難を
解決しておく必要がある．この積分は $b \to \infty$ で発散している．この問題の解釈
についてはいくつかの考え方があった．たとえば初めて2体緩和の性質を理論的

に調べたチャンドラセカール（S. Chandrasekhar）は，以下のように考えた．

「平均粒子間距離よりも衝突パラメータが大きいような散乱は，多体の干渉によって効かなくなるのでそこで積分を打ち切ってよい」

しかし，多体の干渉というようなものが実際にあるかどうかは明らかではない．もっと素直な解釈は，実際に系にあるすべての粒子と常に同時に相互作用しているのだから，系の広がりくらいまで全部いれる（系が構造を持つ場合はちょっとややこしいが，密度の空間依存も積分のなかに入れて全空間で積分する）というものである．もっとも，これも少し奇妙で，ケプラー問題の解析解を使ったところで粒子は無限遠からきて無限遠に去っていく，と暗黙に仮定したのに，それがどう考えても適用できないところまで結果を拡張解釈している．
とはいえ数値実験の結果などから，後者の解釈すなわち全体が効くというほうが正しいということはかなり昔から大体わかっていた．歴史的には，どちらの解釈が正しいかについては，かなり最近まで論争があって，完全に決着がついたといえるのは 1994–5 年頃である．現在では後者の解釈が正しいということに疑いの余地はない．
上の式から適当に近似すると

$$\langle \Delta\theta^2 \rangle \sim Gnv^{-3}m^2 \log(R/r_0) \qquad (1.96)$$

となる．ここで R は先に述べた系の大きさ，r_0 は「大きく曲がる」ための衝突パラメータの値で，$b_0 = GM/v^2$ の程度である．
さて，これからどんなことがわかるだろう．角度変化が 1 の程度になる時間を求めてみると，

$$t_\theta \sim \frac{v^3}{Gnm^2 \log \Lambda} \qquad (1.97)$$

となる．ここで Λ は上の R/r_0 を単に書き換えただけである．いま，$\log \Lambda$ の質量依存性といったものを無視すると，散乱の時間スケールは速度の3乗，数密度の逆数，質量の2乗の逆数に比例するということがわかったことになる．特に質量密度一定の場合を考えてみると，時間スケールが各粒子の質量に反比例するということがわかる．

　ある大きさを持った多体系というものを考えてみよう. 質量 M, 特徴的な半径（ビリアル半径か何か） R, 粒子数 N とすれば, ビリアル定理から $v^2/2 = GM/R$, 力学的な時間スケールが $t_d \sim \sqrt{R^3/GM}$ となる. これを使うと上の緩和の時間スケールは,

$$t_\theta \sim \frac{N}{\log N} t_d \tag{1.98}$$

となる. つまり, ほぼ N に比例して時間スケールが長くなる.

　上で考えたのは, 分布はランダムだが静止している粒子分布の中を質量ゼロの試験粒子が動く場合であった. 実際には, ランダムな空間分布と何らかの速度分布をもって運動している粒子分布の中を, 有限の質量をもった粒子が動く. このときに速度変化がどうなるかは面倒な計算をすれば求められる. 結果は

$$\langle \Delta v_{/\!/} \rangle = -4\pi \Gamma \left(1 + \frac{m}{m_f} \right) F_2(v), \tag{1.99}$$

$$\langle \Delta v_{/\!/}^2 \rangle = \frac{8\pi \Gamma v}{3} [F_4(v) + E_1(v)], \tag{1.100}$$

$$\langle \Delta v_\perp^2 \rangle = \frac{8\pi \Gamma v}{3} [3F_2(v) - F_4(v) + 2E_1(v)] \tag{1.101}$$

となる. ここで Γ は

$$\Gamma = 4\pi G^2 m_f^2 \ln \Lambda \tag{1.102}$$

であり, m, m_f はそれぞれ速度変化を考える粒子と背景の粒子分布を作っている粒子の質量である. F, E は以下のように定義される.

$$F_n(v) = \int_0^v \left(\frac{v_f}{v} \right)^n f(v_f) dv_f,$$
$$E_n(v) = \int_v^\infty \left(\frac{v_f}{v} \right)^n f(v_f) dv_f. \tag{1.103}$$

v は考えている粒子の速度, f は背景粒子の分布関数である. これは速度だけに依存するが, 単純化のため等方的と仮定した.

　これらから, 粒子のエネルギーの変化 ΔE を出すことができる.

$$\Delta E = v \Delta v_{/\!/} + \langle \Delta v_{/\!/}^2 \rangle / 2 + \langle \Delta v_\perp^2 \rangle / 2 \tag{1.104}$$

と書けるので, 1 次の項は

$$\langle \Delta E \rangle = 4\pi \Gamma v \left[E_1(v) - \frac{m}{m_f} F_2(v) \right] \tag{1.105}$$

となる．2 次の項については，$(v\Delta v_{/\!/})^2$ 以外の項は小さいので無視すると

$$\langle \Delta E^2 \rangle = \frac{8\pi \Gamma v^3}{3} \left[F_4(v) + E_1(v) \right] \tag{1.106}$$

となる．

さて，速度分布を熱平衡，すなわち

$$f_0(\boldsymbol{v}) = \frac{n_f}{(2\pi\sigma^2)^{3/2}} \exp \left(\frac{-v^2/2}{\sigma^2} \right) \tag{1.107}$$

とすると，上の係数等を具体的に計算できることになって，その形は

$$\langle \Delta v_{/\!/} \rangle = -4 \frac{n_f \Gamma}{\sigma^2} \left(1 + \frac{m}{m_f} \right) G(x), \tag{1.108}$$

$$\langle \Delta v_{/\!/}^2 \rangle = 2\sqrt{2} \frac{n_f \Gamma}{\sigma} \frac{G(x)}{x}, \tag{1.109}$$

$$\langle \Delta v_{\perp}^2 \rangle = 2\sqrt{2} \frac{n_f \Gamma}{\sigma} \frac{\operatorname{erf}(x) - G(x)}{x}, \tag{1.110}$$

$$\langle \Delta E \rangle = \sqrt{2} \frac{n_f \Gamma}{\sigma} \left[-\frac{m}{m_f} \operatorname{erf}(x) + \left(1 + \frac{m}{m_f} \right) x \operatorname{erf}'(x) \right]. \tag{1.111}$$

ここで erf は誤差関数であり，

$$G(x) = \frac{\operatorname{erf}(x) - x \operatorname{erf}'(x)}{2x^2}. \tag{1.112}$$

また $x = v_t/(\sqrt{2}\sigma)$ である．

以下，（1.108）式 –（1.111）式の意味について考える．

まず，速度の 1 次の項を見る．この項は常に負であり，速度分布には F_2 だけを通して依存している．マクスウェル分布のようなものを考えたとき，v が大きい極限では $F_2 \sim 1/(2\pi v^2)$ となるので，周りが止まっているときと同じく速度変化は速度の 2 乗に反比例する．これに対して，v が小さい極限では，f を一定と見なすことができるので $F_2 \propto v$ となる．

これは速度が大きい極限では，減速の時間スケールが v^3 であるのに対し，逆の極限では 一定になるということである．すなわち，非常に速度が大きい粒子ができてしまうと，これはなかなか減速しない．もちろん，自己重力系の場合に

は，そのようなものは系のなかに留まるのが困難ではある．これに対し，速度が小さいほうでは時間スケールがある一定値，つまりは $v \sim \sigma$ で決まる値あたりになるということである．

　この1次の項は，前に述べたように力学的摩擦を表している．これが重要になる場面は，たとえば恒星系が質量の違う二つの成分からできているような場合である．力学平衡で，分布関数に質量依存がないようなものを考えると，これは熱平衡から遠くはなれている．したがって，上の式で決まる時間スケールで重いものがエネルギーを失い，軽いものがエネルギーを得る．この結果，重いものは中心に落ちるし，軽いものは外側に押し出される．

　次に2次の項を見てみる．速度に平行な成分も垂直な成分も，v が大きい極限では0にいく．特に，垂直な成分は v に反比例する．これに対し，速度が0の極限では，どちらも一定値に収束する．これは停止している極限でも，周りの粒子によって揺さぶられるということを表している．

等分配の時間スケール: 理論

　いま，空間に質量 m_f の粒子が一様に分布しており，試験粒子として質量 m_t のものがこれもまた一様に分布しているとする．さらに，どちらも速度分布はマクスウェル分布で与えられるとする．ここでは等分配を考えるので，それぞれの粒子1個当たりのエネルギーを E_f, E_t と書く．試験粒子のエネルギー変化の平均を考えると，

$$\frac{d\langle E_t \rangle}{dt} = 4\pi \int v_t^2 f(v_t) \langle \Delta E_t \rangle \, dv_t \tag{1.113}$$

と書けることになる．この式は前節で求めた $\langle \Delta E \rangle$ を入れて実際に積分を実行することができて，結果は

$$\frac{d\langle E_t \rangle}{dt} = 2\sqrt{6/\pi} \, \frac{m_t n_f \Gamma}{m_f} \frac{\langle E_f \rangle - \langle E_t \rangle}{(v_t^2 + v_f^2)^{3/2}} \tag{1.114}$$

となる．

　ここで，いくつかの極限的な場合を考えておくことは有益であろう．まず，$m_t \gg m_f$ で $v_t \sim v_f$ という状況を考えてみる．これはつまり非常に重いものと軽いものが，同じような空間分布，速度分布で広がっている場合である．このと

きは上の式で $E_t \gg E_f$ なので,

$$\frac{d \log \langle E_t \rangle}{dt} = -\sqrt{3/\pi} \, \frac{m_t n_f \Gamma}{m_f v^3} \tag{1.115}$$

となる. なお, このとき, 変化率はテスト粒子の速度に分母の v_t^2 を通してしか依存しないので, $v_t \to 0$ の極限でエネルギー変化(減速)のタイムスケールは一定値にいき, それは $v_t \sim v_f$ のときの値とそれほど違わない.

次に, $m_t \sim m_f$ で $v_t \gg v_f$ という状況を考えてみる. このとき上の式は

$$
\begin{aligned}
\frac{d(\langle E_t \rangle / m_t)}{dt} &= 2\sqrt{6/\pi} \, \frac{n_f \Gamma}{m_f} \frac{\langle E_f \rangle}{2 v_f^3} \\
&= 8\sqrt{6\pi} \, G^2 \ln \Lambda n_f m_f \langle E_f \rangle v_f^{-3}
\end{aligned} \tag{1.116}
$$

となる. ここで

$$\Gamma = 4\pi G^2 m_f^2 \ln \Lambda \tag{1.117}$$

を使った. さらに, $E_t = m_t v_t^2 / 2$ などを使って書き直せば

$$\frac{d(v_t^2)}{dt} = 4\sqrt{6\pi} \, G^2 \ln \Lambda n_f m_f^2 v_f^{-1} \tag{1.118}$$

を得る. つまり, 速度が小さい極限では, 一定の率でエネルギーをもらうわけである. 言い換えれば, 温度が 2 倍になる時間スケールというものは, 温度に比例して小さくなるともいえる.

さて, 通常「2 体緩和の時間スケール」というときには, この等分配に要する時間スケールのことではないのが普通である. 時と場合によっていろいろなものが出てくるが, どれも同じようなものである. 普通に使われるのは,

$$t_r = \frac{1}{3} \frac{v_m^2}{\langle v_{/\!/}^2 \rangle_{v=v_m}} = \frac{v_m^3}{1.22 n \Gamma} = \frac{0.065 v_m^3}{n m^2 G^2 \log \Lambda} \tag{1.119}$$

とするものである. ここで v_m は r.m.s.(2 乗平均の平方根) 速度である. 1/3 になにか意味があるわけではなく, こう定義したというだけである.

これは局所的な量で定義されていて, たとえば系全体の緩和時間といったものを考えるのにはちょっと不便なこともある. したがって, いわゆる半質量分緩和時間(half mass relaxation time) t_{rh} というものを導入しておく. これは, 半

径 r_h の中に質量の $1/2$ があるとして，その中の密度は一様であるとし，またすでに行ったようにビリアル定理から $T \sim 0.2GM^2/r_h$ といった関係を使えばでてくる．これは

$$t_{rh} = 0.138 \frac{N r_h^{3/2}}{M^{1/2} G^{1/2} \log \Lambda} \tag{1.120}$$

となる．

　ここで注意しないといけないことは，t_{rh} はあくまでも球対称に近い系の質量が半分になる半径（half mass radius）のあたりでの緩和時間であるに過ぎないということである．したがって，球状星団全体の緩和時間とか，あるいは楕円銀河，銀河団といったものには有効な概念であるが，球対称から大きくずれた銀河，あるいは系の半分の質量を含む半径（half mass radius）のずっと外側，またはずっと内側ではまったく違ったものになっていることに注意する必要がある．さらに，速度分布が非等方であるとか，回転が主であるとかによって，状況はまったく変わってくる．このような場合，局所的な緩和時間，あるいはエネルギー変化自体の式に戻って考えないと，時間スケールについてまったく間違った推定をしてしまうことになる．

1.2.2　熱力学的進化

　熱力学的な進化，つまり 2 体緩和による系の進化がどうなるかについては，いくつかの理想化された場合を考察する．自己重力質点系の熱力学的な進化を解析的に扱うのはほとんど不可能なので，以下，流体近似で話をする．原理的には，2 体緩和の係数から衝突項による分布関数の進化を表す偏微分方程式（フォッカー–プランク方程式）を導き，その平衡解をつくって，さらにその安定性を調べればできるわけだが，これまでそのような研究はあまり行なわれていない．

　その一つの理由は，熱平衡状態とその安定性に関するかぎり，ガスか質点系かという違いに意味がなく，どちらでも同じ結果になるからである．もちろん，平衡状態からのずれの時間発展はガスか質点系かで大きく違うわけだが，おもな違いは熱伝導の係数の密度，温度への依存の違いとして理解できる．

等温状態の安定性

まず，もっとも単純な場合ということで等温の平衡状態を考える．話を簡単にするために，球対称の断熱壁の中のガスということにする．平衡状態は，重力と圧力がつりあっていてガスが静止している静水圧平衡の式

$$\frac{dp}{dM} = -\frac{M}{4\pi r^4},$$ (1.121)

$$\frac{dr}{dM} = \frac{1}{4\pi r^2 \rho}$$ (1.122)

を考えればよい．球対称で $M(r)$ は半径 r の中の質量，p と ρ は圧力と密度である．ここでは，単位系として $G = M = R = 1$ となるようにとる．G は重力定数，M は壁（断熱壁）のなかの全質量，R は断熱壁の半径である．

温度は，状態方程式

$$p = \rho T$$ (1.123)

で決まる．単位質量当たりのエントロピーは

$$s = \ln(T^{3/2}\rho^{-1})$$ (1.124)

であり，境界条件は

$$r = 0 \text{ のとき}, \quad M = 0,$$
$$r = 1 \text{ のとき}, \quad M = 1$$ (1.125)

である．この解自体は，すでに何度か扱ったように数値的に求めることができる．

以下，熱力学的安定性について議論する．等温の自己重力系の安定性について初めて議論したのはアントノフ（Antonov）であり，もうちょっと詳しい議論がリンデンベルとウッド（Wood）によってなされた．しかし，これらはいずれも普通の意味での安定性解析，すなわち，平衡解に対する摂動を考え，それが成長するかどうかをしらべたというものではない．

そのような意味での安定性解析を初めて適用したのは，蜂巣泉・杉本大一郎である．彼らの方法は，大雑把にいうと以下のようなものである．

(1) 平衡解の周りの線形化した摂動に対する方程式を作る．

(2) 適当な制約条件のもとで，全エントロピーの 2 次の変分 ΔS^2 を最大に

するような摂動を求める．これは，具体的な手続きとしては固有値問題を解くことに帰着される．

（3） 仮に求まった ΔS^2 が正であれば，これは平衡状態が全エントロピー極大の状態ではない．したがって，不安定点であるということを意味する．

等温状態なので全エントロピーは通常ならば極大値である．これは，任意のエントロピーの再分配に対して，$\Delta S = 0, \Delta S^2 < 0$ となっているということを意味する．

普通の系では，熱をちょっとどこかからとって別のところに与えると，それによる温度変化を考えなければ（1 次の変分）全エントロピーは変わらない．また，温度変化を考えると（2 次の変分），熱をもらった方は温度が上がっているのでもらうエントロピーは少なく，出したほうは逆に温度が下がるので出ていくエントロピーが多い．したがって，系全体としては普通は摂動を与えると全エントロピーが減る，すなわち，平衡状態は全エントロピー極大に相当している．

以上から，もし熱を取り去ったときに温度が上がるようなことがあれば，エントロピー極大ではないかもしれないということが想像できよう．もちろん，常識的な熱力学の対象ではそんなことはあり得ないわけだが，自己重力系ではそうではないというのはすでにビリアル定理のところで議論した．

つまり，自己重力系を全体として考えると，熱を奪うと系が小さくなり，単位質量あたりの運動エネルギー，すなわち温度が高くなるわけである．

断熱壁で囲んだ系では話はもう少しややこしいが，実際に十分温度が低く重力の影響が大きいような系では，ΔS^2 が正になるということを示したのが蜂巣と杉本である．

以下では，もう少し単純に熱伝導の式もいれて時間発展を見る．

熱伝導の式は

$$K\frac{\partial T}{\partial r} = -\frac{L}{4\pi r^2} \tag{1.126}$$

と書ける．ここで $L(r)$ は半径 r のところでの熱流束であり，K は熱伝導の係数である．K は温度，密度の関数だが，ここでは等温に近いので密度だけの関数として

$$K = \rho^\alpha \tag{1.127}$$

という形を仮定する．ベキ指数 α の値は熱伝導のメカニズムによるが，自己重力系の場合は $\alpha = 1$ となることがわかっている．

以下，結果を紹介する．

簡単のため以下 $\alpha = 1$ の場合だけを考える．図 1.5 に示すのは第 1 固有値（ここではすべての固有値が負なので，もっとも 0 に近いもの）に対応する固有関数である．

D は中心の密度と壁のすぐ内側での密度の比である．$D = 1$ は温度が無限に高くて重力エネルギーが相対的に小さい極限である．これに対し，$D = \infty$ は特異等温分布*2（singular isothermal，（1.27）式）に対応する．

$D = 1.05$ は，要するに重力が無視できる場合である．このときの固有関数はベッセル関数で書ける．注意してほしいことは，圧力 p の変化がないこと，エントロピーと温度がちゃんと比例関係にあることである．重力が無視できるので普通の振る舞いをしている．つまり，密度，温度の変化が圧力変化がなくなるように働く．

なお，ここでは中心から熱を奪って外に与えるようなものを考えているが，その逆も固有関数であることに注意してほしい．これは線形化した方程式の解だからである．

さて，少し中心密度を上げると圧力の固有関数が変わって，中心で圧力が上がるようになる（図 1.5（下））．熱を奪われることに対応して縮むと，重力も強くなるので，つじつまをあわせるにはもうすこし縮んで圧力を上げる必要が起きるからである．このために温度の固有関数は与えたエントロピーからずれてくる．もっとどんどん温度をさげて，D を大きくすると，ついには，熱を奪ったにもかかわらず，温度が中心でも上昇するようになる．

もちろん，この解は負の固有値に対応するものであり，依然として安定である．それは温度勾配としては中心に向かって下がっていて，エントロピー変化を打ち消す向きに熱が流れるからである．

● 中立安定

さて，もっと D を大きくすると，ついには固有値が 0，すなわち与えられた

---

*2 一様な温度分布で，密度が中心で無限大になる状態．

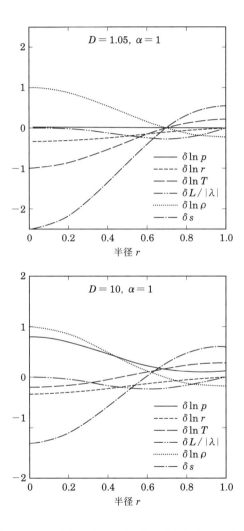

図 **1.5** 固有関数のグラフ.（上）$D = 1.05$,（下）$D = 10$.

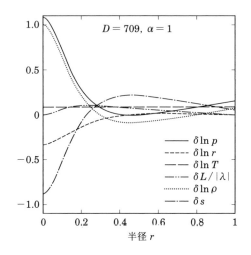

図 **1.6** 固有関数のグラフ. 中立安定のケース.

摂動が減衰しなくなる. この状況を図 1.6 に示す.

与えられた摂動が減衰しないということは, 温度勾配ができないということである. 実際, $\delta \ln T$ が定数になっている.

- 重力熱力学的不安定

さらにもっと温度を下げ, D を大きくすると, ついには固有値が正になる. 図 1.7 に二つ例を示す.

どちらの場合でも中心でエントロピーが減っているのに温度が上がり, それが外側の温度上昇を追い越している. その結果中心から外に向かう熱流ができる.

なお, D の値と系の全エネルギーとの間の関係は単純ではない. 安定領域では D を大きくするためには系を冷やせばよく, したがってエネルギーと D は一対一に対応する. しかし, $D = 709$ (図 1.6) の中立安定点はエネルギーの極小値になっていて, これよりエネルギーの低い熱平衡解は存在しない. 言い換えれば, $D > 709$ の解には, それと同じエネルギーをもった安定解が常に存在する.

有限振幅での進化

前項では, 断熱壁に囲まれた自己重力ガスの熱平衡状態の安定性を検討した. 基本的な結論は, 重力の寄与が大きくなると, 熱平衡状態が不安定になるという

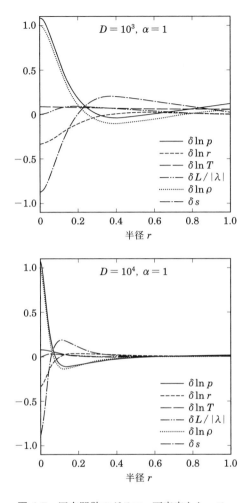

図 **1.7** 固有関数のグラフ. 不安定なケース.

ことであった.

　この後どうなるかということを調べるためには, 数値計算をする必要がある.
蜂巣は, 自己重力流体についてそのような数値計算を行なった.

　結果の詳細は省くが, 重要なことは, 中心から熱をとったときに次のような
「自己相似解」が現れる場合があるということである. 中心に熱を与えると, 中
心部は膨張する. このときに, 比熱が負なので温度は下がり, 膨張は続くが, 最

終的には全体が温度が低く中心密度も低い安定な熱平衡状態に移る．しかし，中心から熱をとったときには中心は密度・温度ともに上昇を続ける．

この後の進化は，熱伝導の時間スケールによる．密度が上がると時間スケールが長くなるような場合には，大雑把にいってかなり大きなものが全体として収縮していく．

これに対し，恒星系に対応する密度があがると時間スケールが短くなる場合では，密度の高い「中心核（コア）」ができ，それがどんどん収縮を続けるということになる．これに関する詳細な解析は，リンデンベルとエッグルトン（Eggleton）により与えられているので，以下考え方だけを示す．

自己相似解というのは，ある物理量 y がある関数 f を用いて

$$y(r,t) = y_0(t)f[r/r_0(t)] \tag{1.128}$$

と書けるようなものである．さらに，r_0 と y_0 が時間のベキで書けるとすれば，

$$r_0 = (t_0 - t)^\beta \tag{1.129}$$

や

$$y_0 = (t_0 - t)^\gamma \tag{1.130}$$

と書け，結局

$$y_0 = r_0^{\gamma/\beta} \tag{1.131}$$

という関係が出てくる．

自己相似解のため，発展方程式は相似な位置同士では時間の単位を変換すれば同一である．そのためにいろいろな無次元量は相似な場所・時刻では同じ値になる．特に，いまコアというものを考えて，その半径を r_c とすれば

$$\sigma^2 \propto \frac{GM_c}{r_c} \sim \rho_0 r_0^2. \tag{1.132}$$

ここで ρ_0 を

$$\rho_0 = r_0^\alpha \tag{1.133}$$

と書けば，進化のタイムスケールが緩和時間に比例することから

$$r_0 = (t_0 - t)^{2/(6+\alpha)} \tag{1.134}$$

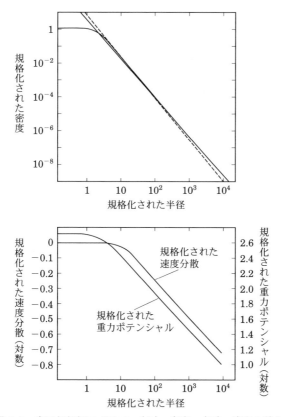

図 **1.8** 自己相似解のグラフ. （上） 密度, （下） 速度分散とポテンシャル（Lynden-Bell & Eggleton 1980, *MNRAS*, 191, 483）.

を導くことができる.

実際に $r_0(t)$ 等を求めるには，やはり固有値問題をとくことになる. リンデンベルらは実際にといて，

$$\alpha = -2.21 \tag{1.135}$$

という答を得た. 図1.8 に，彼らの求めた固有関数を示す.

- ガスと N 体の違い

実は，このあたりの進化，すなわち重力熱力学的不安定や自己相似解について

は，ガス近似，フォッカー–プランク方程式の数値積分および N 体との間の一致
は素晴らしくよい．ガスではうまく表現できなくなるのは，質量分布がある場合
や非等方性が発達している場合等である．

1.2.3　自己相似解の後の進化

さて，自己相似解はある時刻 t_0 で密度が無限大になる．これを崩壊（コラプ
ス）と呼んでいる．実際にそんなことが起きるのか，また，その後どうなるのか
ということは現実的には重要な問題である．というのは，多くの球状星団，ある
いは矮小楕円銀河は，時間スケールを見積もるとすでに崩壊しているはずだから
である．

その後どうなるかについては，いろんな可能性が考えられた．特に，これに
よってブラックホールを作るというアイデアはそれなりに真剣に検討された．

現在のところ，典型的な球状星団や楕円銀河では，ブラックホールはできない
と考えられている．中心核が十分に小さくなると，以下に述べるようにエネル
ギー供給源としての連星ができるからである．

ここでのエネルギー供給源は連星である．仮に星団があらかじめ連星をもって
いなかったとしても，中心核が十分に小さくなるとそのなかで 3 体相互作用で連
星ができるようになる．これは基本的には星のなかで温度，密度が上がると核融
合が始まるというのと変わるところはない．ただし，量子力学的な効果はないの
で，連星のできやすさは密度と温度（平均速度）との関係だけで決まる．

連星によるエネルギー供給が入ると，中心核の収縮は止まる．熱源として連星
を考えた計算を初めて行なったのは エノン（M. Henon）であり，1982 年ころ
までにいくつかそのような計算が行なわれた．それらによると，中心核からの熱
伝導による熱の流出と連星からのエネルギー入力が釣り合って，系全体が相似
的（ホモロガス）な膨張をするという結果が得られていた．特に，グッドマン
（J. Goodman）は実際にそのようなホモロガスな解を求めた．

しかし，1983 年になって杉本とベットウィーザー（E. Bettwieser）は，実は
このホモロガスな膨張解も熱力学的に不安定であるという発見をし，その結果起
きる振動に「重力熱力学的振動」という名前をつけた．

図 1.9–1.11 に示すのが彼らの見い出した振動の様子である．

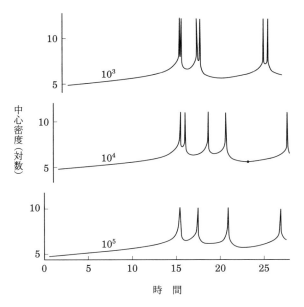

図 1.9　重力熱力学的振動. 中心密度の時間変化を示す（Sugimoto
& Bettwieser 1983, *MNRAS*, 204, 19）.

　図 1.9 は中心密度の時間変化である. 3 本線があるのは，連星からのエネル
ギー生産率の違いである. 小さいほうがより振動の振幅が大きくなっているのが
わかる.

　図 1.10（46 ページ）は膨張中の温度分布の変化である. 注意してほしいのは，
膨張中（3 番の線）では，温度のピークが中心核の外縁にあることである. この
ような温度の逆転があることで，中心核の外縁付近では熱が外側から内側に流れ
ることが可能になる. このときには等温状態の線形解析で膨張に対しても不安定
であったのと同じように，熱が流れこんで膨張することでいっそう温度が下が
り，さらに熱が流れこむ.

　最後に，図 1.11（47 ページ）はエントロピーと温度の平面での中心核の物理
量の軌跡である. 注意してほしいのは，この軌跡はこの平面で反時計回りになっ
ていることである. これはどういう意味があるかを考えてみる.

　カルノーサイクルはこの平面上で長方形だが，熱機関は時計回りである. この
ときに，$\Delta Q = T \Delta S$ を積分して正になって元に戻るので，外への仕事 ΔW は

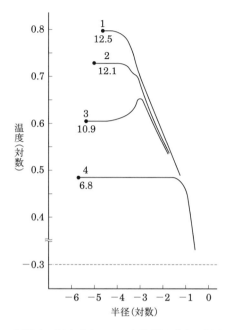

図 **1.10** 膨張時の温度分布．1–4 と膨張が進む．温度一定の部分が中心核である（Sugimoto & Bettwieser 1983, *MNRAS*, 204, 19）．

ΔQ と等しく正になる．熱機関であるとはそういうことである．

　これに対して逆に回るとは，冷凍機（ヒートポンプ）のサイクルになっていることに対応する．つまり，低温のときに吸収した熱を高温になってから放出しており，そのために外からの仕事を利用している．このことは，この振動が本質的に熱力学的な不安定性によって起きているということを意味している．

　もしも単に連星のエネルギー生産が密度が上がると始まり，密度が下がると止まる，ということで振動が起きているとすると，このときには中心核の軌跡は熱機関的になるはずである．そうではないということが現象を理解する上ではきわめて重要なことである．

　しかし，彼らの結果はただちに広く受け入れられたわけではなく，そのあと数年にわたる論争があった．その理由は，それまでの他の人の計算ではいずれも振動が起きていなかったためである．具体的には，フォッカー–プランク方程式を

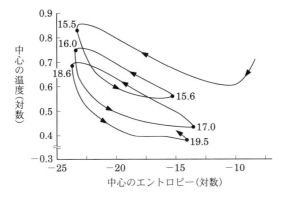

図 1.11 エントロピー–温度の平面での中心の物理量の軌跡
(Sugimoto & Bettwieser 1983, *MNRAS*, 204, 19).

解く計算，ガスモデルでの計算，またはフォッカー–プランク方程式を粒子を
使ってモンテカルロ法[*3]で解く計算のいずれでも振動は起きていなかった．ま
た，直接の多体計算では，計算機の能力が不足したため振動がはっきり見える粒
子数を扱うことがそもそもできなかった．

　1985 年になって他のグループによるガスモデル計算，そして 1986 年にはフォ
ッカー–プランク計算でも振動が確認された．このきっかけになったのは，1984
年の第 113 回国際天文学連合（IAU）シンポジウムであり，ここで杉本がヘギー
（D.C. Heggie）と議論し，ヘギーの流体コードの出力を見て，「時間ステップが
大き過ぎるのではないか」と指摘した．

　すなわち，自己重力質点系の流体モデルの計算では，それまでのほとんどの計
算で時間刻みは可変であったものの，「1 ステップでの変化がある程度以上大き
くならないようにする」という基準での時間刻みが使われていた．しかし，この
基準での時間刻みと，熱伝導を安定に解く数値計算法を組み合わせると，結果と
して本来不安定な系でも数値解は安定になってしまうという問題が発生する．

　杉本は，元々恒星の内部構造の研究者であり，特にさまざまな熱的不安定の数
値シミュレーションを行ってきたので，これらの点には注意深かった．このため
に，元々ベットウィーザーの数値計算で振動が起こったときにその結果に正しい

[*3] 乱数を用いてシミュレーションや数値計算を行う手法．

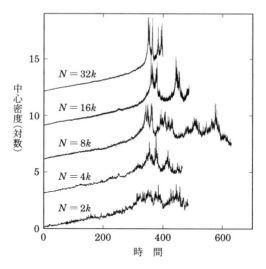

図 **1.12** N 体シミュレーションでの中心密度の時間変化
(Makino 1996, *ApJ*, 471, 796).

解釈を与えることができた.

さらに, 1987 年にはグッドマンが自分の求めたホモロガスな膨張解の安定性解析を行い, 粒子数が大きい（正確にはエネルギー生産の密度依存性の係数が小さい）と膨張解が不安定になることを示した.

実際に粒子系でそんなものが起きるかどうかにはさらに議論があったが, 1995 年になって N 体数値計算でも確かに振動が起きるということが牧野によって見い出された（図 1.12）.

1.2.4 「現実の」球状星団

先ほど述べたように, 球状星団の進化を普通に考えると, 適当な初期条件から始めると典型的には数十億年程度の時間がかかって重力熱力学的な崩壊を起こす. その後の進化は, 球状星団が理想的な質点系ならば重力熱力学的振動を起こすということになるが, 実際にそうなるかどうかにはいろいろな問題がある.

(1) 初めから連星があるとまた話が変わる.

(2) 星同士の物理的な衝突・合体の効果は無視できるとは限らない.

連星

　まず，初期にある連星の効果を考えてみよう．連星はきわめて一般的なものであり，太陽近傍の星は50%程度は連星である．また，種族 II[*4]の星も相当部分が連星という観測結果もある．

　これに対して，1990年頃までは「球状星団には原始的な連星はない」と思われていた．これは，ガン（Gunn）とグリフィン（Griffin）の広く影響をもった仕事があり，かなり頑張って分光的な連星を球状星団で探したけれどもまったく見つからなかったという結果になったことが大きい．

　しかし，1990年前後から状況が大きく変わる．観測精度が上がるとさまざまな方法で続々と連星が見つかってきたのである．

　連星があるとコアの重力崩壊前後の進化は大きな影響を受ける．これは，核融合反応で H の他に D があるようなもので，エネルギー生産率を非常に大きくするからである．なにもないところから連星を作るためには，三つの星がたまたま同時に近くに来る必要があり，このためには非常に密度が高い必要がある．しかし，連星が初めからあれば，それが他の星と近づけばそれだけでエネルギー生産になるわけである．

　また，連星はもちろん単独の星より重いので，2体緩和の時間スケールで系の中心に集まってくる．このために，星の場合とは違って，連星「燃焼」段階は簡単には終わらない．

　単純に初期には球状星団の星の相当部分が比較的コンパクトな連星であったとすると，緩和時間が短く重力熱力学的崩壊が起きるような星団でもほとんどの場合には，現在まで連星燃焼段階が続くという結論になる．もっとも，そうだとすると中心密度が非常に高い M 15（図1.13）のような星団の存在が説明できないことになり，球状星団と連星の関係については理論的にはともかく観測的，実証的にはまだこれから研究するべき課題が多い．

　2016年ブラックホール同士の合体による重力波が初めて観測された．球状星団はブラックホール連星や中性子連星が形成される場として注目されている．これは，球状星団の初期の進化では，質量が重いブラックホールは星団の中心に集まり，選択的に連星を形成することが期待できるからである．

[*4] 銀河ハローに広く分布し，球状星団と同様に古い星である．

図 **1.13**　球状星団 M 15　（http://hubblesite.org/）.

星同士の衝突

　現在の我々の銀河系では，球状星団クラスの 10 万個以上星が集まったものは
すべて非常に古いものであり，したがって現在ではあまり重い星はない．このた
め特に密度が高い球状星団中心核にある星は，ほとんどが中性子星や重い白色矮
星であると考えられ，これらは非常にコンパクトな星であるために物理的な衝突
はきわめて稀である．また，もっと若い散開星団では重い主系列星もあるが，星
団自体の密度が低くてやはり物理的な衝突はあまり重要ではないと考えられて
きた．

　しかし，観測技術が 1990 年代に入って進んだことで，このあたりの理解は大
きく変わってきた．一つは，我々の銀河中心近くで，非常に若くコンパクトな星
団がいくつか見つかってきたことである．アーチェス星団，五つ子星団といった
星団は，銀河中心から 30 pc 程度の距離で 1 万個程度の星が集まった星団であ
り，年齢も数百万年ときわめて若い．これほど銀河中心近くで存在できていると
いうことは，もちろんきわめて高い密度であることを意味しており，星同士の衝

突が特に中心部では無視できない.

　また, 大マゼラン星雲やM82などの系外銀河の星形成領域では, 非常にコンパクトで大質量な星団が見つかってきている.

　最近のシミュレーションの結果では, これらの星団では中心で星同士の暴走的な合体が起きる可能性が指摘されている. つまり, 元々重い星が中心の密度が高いところに集まってくるので, これら同士が選択的に衝突する. 衝突によって重い星ができると, それは衝突断面積が大きくなるので他の星より衝突しやすくなり, ますます衝突・合体によって成長する. これは, この暴走的に成長した星が超新星, またはブラックホールになるまでとまらない.

　つまり, 現在の球状星団ではこれから中心にブラックホールが形成されることはありえないが, 最近見つかってきた若くて高密度の星団ではそのようなことが現在起きているかもしれない. これは, 我々の銀河系の球状星団でも, 昔にはそういうことがおきたかもしれないということでもある.

1.2.5　中心ブラックホールのある星団の構造と進化

　では, 中心にブラックホールがある星団ではどのような構造が見られることになるだろうか. これに理論的に答えたのは, バーコール (J.N. Bahcall) とウォルフ (R.A. Wolf) である. 彼らはフォッカー–プランク方程式を数値的に解くことで密度構造を決めたが, その結果は以下のように解析的に理解できることがわかっている.

　中心部分の, ブラックホールの重力が支配的な領域を考え, また簡単のために分布関数は等方的であるとする. 速度分散はポテンシャルで決まるので, ケプラー速度になって速度は $v \propto r^{-1/2}$ になる. 密度が ρ であるとしよう.

　中心に向かって温度があがっているので, 熱は中心から外側に向かって流れる. ここで, 定常状態ならば熱流 L が半径に依存しない.

　大雑把にいうと, ある半径での熱流は, そこでの緩和時間くらいの間にその領域の全エネルギー程度が流れ出すと考えることで見積もることができる.

　緩和時間は $t_r \sim v^3/\rho$ の程度, 全エネルギーは $T = Mv^2 \sim \rho r^3 v^2$ の程度なので, $T/t_r = $ 一定 と置くことで

$$\rho \sim r^{-7/4} \tag{1.136}$$

という関係がでてくる.

　これは理論的には美しいが,必ずしも非常に現実的なケースとはいいがたい.より現実的と考えられるいくつかの場合について,分布がどのようになるべきかを考えてみる.具体的には,以下の三つの場合を考える.

　(1)　中心ブラックホールが断熱成長する場合
　(2)　力学的な時間スケールで「突然」中心ブラックホールができる場合
　(3)　質量分布がある系の熱力学的な進化

これらはそれぞれ,対応する現実的な系がある(かもしれない).

中心ブラックホールが断熱成長する場合

　これは,たとえばガス降着などでブラックホールが比較的ゆっくり成長する場合に,まわりの恒星集団の分布がどう変わるかという話である.ゆっくりといっても,力学的な時間スケールよりは十分に遅いが2体緩和の時間スケールよりは速いものを考える.これは,銀河中心の巨大ブラックホールの場合にはありそうな話である.

　クェーサーや活動銀河核の中心部のエネルギー源は,巨大ブラックホールへのガス降着であると考えられているので,ガス降着が終わったあとの恒星系の分布は,このブラックホールが断熱成長した場合で与えられると考えられるであろう.この場合の分布関数の変化を数値的,および解析的に調べたのはヤング(P. Young)である.この場合,分布関数自体が断熱不変量になるので,元々中心核をもつ恒星系で中心近くで分布関数 f が一定であったとすると,ブラックホールが成長した後でも f は一定であるが,速度が $r^{-1/2}$ で上がるので,f を一定に保つためには $\rho \propto r^{-3/2}$ でないといけないことになる.

　つまり,ブラックホールが恒星系の中心で断熱的に成長する場合には,ブラックホールの十分近くでは $\rho \propto r^{-3/2}$ のカスプができることになる.

銀河の合体とブラックホールの合体

　力学的な時間スケールで巨大ブラックホールを成長させるには,宇宙初期のゆらぎから重力不安定で一気に作るという方法もありえる.しかし,現在の標準的なインフレーション宇宙モデルでは,最初に重力不安定から収縮する質量スケー

ルはかなり小さく，その中のバリオン質量はもっと小さいので巨大ブラックホールを一気に作るのは無理がある．

　現実的な階層的な構造形成モデルを考えると，大きな銀河はより小さな銀河が合体することで形成されたということになる．このとき，銀河中心にあるブラックホールには何が起きるだろうか．また，銀河の中心部の構造はどうなるのだろうか．

　銀河同士の合体は，前に議論した激しい緩和の典型であり，十分に緩和が進む前に構造が固まってしまう．ブラックホールが中心にある場合，これは合体してもブラックホールは初めから結構中心近くに行くということである．

　まず，合体前の銀河がほぼ自己重力的でブラックホール質量よりも大きな中心核を持っていた場合を考える．この場合には，中心核は合体のときに大きく構造が変化するが，ブラックホールは中心核の中ないしは非常に近くにいるであろう．ブラックホールは回りの星よりも圧倒的に重いので，力学的摩擦により中心核中心に沈む．二つブラックホールがあればそれらは連星になり，しばらくは回りの星をはね飛ばして進化する．

　合体前の銀河が中心核をもたず，$\rho \propto r^{-2}$ ないしはそれより急なハローから，ブラックホールの重力が支配的な領域に滑らかにつながった構造をしている場合も，合体中にブラックホールはほぼ中心まで沈み，二つあれば連星ブラックホールになって近くの星をはね飛ばすことになる．

　いま，ブラックホール以外は無衝突系である極限的な場合を考えると，ブラックホール連星は合体してできた銀河の中心にいって，重心運動の速度は 0 になって止まっている．ブラックホール連星の軌道長半径程度まで近づいた星は基本的にははね飛ばされてなくなるので，ある程度よりもエネルギーが低い粒子は存在しないことになる．細かいことをいうとはね飛ばされる条件はエネルギーではなく近点でのブラックホールからの距離だが，とりあえずエネルギーに下限がある場合を考える．

　このときには，簡単な議論から中心に $\rho \propto r^{-1/2}$ のカスプができることがわかる．これを明確に示したのは中野太郎と牧野である．彼らが仮定したことは，

  （1）　分布関数が $f(E)$ で書ける（等方的である）

  （2）　$E \to -\infty$ で $f(E)$ が十分速く 0 になる

である. f がエネルギー有限の値で 0 になるということは, 星の軌道長半径に下限があるということなので, その仮定と密度が発散するという結果は一見矛盾するように見えるかもしれない. ブラックホール近くに星があるのは速度分布を等方と仮定したので, 近点距離が 0 に近いものがあるからである.

質量分布のある恒星系の熱力学的な進化

最後に「現在の球状星団の中心にブラックホールがあるとすればどんなふうに見えるだろうか」という問題についてちょっと考えておこう.

現在, 中心部が崩壊している球状星団では中心にブラックホールが形成されるということはありそうにない. しかし球状星団が生まれた直後の大質量星があるときには暴走的な合体から中質量ブラックホールが形成された可能性はある.

その後現在まで進化したら球状星団はどのように見えるか? というのがここでの問題である. 単純に考えると, ブラックホールの近くでの密度分布は $-7/4$ 乗のカスプになると考えられるが, これは等質量の星だけを考えた場合である. ブラックホールの存在を考えない重力熱力学カタストロフィの場合には, シミュレーションでは中性子星や重い白色矮星は理論通りのほぼ -2.3 乗のカスプを作るが, 見える星はもっと軽いためにもっと浅いカスプになる.

ブラックホールがある場合にも同様に, 中性子星や重い白色矮星はほぼ理論通りのカスプを作るが, 見える星が作るカスプの傾きはずっと浅いというのが最近のシミュレーションの結果である.

図 1.14 の上の図は, 3 次元的な密度分布を星の質量ごとに書いたものである. 初期条件は, かなり深いキングモデルの中心にブラックホールをおいたものである.

ブラックホールの近くではどの質量でもカスプになっているが, その傾きは質量が小さいと小さくなることがわかる. 明るい星 (星の寿命が星団の年齢に近いところ) の分布を 2 次元に投影したのが下の図で, 基本的に平坦な中心核を持つ「普通の」キングモデルで記述できる球状星団のように見える.

以上のように, この辺はまだ 100% 信用してもらっても困るが, 球状星団の中心にブラックホールがあるとすれば, その球状星団は比較的大きな中心核を持つように見えるということになる. つまり, 多くの「普通の」球状星団は実は中心に大きなブラックホールをもっているのかもしれない.

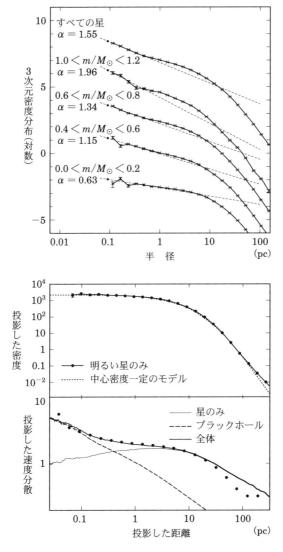

図 **1.14**　中心にブラックホールをもつ球状星団の構造.（上）3
次元密度分布.星の質量ごとに書いたもの.（下）投影した星
の輝度分布（明るい星の分布）と速度分散（Baumgardt *et al.*
2004, *ApJ*, 613, 1143）.

1.3　一般相対性理論

　一般相対性理論は，アインシュタイン（A. Einstein）が 1915 年末に完成した重力を幾何学的なもの（時空のゆがみ）としてとらえる相対論的な重力理論である．重力を時空の性質としたことで，時間や空間そのものを物理学的対象にすることを可能にした．それにより，それまで単に現象を記述するために導入されていた時間や空間という便宜的概念を大きく変え，時間変化するダイナミカルな時空という新しい概念をもたらした.「宇宙」そのものも科学的対象として扱うことを可能にし，時空物理学という新しい分野を切り開くこととなった．この節ではまずはじめにその一般相対性理論完成までの道のりを見ながら一般相対性理論の本質的なポイントを紹介した後，一般相対性理論について基礎的な解説を与える．

1.3.1　一般相対性理論までの道のり

　一般相対性理論の完成までには二つの重要な考えが必要であった.「等価原理」と「空間のゆがみ」である．そこでまず，アインシュタインがそれらのアイデアに到る経緯とその物理的意味についてそれぞれのアイデアに関連した二つの時期に分けて考えよう．

ニュートン重力理論の問題点と等価原理（**1907–11 年**）

　1905 年に特殊相対論を完成したアインシュタインにはどうしても解決しなければならない問題があった．新しい重力理論の定式化である．当時，ニュートンの重力理論は観測や実験と非常によく合い，もっとも完成された理論の一つであった．ニュートン重力は，ポアソン方程式

$$\Delta\Phi = 4\pi G\rho \qquad （\rho: 質量密度，\quad G: 重力定数） \tag{1.137}$$

に従う重力ポテンシャル Φ で記述される．この式は時間を陽に含まず，物質分布が与えられれば瞬間的に重力場が決定される．つまり，重力は瞬時に伝わる遠隔作用になる．ところが，特殊相対論では光速を超えて情報を伝えることができず，ニュートン重力理論は明らかにそのことと矛盾している．そこで，ニュートン重力理論を特殊相対論と矛盾しないように拡張する試みが始まった．

　アインシュタインを含む多くの学者はニュートン重力理論の相対論版をつくろ

うと試行錯誤していた. (1.137) 式をローレンツ不変なように拡張しようという わけであるが, 本質的な困難が存在する. 重力の非線形性である. (1.137) 式の 右辺の質量密度 ρ には, 質量とエネルギーの等価性を考えると, すべての物質の エネルギーが含まれなければならない. 重力場も物理的実在であり, そのエネル ギーも重力源の ρ に含まれる. その結果, (1.137) 式は重力場 Φ に関する非線 形微分方程式になる. (1.137) 式の単純な相対論化では十分ではなく, どのよう に拡張するかということが問題となった.

アインシュタインは, 1907 年 11 月, 「生涯でもっともすばらしいアイデア」 を思いつく. 「等価原理」である. 等価原理という考えそのものはすでにガリレ オが用いていた. それは慣性質量と重力質量の等価性ということもできる. 重力 のみ働く物体の運動において, その等価性を仮定すると, 運動方程式から二つの 質量が相殺し, すべての物体は同じ加速度を持つ. 観測者も同じ加速度を持つの で, その観測者からみると, 相対的な加速度がなくなり, すべての物体は「等速 直線運動をする」ことになる. その観測者には重力が存在しないかのように見え る, つまり厄介な「重力」が消せるのである. その代償としては, 物体とともに 落下する「自由落下系」という非慣性系(加速系)に乗り移らなければならない.

逆に, 重力の存在しない宇宙空間などで, 地球上の重力加速度と同じ加速度で 動く宇宙船の中では「重力」が発生したかのようにみえる. 加速系に移ること で,「重力」を作り出せるのである. そこで, ガリレオの等価原理は,「ある重力 場中の物体の運動は, 重力場が存在しない場合にその重力加速度と同じ加速度で 運動する観測者から見た物体の運動と同じである」と言い換えることもできる. アインシュタインが思いついた生涯でもっともすばらしい考え方は, この等価原 理の拡張である.

アインシュタインは, この等価性が成り立つ対象を力学的運動からすべての物 理現象に拡張した. より正確には, 「一様重力場が存在する系」と「等加速度で 運動する系」の間のすべての物理現象の等価性を主張したのである. これを「ア インシュタインの等価原理」と呼ぶ. 一見, これはガリレオの等価原理の単純な 拡張に見えるが, 物理学としては大きな違いがある. 「ガリレオの等価原理」に おける力学的運動の等価性は, ニュートンの運動方程式を仮定すると「慣性質量 と重力質量の等価性」から導くことができるものである. それに対し, 「アイン

シュタインの等価原理」では，対象をすべての物理現象に広げたため，それまで
に知られていないまったく新しい物理現象を導き出すことができる．つまり，重
力が存在するときの物理現象を知るには，等加速度運動する系でその現象がどう
なるかを調べればよいのである．実際，アインシュタインはこの等価原理から二
つの重要な物理現象を予言した．次に説明する「重力場中の時間の遅れ（重力的
赤方偏移）」と「光の屈折」である．

等価原理の実験的検証 1

ガリレイの等価原理の実験的検証

慣性質量と重力質量の等価性を主張したガリレイの等価原理は，実験的に高い
精度で確かめられている．有名なのはガリレイがピサの斜塔で行った実験が一番
古いが，ニュートン自身も木と金をおもりにした振り子の周期が高い精度で一致
することを示し，等価原理が $1/1000$ の精度で正しいことを確かめている．

もっと精度の高い実験は，エトベス（R.V. Eötvös）により 1889 年に行われ
た（より精密な実験はエトベス没（1919 年）後の 1922 年に共同研究者達に
よって行われている）．重力（重力質量に比例）と地球の回転により生じる遠
心力（慣性質量に比例）の間に物質による違いがあるかどうかを確かめるの
が，彼の実験のポイントである．重力加速度は約 $980\,\mathrm{cm\,s^{-2}}$ であるが，地球
の回転は緯度 $45°$ の地点で $1.7\,\mathrm{cm\,s^{-2}}$ の加速度を生じる．いま 2 種類の物体
A, B の重力質量を $m_G(\mathrm{A}), m_G(\mathrm{B})$，慣性質量を $m_I(\mathrm{A}), m_I(\mathrm{B})$，それらの比を

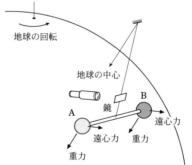

図 1.15 等価原理を検証するエトベスの実験装置の原理
（Stachel「相対性理論の歴史（第 4 章）」『20 世紀の物理学 I』，
前田恵一訳（丸善，1999），p.296）．

$$k_{\mathrm{A}} = \frac{m_G(\mathrm{A})}{m_I(\mathrm{A})}, \quad k_{\mathrm{B}} = \frac{m_G(\mathrm{B})}{m_I(\mathrm{B})}$$

とすると,等価原理が成り立つかどうかを調べるには $k_{\mathrm{A}} = k_{\mathrm{B}}$ を示せばよい(比例係数 k が物質によらなければ,重力定数 G の定義にくり込むことができるので $m_G = m_I$ となる).

具体的には物体 A, B を図のような実験装置(捩れ秤)に取り付ける.もし二つの物体で重力質量と慣性質量の比が異なればその合力は同じ方向を向かないので,つり下げられたひもは捩れる.二つの物体を入れ替えると捩れ方は変化するので,ひもに付けられた鏡からの反射光を観測することにより重力質量と慣性質量の比が物体によって異なるかどうかを調べることができる.

エトベス達が実際に使ったのは,図 1.16(a)のような逆 L 字型の重力を測定する装置を応用したものである.図 1.16(a)の装置は左右非対称なためよけいな補正が必要なので,ほとんどの実験ではそれを二つ組み合わせたような装置(図 1.16(b))を用いている.

この実験で,エトベス達は約 2×10^{-9} の精度で等価原理が成り立つことを示した.

さらに精密な実験は,ロール(P.G. Roll)・クロコフ(R. Krotkov)・ディッケ(R.H. Dicke)やブラジンスキー(V.B. Braginsky)・パノフ(V.I. Panov)によって行われている.ディッケ達は 1964 年に金とアルミニウムを使って実験を行い,等価原理が 1×10^{-11} 以下の精度で成立することを示した.

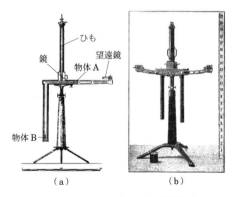

図 **1.16** エトベスが実際に使った実験装置(Eötvös *et al.* 1922, *Ann. Physik*, 68, 11).

彼らは地球の回転による遠心力ではなく，太陽の引力による一日の加速度変動
($0.59\,\mathrm{cm\,s^{-2}}$）を利用し，精度を上げた．また彼らは三角形の水晶でつくった枠
を水晶の糸でつるす装置を採用した．このような形は重力場の非均一性の影響を
除くのに適している．この実験を解析することで，陽子と中性子の質量に対する
等価原理の精度も評価できる．結果は，1×10^{-10} 以下であった．

また，ブラジンスキー達は 1971 年に白金と金を使った同様の実験でその精度
を 1×10^{-12} 以下にした．

これらの実験で示された等価原理（慣性質量と重力質量の等価性）は，「弱い等
価原理」と呼ばれている．

（1）重力的赤方偏移

重力の強い領域から弱い領域に光が伝わるとき，光の波長は赤い方にずれる．
これを重力的赤方偏移と呼ぶ．この重力的赤方偏移は，等価原理を用いれば容易
に理解できる．ここではアインシュタインにならって次のような思考実験を考え
る．まず，加速度 g で等加速運動をしている部屋を思い浮かべよう．その部屋
の床から天井に向かって振動数 ν_1 の光を放出し，天井にある装置で光の振動数
を測定する（図 1.17 (a)）．光を放出する瞬間の部屋の速度をゼロとすると，天
井で光を受け取るとき，天井は速度 $v = gh/c$ で上昇している[*5]．ここで，h は
部屋の高さ，c は光の速さである．これは，測定装置（観測者）が光源から遠ざ
かっている状況に対応するので，ドップラー効果により受け取る光の波長は赤い
方にずれる（図 1.17 (a)）．実際，天井で測定される光の振動数は

$$\nu_2 = \nu_1 \left(1 - \frac{gh}{c^2}\right) \tag{1.138}$$

と小さくなる．

このように，等加速度で運動する観測者から見ると，下から上昇してきた光は
赤方偏移する．ここまでは重力とは何の関係もない，通常のドップラー効果で
ある．

ここで「アインシュタインの等価原理」を適用しよう．等加速度で上昇する部
屋のかわりに，一様重力場中に静止した部屋を考えよう（図 1.17 (b)）．等価原

[*5] ここでは，速度 v は光速 c に比べて十分小さいとする．

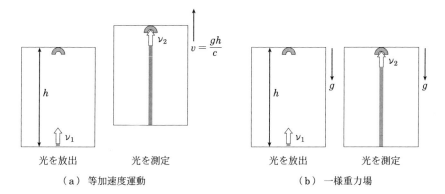

（a）等加速度運動 　　　　　　　　　（b）一様重力場

図 **1.17** はじめに静止していた部屋の床にある光源から放射された光は，天井の測定装置で吸収されるとき（その瞬間，速度 $v = gh/c$ で上昇しているので），ドップラー効果で赤方偏移する（a）．この現象に「アインシュタインの等価原理」を適用すると，一様重力場中（重力加速度 g）の部屋の床にある光源から放射された光を天井で受け取るときに赤方偏移することになる（重力的赤方偏移）（b）．

理によると，上の二つの部屋で起こる物理現象はまったく同じということになる．そうすると，重力場中の部屋の床から放出された光を天井で測定する場合にも上に述べたのと同じ現象が起こり，光は（1.138）式で表されるような赤方偏移をすることになる．床および天井での重力ポテンシャルをそれぞれ Φ_1, Φ_2 とすると関係（1.138）は

$$\nu_2 = \nu_1 \left(1 - \frac{\Phi_2 - \Phi_1}{c^2} \right) \qquad (\, \Phi_1 < \Phi_2 \leqq 0 \,) \qquad (1.139)$$

と表される．つまり，重力の強いところ（床）から弱いところ（天井）に出てきた光は赤方偏移することがわかる．これが重力場中の赤方偏移（重力的赤方偏移）である．

（2）重力場中の時間の遅れと光の速さ

重力的赤方偏移に関して再考察すると，「重力場中の時間の遅れ」を導くことができる．現代では時間は原子時計を用いて計られる．1秒は，セシウム原子（$^{133}\mathrm{Cs}$）の基底状態の二つの超微細構造準位間[*6]の遷移において放出される電磁波の周期の 9192631770 倍の継続時間で定義される．

（1.139）式で $\Phi_2 = 0$ としよう．重力場のないところでの時間は特殊相対性理論のときと同じ慣性系において定義される時間と考えてよい．しかし，重力場中での時間の進み方に関しては，我々はまだ知らない．いま，重力場中の場所 1 にある時計から振動数 ν_1 の光が出て，重力場のない場所 2 で光を受け取ったとすると，その振動数は

$$\nu_2 = \nu_1 \left(1 + \frac{\Phi_1}{c^2}\right) < \nu_1 \qquad (1.140)$$

となる．ここで，二つの場所の時間の進み方が同じであればおかしいことに気がつくであろう．たとえば，場所 1 で 1 秒間に ν_1 回振動した波が，それを受け取る場所 2 では同じ時間の間に ν_2 回振動することになる．これは明らかに矛盾である．場所 2 の時計は通常の慣性系の時計としたので，場所 1 の時計はそれとは異なるものを考えなければならない．矛盾なく考えるには，場所 1 から場所 2 までの波の数が等しくなるように場所 1 の時間を定義すればよい．そのためには，場所 2 の時計が 1 秒進む間に，場所 1 の時計が ν_2/ν_1 秒，つまり

$$\left(1 + \frac{\Phi_1}{c^2}\right) \text{秒} \qquad (1.141)$$

進めばよいことがわかる．$\Phi_1 < 0$ であるので，重力場中の時間は遅れることになる．

この時計を使って光の速さを測定すると，場所によって速さが異なってくる．考えている一様重力場と等価な等加速度系を考え，各々の場所で瞬間的に速度が同じになる慣性系で光速を測るとすべて同じ c である．等価原理を用いると，一様重力系でもこのことは現象として正しいが，速さは時間の定義によって変わるので，上に定義した時計で計ると時間の進み方が慣性系にくらべて遅くなる分，光の速さも変化する．場所 2 での光速を慣性系における光速度と同じ c とすると，場所 1 での光速度は

$$c_1 = c \left(1 + \frac{\Phi_1}{c^2}\right) < c \qquad (1.142)$$

---

*6 （61 ページ）電子と原子核のスピン–スピン相互作用により生じる原子の基底状態の非常にわずかなエネルギー準位の分離を超微細構造とよび，分離したエネルギー準位を超微細構造準位という．電子のエネルギー準位間の遷移に伴い電磁波が放出されるが，水素原子の超微細構造準位間の遷移から放出される 21 cm の電波が天文学では特に重要である．

となることがわかる*7.

（3）光の屈折

等価原理を用いると，重力場中で光が屈折することも導くことができる．この光の屈折は，光を粒子と考えると簡単に理解できる．重力場中の粒子は，等価原理により，粒子の質量によらず同じように落下する．光も粒子だとすると，重力場中で下の方に「落ちる」であろう*8. 実際，このような考えから，1801年にすでに，ゾルドナー（J.G. von Soldner）は，太陽の近傍を通過する光が屈折することを導いていた．その屈折角は

$$\alpha = \frac{2GM_\odot}{c^2 R_\odot} \approx 0.87 \text{秒角} \approx 2.4 \times 10^{-4} \text{度} \tag{1.143}$$

で与えられる．ここで，$M_\odot, R_\odot$ はそれぞれ太陽質量，太陽半径である．

しかし，アインシュタインがこの問題を考えたときは，光は粒子ではなく波であることがわかっていた．マクスウェルの電磁気学から導かれる電磁波の一種である．上のように光を粒子として考えるのは正しくない．そこでアインシュタインが用いたのが「ホイヘンスの原理」である．重力場が存在する場合，（2）で述べたように，光の速さは場所によって変化する．ホイヘンスの原理を適用するときにこのことを考慮すると，光の屈折が導ける．実際，ある波面から出る2次球面波（素源波）の速度が場所により異なり，その結果，光の進行方向が重力の強い方に曲げられる（図1.18）．これがアインシュタインの考えた重力による光の屈折である．この考えを使って，太陽近くを通る光の屈折角を求めるとゾルドナーが求めたものと偶然にも一致した．

新しい発見の検証

ここで紹介した新しい物理現象については，等価原理を思いついた1907年の論文ですでに触れられているが，重力的赤方偏移や光の屈折などについては，1911年の論文で，より詳しく議論されている．さらにアインシュタインはそれ

---

*7 一般相対性理論では，座標のとり方は自由である．時間も座標の一つで，速度は座標系のとり方により異なるため，絶対的な意味はなくなる．（1.142）式の光の速さはここで設定した特別な時計を用いて測った速度である．ちなみに，特殊相対性理論で現れる光の速さ c は，今の場合，局所慣性系における光の速さで，絶対的な意味を持っている．

*8 ニュートンによる光の粒子説では，光は非常に軽い粒子の集合と考えられていた．

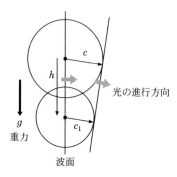

図 **1.18** ホイヘンスの原理を使った光の屈折の説明. 重力場中では光速が変化するため, 図のように光の波面が傾き, 進行方向が変化する. ここで $c_1 = c(1 - gh/c^2)$ $(< c)$ である.

らの新しい発見を検証するための実験や観測についても言及している.

　重力的赤方偏移に関しては, 星表面から放出される光のスペクトル線のずれを観測で確かめることを提唱した. 太陽表面ではその相対的なずれは $-\Phi_1/c^2 \approx 2.12 \times 10^{-6}$ であるが, 温度などによるスペクトル線の幅の方が大きく, このずれを確かめることは困難であった. そこで, 星表面の重力が強い天体として白色矮星が候補としてあげられた. その半径は太陽の $1/10$–$1/100$ 倍ぐらいであるので, ずれも 10–100 倍になる. しかしながらその場合でも観測の困難さから十分に精度の良い結論は得られず, その解釈を巡って 50 年以上も天文学者の間で論争が続いた.

　この重力的赤方偏移が確かなものとなるには, かなり後の 1960 年に行われたパウンド (R.V. Pound) とレブカ (G.A. Rebka) およびパウンドとスナイダー (J.L. Snider) による地上実験を待たなければならなかった (コラム参照).

── 等価原理の実験的検証 2 ──────────────

アインシュタインの等価原理の実験的検証 (重力的赤方偏移の検証)
　パウンド (R.V. Pound) とレブカ (G.A. Rebka) およびスナイダー (J.L. Snider) は, 原子のスペクトル線を利用して, 地表と $22.5\,\mathrm{m}$ の高さの場所における光の振動数のずれを測定した. その実験は, ハーバード大学

---

*9 （65 ページ）原子核によるガンマ線の共鳴吸収現象.

ジェファーソン物理学研究所にある図 1.19 のような塔を使い，塔内のヘリウム
を入れた管を通って上昇する γ 線を用いて行われた.

　強い強度を持つ ^{57}Co 放射線源では，次の反応が起こる.

$$^{57}\text{Co} + \text{e} \quad \longrightarrow \quad {}^{57}\text{Fe}\,(\text{励起状態})\,[\text{K 捕獲}]$$
$$\longrightarrow \quad {}^{57}\text{Fe}\,(\text{基底状態}) + \gamma \qquad (1.144)$$

このとき放出された 14.4 keV の γ 線は，22.5 m 上昇し，^{57}Fe の吸収体に到達
する．予想されるスペクトル線のずれは $gh/c^2 = 2.45 \times 10^{-15}$ である．この非
常にわずかな値を測定するため，彼らはメスバウアー効果[*9]を用いた．また，彼
らは実験精度を上げるため，実際には上向き実験と下向き実験の差を測定し，予
想値の (0.9990 ± 0.0076) 倍の値を得ている.

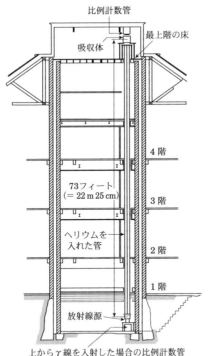

図 **1.19**　重力的赤方偏移を検証するのに用いられた実験装置
(Pound & Snider 1965, *Phys. Rev.*, 140, B788).

空間のゆがみ（**1912–15 年**）

　等価原理という重力の重要な性質を使って新しい現象を発見したアインシュタインは，さらに思考実験を重ね，「曲がった空間」というアイデアにたどり着いた．この「曲がった空間」という概念は一般相対性理論完成のための非常に重要な鍵であった．そのアイデアに至るきっかけとなった二つの考察をまず紹介しよう．

　（1）　一様回転系と空間のゆがみ

　第 1 は，一様回転系の考察である．アインシュタインは，等価原理を一様重力場と等加速度系に適用することで，光の屈折など新しい現象を発見した．このように，重力の考察には加速系が重要な役割をするということに気がついた彼は，加速系のもう　つの簡単な場合である一様回転系に思索を広げた．

　いま，ミンコフスキー空間[*10] 中で一定の角速度 ω で回転している円盤を考えよう．このとき円周（円盤の縁の長さ）はどうなるであろうか？回転方向のローレンツ収縮により，ミンコフスキー空間中で測定した円周は，円盤に乗って測定した場合より（つまり円盤固有の円周より）短くなるはずである．このことは，円盤の縁の微小な一部分を取り出し，瞬間的にその部分の速度と同じ速さで運動する慣性系と円盤がおかれているミンコフスキー空間の間のローレンツ変換を考えることで簡単に理解できる．一方，円盤の半径方向は回転運動に垂直であるから収縮は起こらず，ミンコフスキー空間で測定した円盤の半径も，円盤に乗って測った半径も同じ長さになる．ミンコフスキー空間（慣性系）で測定する観測者は，円盤の半径 R と円周 L の間に $L = 2\pi R$ の関係があることに気がつくであろう．

　一方，円盤に乗った観測者にとっては，円盤の半径は R のままであるが，円周はミンコフスキー空間で測った長さより $L_0 = L/\sqrt{1 - v^2/c^2}$ のように長くなる．ここで，$v\,(= R\omega)$ は円盤の縁の回転速度である．つまり，円盤の静止系（非慣性系）では $L_0 > 2\pi R$ となる．ところが，ユークリッド空間では円盤の半径と円周の間にそのような関係は成り立たない．そこで曲がった空間（曲面）を考える必要が出てくる．いま，正曲率の 2 次元球面上に円盤を考えると，その半

[*10]　特殊相対性理論は時間の概念を大きく変えたが，その理論は時間と空間を一体とした 4 次元時空を考えることで非常にすっきりと理解される．この 4 次元時空を，それを初めて導入したミンコフスキー（H. Minkowski）の名にちなんで，ミンコフスキー空間とよぶ．

径と円周の関係は $L_0 < 2\pi R$ となり，不等号の向きが逆である．つまり，上のような関係を満たす円盤は，実は曲率が負の 2 次元空間（曲面）上におかれたものを考えなければならないことになる．

いずれにしろ，回転系のような非慣性系を考えると，その空間は平坦なユークリッド空間ではなく，曲がった空間になると考えなければならないことがわかる．このように，アインシュタインは相対論的回転円盤を考えることで，空間が曲がっていなければならないことに気づいたのである．

（2）　重力場中の粒子の運動方程式

もう一つ曲がった空間を考えるきっかけとなったことは，1912 年 3 月に発見した事実である．重力場中の粒子の軌道を表す方程式が，変分原理から導かれることに気が付いたのである．ミンコフスキー時空中の相対論的自由粒子の運動方程式は，作用変分

$$\delta \int c\, d\tau = 0 \tag{1.145}$$

で与えられる．ここで τ は固有時間，c は一定値をとる光の速さである．アインシュタインは，ミンコフスキー時空を一般化し，世界間隔として

$$ds^2 = -c^2(\boldsymbol{r})dt^2 + d\boldsymbol{r}^2 \tag{1.146}$$

を採用し，変分 (1.145) を考えた．ここでの $c(\boldsymbol{r})$ は，重力場が存在するときに考えられた場所に依存した光の速さである．変分から導かれる運動方程式は

$$\frac{d}{dt}\left(\frac{m\boldsymbol{v}}{\sqrt{c^2-v^2}}\right) = -\frac{mc}{\sqrt{c^2-v^2}}\cdot\nabla c \tag{1.147}$$

となるが，(1.139) 式の光速度と重力ポテンシャルの関係を使うと，非相対論的極限で，静的な重力場中を運動する粒子の運動方程式が導かれる．ここで，$\boldsymbol{v} = d\boldsymbol{r}/dt$ である．この事実は，重力を導入することがミンコフスキー時空を拡張した世界間隔 (1.146) を考えることに対応することを示唆する．

世界間隔が (1.146) 式で表される時空はどんなものであろうか？ミンコフスキー空間は平坦なユークリッド空間を時間を含めた時空に拡張したもので，やはり「平坦」である．(1.146) 式で表される時空はミンコフスキー空間ではない．そこでこれを「曲がった時空」と呼ぶことにしよう．ところが，(1.146) 式を見

ると時間だけが特別扱いを受けていることに気がつくであろう．回転円盤の考察からは，空間部分も重力の存在により影響を受け，平坦ではなくなることを示唆していた．そこで，式 (1.146) はより一般的な曲がった時空の世界間隔

$$ds^2 = g_{\mu\nu}(x)dx^\mu dx^\nu \tag{1.148}$$

に拡張すべきであると考えられる $(\mu,\nu = 0,1,2,3)$ *11．ここで $g_{\mu\nu}(x)$ は時空の各点 $(x^\mu) = (ct, \boldsymbol{r})$ に依存した計量で，重力場に関係する量と考える．

時空物理学の誕生

アインシュタインが「そのような曲がった時空は数学的にはどのように表されるのか？」と悩んでいたとき，彼の友人で同僚である数学者のグロスマン（M. Grossmann）が，リーマン幾何学の存在を教えてくれた．これは，ドイツの数学者リーマン（G.F.B. Riemann）がつくりあげたもので，ドイツの数学者ガウス（J.C.F. Gauss）やロシアの数学者ロバチェフスキー（N.I. Lobachevsky）による 2 次元曲面の非ユークリッド幾何学を任意の次元まで一般化した新しい幾何学である．この曲がった空間はリーマン空間と呼ばれ，2 点間の「距離」は（1.148）式のように計量テンソル場（$g_{\mu\nu}$）で規定され，計量に付随するリーマン曲率テンソル（$R_{\mu\nu\rho\sigma}$）が，空間がどのように曲がっているかを表す．これこそまさにアインシュタインが必要としていた数学的道具であった．

このリーマン空間を考えると，変分（1.145）式の意味が理解できる．この変分は

$$\delta \int ds = 0 \tag{1.149}$$

としても同じである．世界間隔 ds はこの空間の「距離」の役割をし，変分（1.149）式は 2 点間の距離が極値（極小値または極大値）をとるということを意味している．そのようにして得られた「最短」経路を測地線と呼ぶ．地球表面上（2 次元球面）での大円コースはその一例である．

慣性系を表す平坦なミンコフスキー空間では，測地線は 4 次元時空中の直線となるが，これは，「力が働いていないとき粒子は等速直線運動をする」という

---

*11 ここではアインシュタインの規約を用いる．アインシュタインの規約とは，同じ添え字が 2 か所（上付き添え字と下付き添え字）出てきた場合には，その添え字について和をとるというものである．

慣性の法則に対応している．上の変分原理（1.149）式は，重力を含めたとき慣性の法則をどう一般化すればいいかを具体的に教えてくれる．つまり，重力のみ働く場合の粒子は，変分（1.149）式から得られる経路，つまり重力を記述する曲がった時空中の「最短」経路（測地線）をたどると考えればよい．実際，前項での考察はそのことを支持している．重力場中の粒子の軌道は，重力以外に力が働かない場合には，曲がった時空の測地線で記述されるというわけだ．

では，重力場を記述する曲がった時空はどのように決定されるのであろうか．それが，彼らの直面した問題であった．曲がった空間を記述するリーマン幾何学では，座標系のとり方は任意である．物理的には各点で任意の観測者を設定してよいことに対応する．物理法則は「相対性原理」を満たす必要があるので，得られる方程式は，任意の座標系間の変換である一般座標変換に対し不変な形をしていなければならない．これを一般共変性と呼ぶ．アインシュタインとグロスマンは，この一般共変性を持つ重力方程式を導こうと試みたがうまくいかなかった．重力が弱い極限で，ニュートン重力理論を再現できなかったのである．しかし，彼らの論文「一般相対性および重力理論の草案」には，すでに最後のゴールに到達するための重要なアイデアが与えられていた．その論文において，計量が時空の構造を表すと同時に重力場も記述していると主張した．計量のこの1人2役のおかげで，これまでのすべての物理学的理論とは対照的に，時空の構造が，"神"から与えられたものではなく，物理学の対象となったのである．彼らが正しい答にたどり着けなかったのは，二人がリーマン幾何学という新しい数学の扱いにおいて，勘違いしていたからだった．1913年のことである．

アインシュタインが最終的な理論に辿り着くまでさらに2–3年の月日を費やしている．指導原理となった一般共変性に対し疑問を持った時期もあったが，最終的にそれらの問題を解決しアインシュタインは，1915年11月25日，ようやく一般相対性理論を完成することになる．時空物理学の誕生である．

1.3.2 リーマン幾何学と物理量・物理法則

ここで，一般相対性理論を理解するために必要な数学的準備としてリーマン幾何学についてまとめておく．リーマン幾何学は，多様体 $\mathcal{M}$ と計量 $g_{\mu\nu}$ によって規定される．D 次元多様体は，各点が R^D と同相な開近傍を持つハウスドルフ

空間で定義される．局所的に座標系を設定できる位相空間と考えてよい．物理的
空間には通常，「長さ」という概念を導入することができるが，それを与える計
量が定義された多様体をリーマン多様体，またはリーマン空間と呼ぶ．

多様体 $\mathcal{M}$ 上の近くの 2 点 P, Q を結ぶ「線分」PQ の「長さ」ds を考えよ
う．いま多様体の次元を D とし，$\{x^A : A = 1, 2, \cdots, D\}$ を 2 点 P, Q を含む開
近傍の座標系とする．2 点 P, Q の座標を (x^A), $(x^A + dx^A)$ とすると，「長さ」
ds は dx^A に比例し，一般に

$$ds^2 = g_{AB}(x)dx^A dx^B \tag{1.150}$$

で与えられる．この係数 $g_{AB}(x)$ を計量と呼ぶ．この計量は一般に座標 x^A に
依存する．たとえば，半径 1 の 2 次元球面（S^2）を考えると，$D = 2$ で，座
標系 $\{(\theta, \phi) : 0 \leqq \theta \leqq \pi, 0 \leqq \phi < 2\pi\}$ に対し，球面上の長さは $ds^2 = d\theta^2 +$
$\sin^2\theta d\phi^2$ で与えられる．つまり，計量 $g_{AB}(x)$ は $g_{\theta\theta} = 1$, $g_{\phi\phi} = \sin^2\theta$, $g_{\theta\phi} =$
$g_{\phi\theta} = 0$ となる．

この多様体 $\mathcal{M}$ が時空を記述するわけである．時空に話を限る場合には座標系
の添え字 $A, B, \cdots$ を時空の座標の添え字 $\mu, \nu, \cdots$ とし，時空の次元も 4 とす
る．$x^0 (= ct)$ は時間座標を表し，空間座標は (x^1, x^2, x^3) とする．また，以後は
特に断らない限り光速 c を 1 とする．

この時空の中に物理量が与えられる．物理量は座標系のとり方に依存してはい
けない．それは，観測者によって物理量が変わると客観的な物理法則の記述がで
きないからである．そのためには，物理量は一般座標変換に対して共変的に変化
するものを採用しなければならない．つまり，物理量がテンソル（スカラーやベ
クトルはその特殊な場合）で記述されることになる．テンソルとは，その成分が
一般座標変換 $\{x^\mu\} \to \{\bar{x}^\mu(x)\}$ に対し

$$\bar{T}^{\bar{\mu}\bar{\nu}\cdots\bar{\rho}}{}_{\bar{\alpha}\bar{\beta}\cdots\bar{\gamma}} = \frac{\partial \bar{x}^{\bar{\mu}}}{\partial x^\mu} \frac{\partial \bar{x}^{\bar{\nu}}}{\partial x^\nu} \cdots \frac{\partial \bar{x}^{\bar{\rho}}}{\partial x^\rho} \frac{\partial x^\alpha}{\partial \bar{x}^{\bar{\alpha}}} \frac{\partial x^\beta}{\partial \bar{x}^{\bar{\beta}}} \cdots \frac{\partial x^\gamma}{\partial \bar{x}^{\bar{\gamma}}} T^{\mu\nu\cdots\rho}{}_{\alpha\beta\cdots\gamma} \tag{1.151}$$

というように変換される添え字を伴う量である．

テンソルの上付き添え字，下付き添え字をそれぞれ反変成分，共変成分とよ
ぶ．世界間隔 ds^2 は一般座標変換に対して不変でなければならないので，計量
$g_{\mu\nu}$ は 2 階の共変テンソルであることがわかる．このテンソルの反変成分 $g^{\mu\nu}$

を $g^{\mu\rho}g_{\rho\nu} = \delta^\mu_\nu$ で定義する. ここで, δ^μ_ν はクロネッカー・デルタである. この反変テンソル $g^{\mu\nu}$ は $g_{\mu\nu}$ を 4×4 行列とみたときの逆行列である.

この定義から, テンソルの反変成分と共変成分の入れ替えは計量 $g_{\mu\nu}$ と $g^{\mu\nu}$ を用いて行えばよいことが示される. たとえば, 反変ベクトル V^μ の共変ベクトル表示は $V_\mu = g_{\mu\nu}V^\nu$ で与えられる.

物理学の法則は通常, 微分方程式で記述される. そこで, 曲がった時空でもまず微分をきっちりと定義しなければならない. 微分というのは 2 点間の量の差をその間隔で割り, 間隔ゼロの極限をとったものである. しかしいまの場合, テンソル量の変換則は各点で定義され, 離れた 2 点で定義された二つのテンソルは同じ変換則を満たさない. つまり, 離れた 2 点間のテンソルの差はテンソル量にはならない. その結果, そのようにして定義した微分は物理量を記述していない.

そのような問題が生じるのは, ある点でのテンソルをそのまま別の点に持って行くと, テンソル量でなくなるからである. そこで, ある点でのテンソルが別の点では, どのように表されるかを知るために, 「平行移動」という概念を導入する. 平坦な空間では, テンソル成分をそのまま移せば別の点でもテンソルとなる. しかしながら, リーマン空間では異なる 2 点での基底が同じ方向を向いていないため, テンソル成分をそのまま移動してもテンソルにはならない. 基底がどのように平行に移されるかを規定すれば, テンソルをどのように平行移動すればよいかがわかる. そしてリーマン空間での自然な微分が定義される.

ベクトル $\boldsymbol{A} = A^\mu \boldsymbol{e}_\mu$ を考えよう. ここで $\boldsymbol{e}_\mu$ は基底ベクトルで, 場所によって変化する. このとき, ベクトル $\boldsymbol{A}$ の成分は場所が変わると 2 種類の変化をする. 一つはベクトル場固有の変化で, もう一つが基底の変化に伴うものである. ベクトル場の平行移動は, 前者が変化しないものとして定義するのが自然であろう. 微小に離れた 2 点 $\mathrm{P}(x^\mu)$, および $\mathrm{Q}(x^\mu + dx^\mu)$ における二つの基底は

$$\boldsymbol{e}_\mu(x + dx) = \boldsymbol{e}_\mu(x) + \frac{\partial}{\partial x^\alpha} \boldsymbol{e}_\mu(x)dx^\alpha \tag{1.152}$$

という関係にある. ここで $\partial \boldsymbol{e}_\mu(x)/\partial x^\alpha$ を基底ベクトル $\boldsymbol{e}_\mu$ の 1 次結合として

$$\frac{\partial}{\partial x^\alpha} \boldsymbol{e}_\mu(x) = \boldsymbol{e}_\rho(x)\Gamma^\rho_{\alpha\mu}(x) \tag{1.153}$$

と表すと, $A^\mu(x)$ と同じものを点 Q まで平行移動した $A^\mu_{/\!/}(x + dx)$ は,

$A^\mu_{/\!/}(x+dx)\,\boldsymbol{e}_\mu(x+dx) = A^\mu(x)\,\boldsymbol{e}_\mu(x)$ という関係を満たすので，

$$A^\mu_{/\!/}(x+dx) = A^\mu(x) - \Gamma^\mu_{\;\alpha\beta}(x)A^\beta(x)dx^\alpha \tag{1.154}$$

で与えられる．この $A^\mu_{/\!/}(x+dx)$ を用いると，点 Q におけるベクトル場 $\boldsymbol{A}$ の成分 $A^\mu(x+dx)$ との差は点 Q のベクトルになり，

$$
\begin{aligned}
A^\mu(x+dx) - A^\mu_{/\!/}(x+dx) &= A^\mu(x+dx) - A^\mu(x) + \Gamma^\mu_{\;\alpha\beta}(x)A^\beta(x)dx^\alpha \\
&= \left[\frac{\partial A^\mu}{\partial x^\alpha} + \Gamma^\mu_{\;\alpha\beta}(x)A^\beta(x)\right]dx^\alpha
\end{aligned} \tag{1.155}
$$

と与えられるので，自然な微分

$$\nabla_\alpha A^\mu = \frac{\partial A^\mu}{\partial x^\alpha} + \Gamma^\mu_{\;\alpha\beta}A^\beta \tag{1.156}$$

が定義される．これをベクトル $\boldsymbol{A}$ の共変微分と呼び，得られた量もテンソル場となり，物理的意味を持つことが可能になる．ここで $\Gamma^\mu_{\;\alpha\beta}$ は（1.153）で定義され，アフィン接続係数と呼ばれる．

ベクトル $\boldsymbol{A}$ の大きさ（$A_\mu A^\mu$）は平行移動により変化しないとするのが自然であろう．そうすると，この接続係数が一部限定される．つまり，

$$g_{\mu\nu}(x+dx)A^\mu_{/\!/}(x+dx)A^\nu_{/\!/}(x+dx) = g_{\mu\nu}(x)A_\mu(x)A^\nu(x) \tag{1.157}$$

とすると，（1.154）式から

$$\nabla_\alpha g_{\mu\nu} \equiv \frac{\partial g_{\mu\nu}}{\partial x^\alpha} - \Gamma^\beta_{\;\mu\alpha}g_{\beta\nu} - \Gamma^\beta_{\;\alpha\nu}g_{\mu\beta} = 0 \tag{1.158}$$

が得られる．ここで，アフィン接続係数 $\Gamma^\mu_{\;\alpha\beta}$ を

$$\Gamma^\mu_{\;\alpha\beta} = \Gamma_{[\mathrm{S}]}{}^\mu_{\;\alpha\beta} + \Gamma_{[\mathrm{A}]}{}^\mu_{\;\alpha\beta} \tag{1.159}$$

と分解しよう．$\Gamma_{[\mathrm{S}]}{}^\mu_{\;\alpha\beta}$, $\Gamma_{[\mathrm{A}]}{}^\mu_{\;\alpha\beta}$ は $\Gamma^\mu_{\;\alpha\beta}$ の添え字の α, β に関してそれぞれ対称化，反対称化したもので，

$$\Gamma_{[\mathrm{S}]}{}^\mu_{\;\alpha\beta} = \frac{1}{2}\left(\Gamma^\mu_{\;\alpha\beta} + \Gamma^\mu_{\;\beta\alpha}\right), \quad \Gamma_{[\mathrm{A}]}{}^\mu_{\;\alpha\beta} = \frac{1}{2}\left(\Gamma^\mu_{\;\alpha\beta} - \Gamma^\mu_{\;\beta\alpha}\right) \tag{1.160}$$

で定義される．そうすると，条件（1.158）から対称部分が

$$\Gamma_{[\mathrm{S}]}{}^\mu_{\;\alpha\beta} = \{{}^\mu_{\;\alpha\beta}\} \equiv \frac{1}{2}g^{\mu\nu}\left(\frac{\partial g_{\nu\beta}}{\partial x^\alpha} + \frac{\partial g_{\alpha\nu}}{\partial x^\beta} - \frac{\partial g_{\alpha\beta}}{\partial x^\nu}\right) \tag{1.161}$$

のように決定される. この $\{^{\mu}_{\alpha\beta}\}$ をクリストッフェル記号と呼ぶ. これは添え字が三つ付いているがテンソルではなく, 一般座標変換 $\{x^{\mu}\} \to \{\bar{x}^{\mu}(x)\}$ に対し

$$\{^{\bar{\mu}}_{\bar{\alpha}\bar{\beta}}\} = \frac{\partial \bar{x}^{\mu}}{\partial x^{\mu}} \frac{\partial x^{\alpha}}{\partial \bar{x}^{\bar{\alpha}}} \frac{\partial x^{\beta}}{\partial \bar{x}^{\bar{\beta}}} \{^{\mu}_{\alpha\beta}\} + \frac{\partial^2 x^{\nu}}{\partial \bar{x}^{\bar{\alpha}} \partial \bar{x}^{\bar{\beta}}} \frac{\partial \bar{x}^{\bar{\mu}}}{\partial x^{\nu}} \tag{1.162}$$

のように変換される. このことは座標系をうまく選ぶと $\{^{\bar{\mu}}_{\bar{\alpha}\bar{\beta}}\} = 0$ とできることを意味する. このことは, 後に示されるように, 自由落下系で重力が見かけ上消失することと関係がある.

　一方, 反対称部分はテンソルとなるが, これまでの議論からは決定されず, リーマン幾何学では通常ゼロと仮定される. この反対称部分はトーションと呼ばれ, 統一理論や一般相対性理論の拡張を考えるときに重要視された. しかしながら, 以下では反対称部分はゼロと仮定し, $\{^{\mu}_{\alpha\beta}\}$ を $\Gamma^{\mu}_{\alpha\beta}$ と表すことにする.

　ここで定義された共変微分は基底が場所によることを反映したもので, 必ずしも曲がった時空に特有のものではない. 実際, 平坦なユークリッド空間でも曲線座標を用いるときは微分に気を付けなければならない. では, 曲がった時空 (リーマン空間) に特徴的な幾何学量は何であろうか. それこそまさに空間の曲がりを表す「曲率」である. では空間が曲がっていることをどう定量的にあらわすことができるのであろうか？

　いま地球表面 (2 次元球面) があり, この上の 2 次元ベクトルを考えよう. このベクトルの「平行移動」は自然に定義できる. 赤道上のある地点にベクトル A があり (図 1.20), それをまず赤道に沿って平行移動する (ベクトル B). そして, 北極点に向かって平行移動するとベクトル C になる. 一方, 同じベクトルを直接北極点に向かって平行移動するとベクトル D になり, 前のベクトル C に一致しない. このずれは何から来ているのであろうか？平坦な 2 次元平面では異なる二つのルートを通っても平行移動した結果は一致する. このことから, 上のずれは空間 (曲面) の曲がりが原因だとわかる.

　そこで, 空間の曲がりを定量的に表すため, 微小に離れた 2 点 P, Q を結ぶ二つのルート A (P → R → Q), B (P → S → Q) を考える (図 1.21). その二つのルートに沿ってベクトル $A^{\mu}(\mathrm{P})$ を平行移動して得られた二つのベクトル $A_{\mathrm{A}}^{\mu}(\mathrm{Q})$ と $A_{\mathrm{B}}^{\mu}(\mathrm{Q})$ の差は

$$A_{\mathrm{B}}^{\mu}(\mathrm{Q}) - A_{\mathrm{A}}^{\mu}(\mathrm{Q}) = R^{\mu}{}_{\alpha\beta\gamma}(\mathrm{P}) A^{\alpha}(\mathrm{P}) dx_{\mathrm{I}}^{\beta} dx_{\mathrm{II}}^{\gamma} \tag{1.163}$$

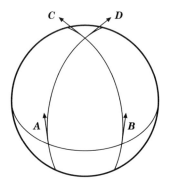

図 **1.20** 球面上のベクトルの平行移動.

と表される. ここで, $P = (x^\mu)$, $S = (x^\mu + dx_I^\mu)$, $R = (x^\mu + dx_{II}^\mu)$, $Q = (x^\mu + dx_I^\mu + dx_{II}^\mu)$ とした. (1.163) の差は, ベクトル場 $A^\mu(P)$ および平行移動する座標差 dx_I, dx_{II} に比例すると考えられるが, それらは空間の性質とは無関係なのでくくりだした. 残された係数 $R^\mu{}_{\alpha\beta\gamma}(P)$ は空間の曲がりを表す幾何学量となる. これをリーマン曲率テンソルと呼ぶ.

前に求めた平行移動の定義から

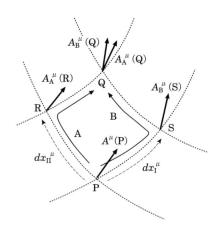

図 **1.21** 異なる二つのルートに沿ったベクトルの平行移動と曲率.

$$A_A{}^\mu(\mathrm{Q}) = A_A{}^\mu(\mathrm{R}) - \Gamma^\mu{}_{\nu\rho}(\mathrm{R}) A_A{}^\nu(\mathrm{R}) dx_\mathrm{I}^\rho,$$

$$A_A{}^\mu(\mathrm{R}) = A^\mu(\mathrm{P}) - \Gamma^\mu{}_{\nu\rho}(\mathrm{P}) A^\nu(\mathrm{P}) dx_\mathrm{II}^\rho,$$

$$A_B{}^\mu(\mathrm{Q}) = A_B{}^\mu(\mathrm{S}) - \Gamma^\mu{}_{\nu\rho}(\mathrm{S}) A_B{}^\nu(\mathrm{S}) dx_\mathrm{II}^\rho,$$

$$A_B{}^\mu(\mathrm{S}) = A^\mu(\mathrm{P}) - \Gamma^\mu{}_{\nu\rho}(\mathrm{P}) A^\nu(\mathrm{P}) dx_\mathrm{I}^\rho \tag{1.164}$$

であるので，（1.163）式から，リーマン曲率テンソルは，クリストッフェル記号を用いて

$$R^\mu{}_{\alpha\beta\gamma} = \frac{\partial \Gamma^\mu{}_{\alpha\gamma}}{\partial x^\beta} - \frac{\partial \Gamma^\mu{}_{\alpha\beta}}{\partial x^\gamma} + \Gamma^\mu{}_{\nu\beta} \Gamma^\nu{}_{\alpha\gamma} - \Gamma^\mu{}_{\nu\gamma} \Gamma^\nu{}_{\alpha\beta} \tag{1.165}$$

のように表されることがわかる．

このリーマン曲率テンソルは4階のテンソルで，4次元（$\mu = 0, 1, 2, 3$）であることを考慮すると，単純には $4^4 = 256$ 個の成分を持つ．しかし，上の定義からリーマンテンソルは次のような対称性を持つことがわかる．

$$R_{\mu\nu\rho\sigma} = -R_{\nu\mu\rho\sigma}, \quad R_{\mu\nu\rho\sigma} = -R_{\mu\nu\sigma\rho}, \tag{1.166}$$

$$R_{\mu\nu\rho\sigma} = R_{\rho\sigma\mu\nu}, \tag{1.167}$$

$$R_{\mu\nu\rho\sigma} + R_{\mu\rho\sigma\nu} + R_{\mu\sigma\nu\rho} = 0. \tag{1.168}$$

この対称性からリーマンテンソルの独立な成分の数は 20 個になることがわかる．またリーマンテンソルは次のような恒等式を満たす．

$$\nabla_\alpha R^\mu{}_{\nu\beta\gamma} + \nabla_\beta R^\mu{}_{\nu\gamma\alpha} + \nabla_\gamma R^\mu{}_{\nu\alpha\beta} = 0. \tag{1.169}$$

これをビアンキ恒等式と呼ぶ．また，この式の縮約をとり，リーマンテンソルの対称性を用いると

$$\nabla^\nu R_{\mu\nu} - \frac{1}{2} \nabla_\mu R = 0 \tag{1.170}$$

が得られる．ここで，$R_{\mu\nu} = R^\rho{}_{\mu\rho\nu}$, $R = g^{\mu\nu} R_{\mu\nu}$ はそれぞれリッチテンソル，スカラー曲率である．これを縮約されたビアンキ恒等式と呼ぶ．

時空はここで定義されたリーマン空間で記述され，物理量はベクトル場やテンソル場で表される．そして物理法則は，一般相対性原理から，その時空におけるテンソル方程式で与えられることになる．

測地線方程式と物体の運動方程式

　ユークリッド空間の中には好き勝手な曲線を描けるが，直線はその中でも特別な意味を持つ．空間の中の任意の 2 点を結ぶ曲線で最短なものが直線である．それを曲がった空間を表すリーマン空間に拡張したのが測地線と呼ばれる最短曲線である．

　いま D 次元リーマン空間 $(\mathcal{M}, g_{AB})$ 上の 2 点 P, Q を結ぶ任意の曲線 C : $x^A = x^A(\lambda)$ の長さ L は

$$L = \int_P^Q ds = \int_P^Q d\lambda \sqrt{g_{AB} \frac{dx^A}{d\lambda} \frac{dx^B}{d\lambda}} \tag{1.171}$$

で定義される．ここで λ はアフィン係数と呼ばれ，曲線 C を規定するパラメータである．長さ L の変分をとることにより 2 点 P, Q を結ぶ最短コースを求めると，最短曲線の満たすべき方程式

$$\frac{d^2 x^A}{d\lambda^2} + \Gamma^A_{BC} \frac{dx^B}{d\lambda} \frac{dx^C}{d\lambda} = 0 \tag{1.172}$$

が得られる．この式を測地線方程式と呼ぶ．ここで Γ^A_{BC} は（1.161）式で定義されるクリストッフェル記号である．

　4 次元時空 $(\mathcal{M}, g_{\mu\nu})$ では時間座標を含むので，粒子の軌道のような時間的な世界曲線 $(ds^2 < 0)$ の場合には「長さ」ds は実数にならない．そこで，そのような場合には固有時間 $d\tau^2 = -ds^2$ を使って $L = \int_P^Q d\tau$ の極値をとることにすれば，同じ測地線方程式が得られる．

　ここで，重力のみ働く粒子の運動を考えよう．等価原理によると，局所慣性系に移れば重力が消滅するので，局所慣性系では力が働かない自由粒子と考えられる．局所慣性系の座標を $\{X^a\}$ とすると，その運動は，加速度ゼロ，つまり

$$\frac{d^2 X^a}{d\tau^2} = 0 \tag{1.173}$$

で表される．これを一般座標系 $\{x^\mu\}$ から見た運動方程式に書き換えよう．座標変換 $\{X^a\} \to \{x^\mu\}$ を $dX^a = e^a{}_\mu dx^\mu$ で与えると，（1.173）式は

$$\frac{d^2 x^\mu}{d\tau^2} + \Gamma^\mu_{\nu\rho} \frac{dx^\nu}{d\tau} \frac{dx^\rho}{d\tau} = 0 \tag{1.174}$$

と表される．ここで $\Gamma^{\mu}{}_{\nu\rho} \equiv e^{\mu}{}_{a} \partial e^{a}{}_{\nu} / \partial x^{\rho}$ は（1.153）式で定義されたクリストッフェル記号で，(1.161) 式のように計量で表すことができる．これが重力のみ働く粒子の運動方程式と考えられる．

ところが，この運動方程式は，アフィン係数 λ を固有時間 τ とした場合の測地線方程式に一致する．一般相対性理論における重力場中の粒子の運動は，重力という力が働くことによって軌道が変化するとするニュートン重力的考え方ではなく，曲がった時空の中を測地線に沿って「まっすぐ」進むと考えるのである．

また，(1.174) 式に粒子の質量 m を掛け，書き直すと

$$m\frac{d^2 x^{\mu}}{d\tau^2} = mg^{\mu}, \quad g^{\mu} \equiv -\Gamma^{\mu}{}_{\nu\rho}\frac{dx^{\nu}}{d\tau}\frac{dx^{\rho}}{d\tau} \tag{1.175}$$

となる．これは，重力加速度 g^{μ} が働くときの運動方程式とみることもできる．このように表すと，等価原理，つまり慣性質量（左辺の m）と重力質量（右辺の m）の等価性がこの理論に内在されていることがわかる．

1.3.3　アインシュタイン方程式と計量の二つの役割

物体の運動は，特殊相対性理論の運動方程式を一般共変的に書き換えれば得られることがわかった．他の物理法則も特殊相対性理論を基礎にした物理法則の記述を一般共変的なテンソル方程式に書き換えればいいであろう．ミンコフスキー空間を舞台にするか，リーマン空間を舞台にするかの差だけといってよい．しかしながら，計量 $g_{\mu\nu}$ が重力場と幾何学量（時空計量）の一人二役をこなすため，重力は次の二つの点で他の力と物理的に大きく異なる．第 1 は，時空計量が重力場を表すことから時空そのものが物理学の対象となり，時空は時間的に変化するダイナミカルな存在となる点である．相対論的重力理論の完成が同時に「時空の物理学」という新しい物理学の誕生をもたらした．第 2 に，重力場に関しては特殊相対性理論において対応する法則はなく，その基礎方程式がどうなるかまったく予想できていなかったという点である．重力場以外の物理量の基礎方程式は，特殊相対性理論における法則がわかっており，それを一般化すればよかったが，重力場の方程式を導出するにはまったく新しい法則を見つける必要があった．

アインシュタイン自身は，曲がった時空のアイデアに思い至った後も思考錯誤を繰り返し，最終的に現在のアインシュタイン方程式にたどり着いた．しか

し，ここではいくつかの原理を前提とし，計量 $g_{\mu\nu}$ の満たすべき重力場の方程式（アインシュタイン方程式）を導こう．

前提とする原理は次の三つである．

(1) 一般共変性を満たす（「一般相対性原理」）．

(2) エネルギー・運動量保存則が成立する．

(3) 非相対論的極限でニュートン重力理論を再現する．

条件（1）は基礎方程式がテンソル形式でかけること，つまり観測者によらず同じ法則が成り立つという「相対性原理」から導かれる自然な仮定である．

ニュートン重力理論はポアソン方程式（1.137）で表される．静的で弱い重力場の場合（$|\Phi|/c^2 \ll 1$）には重力ポテンシャルと計量の 00 成分に $g_{00} = -(1 + \Phi/c^2)^2 \approx -(1 + 2\Phi/c^2)$ のような関係があることがわかっている（（1.142）式と（1.146）式を参照）．すると（1.137）式の左辺は計量の 2 階微分であることが予想されるが，そのような量でテンソルになるものはといえば曲率である．

一方，右辺の質量密度は相対論的にはスカラー量でない．エネルギーと質量の等価性から ρc^2 はエネルギー密度と考えられるが，それはエネルギー・運動量密度を記述する 2 階のテンソル量 $T_{\mu\nu}$ の 00 成分である．つまり，(1.137) 式は

$$-\Delta g_{00} = \frac{8\pi G}{c^4} T_{00} \tag{1.176}$$

と書き換えられる．このことから求めるべき重力場の方程式は，2 階のテンソル方程式であると考えられる．曲率のもっとも一般的なものはリーマン曲率テンソル $R^{\mu}{}_{\nu\rho\sigma}$ であるが，それは 4 階のテンソルであるので，そのままでは使えない．縮約したリッチテンソル $R_{\mu\nu}$ やスカラー曲率 R が左辺に，また右辺にはエネルギー・運動量テンソル $T_{\mu\nu}$ がそのまま現れると予想される．つまり，基礎方程式は

$$R_{\mu\nu} - c_1 g_{\mu\nu} R = c_2 \times \frac{8\pi G}{c^4} T_{\mu\nu} \tag{1.177}$$

と表されるであろう．ここで c_1, c_2 はこれから決める無次元の定数である．

次に条件（2）を使おう．エネルギー・運動量保存則は $T_{\mu\nu}$ を用いて

$$\nabla^{\nu} T_{\mu\nu} = 0 \tag{1.178}$$

と表される. これが常に成立するという要請から c_1 が決定される. 実際, 曲率
の微分に関しては縮約したビアンキ恒等式 (1.170) が成り立っている. そこで,
$c_1 = \dfrac{1}{2}$ ととれば (1.177) 式を共変微分することでエネルギー・運動量保存則は
自動的に保証されることになる.

残るは c_2 だけであるが, これは条件 (3) から決定される. いま重力場を静
的とし, 線形近似できる程度に十分弱く, かつ非相対論的極限 $(c \to \infty)$ を考
えると $R_{00} - \dfrac{1}{2} g_{00} R \approx -\Delta g_{00}$ と表される. ここで (1.177) 式が (1.176) 式
と一致するという要請から $c_2 = 1$ と決定される.

以上をまとめると, 上の三つの原理を満たす重力場の方程式は

$$R_{\mu\nu} - \frac{1}{2} g_{\mu\nu} R = \frac{8\pi G}{c^4} T_{\mu\nu} \tag{1.179}$$

となることがわかる. これがアインシュタイン方程式である. この方程式の左
辺は, まとめて $G_{\mu\nu} \left(\equiv R_{\mu\nu} - \dfrac{1}{2} g_{\mu\nu} R \right)$ と書き表し, アインシュタインテンソ
ルとも呼ぶ. このアインシュタイン方程式を含む一般共変的な重力理論を, 一般
相対性理論という.

(1.179) 式は, 計量 $g_{\mu\nu}$ に関する 2 階微分方程式で, 重力場 $g_{\mu\nu}$ の満たすべ
き基礎方程式を与えると同時に, 時空が物理学的にどのように決定されるかを考
える手段も提供する. 重力理論の相対論化 (相対論的重力理論) に成功したとい
うだけでなく, 時空の概念を根本的に変えたという意味で, 絶対時間を否定した
特殊相対性理論の一般化,「一般相対性理論」と呼ぶにふさわしい理論である.

アインシュタインがこの仕事を完成し, プロシア・アカデミーに論文を提出し
たのは 1915 年 11 月 25 日のことである. その 5 日前にヒルベルト (D. Hilbert)
は, 一つの制限付きで同一の方程式を含んだ論文を提出していた. ヒルベルトの
論文では, 基本粒子を説明するためにマクスウェルの電磁気学を拡張したミー
(G. Mie) の理論の考えをそのまま重力にも適用するなど, 物理学的にはいくつ
かの問題点を含んでいたが, アインシュタインの得た重力方程式を変分原理から
導いたという意味では重要である. その作用

$$S_g = \frac{1}{16\pi G} \int d^4 x \sqrt{-g} \, R \tag{1.180}$$

は現在，アインシュタイン–ヒルベルト作用と呼ばれている．アインシュタイン
とヒルベルトの確執など，この時期の歴史的に興味深い事情は巻末にあげるパイ
ス（A. Pais）の文献に詳しい．

1.3.4 一般相対性理論がもたらす新しい物理学

アインシュタイン方程式（1.179）は，一変数線形偏微分方程式のニュートン
重力方程式（1.137）とは異なり，多変数非線形偏微分方程式で，非常に複雑な
方程式である．その結果，一般解を求めるということはあきらめざるを得ない．
考えるべき系に近い対称性を仮定し必要な解を探るか，数値的に解くしかないで
あろう．後者は，数値相対論として，重力波観測とも関連し，近年非常に研究が
進んでいる．

対称性を仮定して解を探る方法には二つの重要な対象がある．一つは，アイン
シュタイン本人が理論完成後すぐに適用した「宇宙論」である．宇宙論では通
常，「宇宙原理」を前提とし，一様・等方時空を考える．この場合，計量は時間
のみの関数となるので，常微分方程式となる．またこの計量は宇宙の大きさを表
すスケール因子と呼ばれる変数のみで記述できるため，アインシュタイン方程式
は非常に簡単になる．

アインシュタイン自身は，宇宙が有限で（3 次元球面 S^3），永遠不滅の存在
（静的宇宙）と考えたため，そのような時空は存在し得ないという不幸な結論を
得た．その結果，彼は自身の方程式に「宇宙項」を導入した．この宇宙項の導入
は，膨張宇宙論が確固としたものになった後に彼自身が言っているように，「ア
インシュタインの生涯で最大の失敗」であった．しかしながら，現代宇宙論はア
インシュタインの一般相対性理論なしでは語れないし，失敗したとはいえ，アイ
ンシュタイン自身も一般相対性理論を使えば宇宙の構造が科学的にきっちりと議
論できることをはじめて示したわけで，その意味で，アインシュタインの宇宙論
における貢献はきわめて大きい（第 2 巻『宇宙論 I ［第 2 版補訂版］』，第 3 巻
『宇宙論 II ［第 2 版]』を参照）．

アインシュタイン方程式を使って考えることのできるもう一つの簡単かつ重
要な系は静的（または定常）時空である．特に，球対称な系を考えると，この
場合も計量は一変数（動径座標 r）のみの関数となり，常微分方程式に帰着さ

れる．さらに真空で漸近的に平坦な場合を考えると，解はシュワルツシルト（K. Schwarzschild）が発見したシュワルツシルト解に限られる．この解は，系を制限しすぎているようであるが，このあと少し詳しく述べるように星の外部の時空を近似的に記述するものとして有効である．また，この解の研究から新しい天体「ブラックホール」が予言されることになった．ブラックホールは，時空のゆがみなしでは考えることのできない，極端に曲がった時空で，一方通行の世界をこの宇宙につくり出す．その内部からは光すら出てこられない，非常に重力の強い世界である．現代では，このような理論の産物が，実際にこの宇宙に存在し，かつ多くの宇宙現象に重要な役割をしていると信じられている（1.4 節および第 8 巻『ブラックホールと高エネルギー現象』参照）．

　アインシュタイン理論が予言する第 3 の新しい研究対象は，「重力波」である．重力は時空のゆがみであり，そのゆがみは重力源となる物質の質量エネルギーなどでつくり出される．その結果，重力源が激しく運動をすると，それがつくり出す時空のゆがみも波動のように変化し，伝播していく．この時空のゆがみが波のように伝わる現象を重力波と呼び，アインシュタインがその存在をはじめに指摘した．その存在は，重力波干渉計 LIGO（Laser Interferometer Gravitational-Wave Observatory，米）により 2015 年 9 月 14 日，ブラックホール連星系の合体からの重力波として初めて直接観測された（1.5 節および第 2 巻『宇宙論 I [第 2 版補訂版]』，第 3 巻『宇宙論 II [第 2 版]』参照）．

　一般相対性理論は時空を物理学の対象とするまったく新しい理論で，その研究は我々に新しい物理学を展開させることになった．その新しいものとは上に述べた「宇宙論」，「ブラックホール」，「重力波」の三つである．そしてそのどれもが現代宇宙物理学の中心的テーマとなっている．このようにアインシュタインの一般相対性理論は，宇宙物理学の新しい分野を切り拓き，宇宙の謎解明に大きく貢献している．

　しかしながら，いくらその理論が美しく，論理的に正しそうであっても，物理学である限りその正しさを決定するのは自然だけである．そのため，一般相対性理論が正しいかどうか，観測や実験で検証する必要がある．ここでは，その話に入る前に，まず簡単な重力源がつくる時空とそこにおける物体の運動についてまとめておこう．

1.3.5 球対称時空と粒子軌道

シュワルツシルト解

ニュートン重力理論では，星の外部の重力場は，物質が存在しないので，真空中のラプラス方程式 $\Delta\Phi = 0$ を解けばよい．球対称な星の場合には $\Phi = -GM/r$ が求める重力ポテンシャルである．ここで M は星の質量，r は星の中心からの距離である．

一般相対性理論はニュートン重力理論を相対論的に拡張したものであるから，同じように球対称な星の外部重力場がどうなるかを考えることができる．アインシュタインの一般相対性理論完成の話を聞いたドイツの天文学者シュワルツシルトは，そのような時空を記述する球対称真空解をすぐに発見した．

時間的に変化しない球対称な重力場を考えよう．そのような時空の計量は

$$ds^2 = -e^{2\Phi}dt^2 + e^{2\Psi}dr^2 + r^2\left(d\theta^2 + \sin^2\theta d\phi^2\right) \tag{1.181}$$

とおける．ここで Φ, Ψ は動径座標 r のみに依存する．

真空中のアインシュタイン方程式は $R_{\mu\nu} = 0$ と記述される．計量 (1.181) の仮定の下にリッチ曲率を計算すると，自明でない成分から Φ と Ψ の方程式が以下のように得られる．

$$R^0_{\ 0} = e^{-2\Psi}\left(\frac{1}{r^2} - \frac{2\Psi'}{r}\right) - \frac{1}{r^2} = 0, \tag{1.182}$$

$$R^1_{\ 1} = e^{-2\Psi}\left(\frac{1}{r^2} + \frac{2\Phi'}{r}\right) - \frac{1}{r^2} = 0, \tag{1.183}$$

$$R^\theta_{\ \theta} = R^\phi_{\ \phi} = e^{-2\Psi}\left(\Phi'' + \Phi'^2 + \frac{\Phi' - \Psi'}{r} - \Phi'\Psi'\right) = 0. \tag{1.184}$$

(1.184) 式は他の二つから導くことができるので，(1.182) 式と (1.183) 式を積分すればよい．その 2 式の差から $\Phi' + \Psi' = 0$ が得られるので，$\Phi + \Psi = $ 一定となる．十分遠方ではミンコフスキー時空に近づくので，$r \to \infty$ のとき $\Phi, \Psi \to 0$ である．その結果 $\Phi + \Psi = 0$ となる．(1.182) 式を積分すると，$r \to \infty$ での境界条件を用いて

$$e^{-2\Psi} = 1 - \frac{A}{r} \tag{1.185}$$

が得られる．ここで A は積分定数である．$\Phi = -\Psi$ であるので，$e^{2\Phi} = 1 - A/r$

となる. $r \to \infty$ での極限では重力が十分弱くニュートン理論が再現されるはずである. この極限で $e^{2\Phi} - 1 \approx 2\Phi = -2GM/r$ となるので, 定数は $A = 2GM$ と決定される. ここで M は重力源の星の質量である. 結局, 計量は

$$ds^2 = -f(r)dt^2 + \frac{1}{f(r)}dr^2 + r^2\left(d\theta^2 + \sin^2\theta d\phi^2\right) \tag{1.186}$$

と表される. ここで $f(r) \equiv 1 - r_g/r$ である. $r_g \equiv 2GM/c^2$ は重力半径と呼ばれ, 太陽質量に対しては $r_g = 2.95\,\mathrm{km}$ である. (1.186) 式で表される時空解をシュワルツシルト (外部) 解と呼ぶ. 球対称という条件があるとはいえ複雑な非線形微分方程式であるアインシュタイン方程式を厳密に解いたのである. アインシュタインはそのことを知り, 驚くと同時にシュワルツシルトを大いに賞賛したという.

シュワルツシルト時空中の粒子の軌道

時空が決定されると, その時空中を運動する粒子の軌道は重力以外の力が働かなければ測地線方程式で記述される. ここでは球対称真空解であるシュワルツシルト時空中を運動する粒子の軌道について具体的に考えよう.

シュワルツシルト時空は時間的に変化せず, かつ球対称なので粒子軌道には二つの保存量 (エネルギーと角運動量) が存在する. 角運動量保存は粒子の運動領域を一平面上に拘束する. それを赤道面 ($\theta = \pi/2$) に取ると,

$$E = -mu_0 = mf(r)\frac{dt}{d\tau}, \tag{1.187}$$

$$L = mu_\phi = mr^2\frac{d\phi}{d\tau} \tag{1.188}$$

が保存することになる. ここで, m は粒子の質量, u^μ は4元速度である. 残りの動径方向 r の振る舞いを見るには, 4元速度の規格化条件 $u_\mu u^\mu = -1$ を用いるのが簡単である. その条件式は,

$$-\frac{1}{f(r)}u_0{}^2 + \frac{1}{f(r)}\left(\frac{dr}{d\tau}\right)^2 + \frac{1}{r^2}u_\phi{}^2 = -1 \tag{1.189}$$

と表されるが, (1.187), (1.188) 式を用いると,

$$\left(\frac{dr}{d\tau}\right)^2 + V^2(r) = \left(\frac{E}{m}\right)^2 \tag{1.190}$$

となる. ここで

$$V^2(r) \equiv f(r)\left(1 + \frac{L^2}{m^2 r^2}\right) \tag{1.191}$$

は有効ポテンシャルと呼ばれる.

　粒子軌道を求めるには, (1.188) 式を用い, 固有時間 τ を消去し, r と ϕ の微分方程式

$$\left(\frac{dr}{d\phi}\right)^2 = \left(\frac{m^2 r^4}{L^2}\right)\left[\left(\frac{E}{m}\right)^2 - f(r)\left(1 + \frac{L^2}{m^2 r^2}\right)\right] \tag{1.192}$$

を考える. ニュートン力学でよくやるように, 新しい（無次元の）変数 $u = r_g/r$ に対する方程式に書き換えると, 軌道方程式は

$$\left(\frac{du}{d\phi}\right)^2 = \frac{\tilde{E}^2 - 1}{\tilde{L}^2} + \frac{1}{\tilde{L}^2}u - u^2 + u^3 \tag{1.193}$$

となる. ここで $\tilde{E} = E/mc^2$, $\tilde{L} = L/mcr_g$ は無次元化されたエネルギー, 角運動量である. ニュートン重力理論では最後の u^3 の項が現れないだけである.

　光の屈折を考察するには固有時間を用いた上の議論をそのまま使うことはできない. しかし, 粒子の質量ゼロの極限を取ることで, 光の場合の結果が得られる.（1.193）式の $\tilde{E}$ や $\tilde{L}$ そのものはその極限で発散するので意味はないが, その比 $\tilde{E}/\tilde{L}$ は有限なので（1.193）式は意味を持つ. 実際, $\tilde{b}^{-2} \equiv \lim_{m \to 0}(\tilde{E}^2 - 1)/\tilde{L}^2 = (Er_g/Lc)^2$ とおくと,

$$\left(\frac{du}{d\phi}\right)^2 = \frac{1}{\tilde{b}^2} - u^2 + u^3 \tag{1.194}$$

という光の軌道方程式が得られる. ここで $\tilde{b} = b/r_g$ は衝突係数 b を重力半径で規格化した量である.

1.3.6　一般相対性理論の検証実験

　アインシュタインは見事な洞察力で, ほんのわずかの手がかりから重力場の方程式（アインシュタイン方程式）を導いた. 特殊相対性理論と矛盾するとはいえ, ニュートン重力理論は実験や観測を非常に正確に記述していた. 唯一説明できなかったものは水星の近日点移動であったが, それも重力が原因かどうかはっ

きりしていなかった.

　通常の物理学は実験を繰り返すうちに理論にほころびがみえ，それを改良する形で新しい理論が生まれる.　量子力学がそのよい例である.　しかしアインシュタインの一般相対性理論は完全に理論先行であった.　アインシュタインが思考実験を繰り返し，もっとも簡単でもっとも美しい相対論的重力理論としてつくり上げたものである.

　物理学としては，当然それが本当に正しいかどうか確かめる必要がある.　我々は空間が曲がっていると感じたことはない.　それは重力源がそれほど強大ではなく，空間の曲がりもまったく気がつかないくらいに小さいからである.　実際，重力ポテンシャルと計量の間には $g_{00} = -(1 + 2\Phi/c^2)$ の関係があるが，この計量の -1 からのずれ（曲がりの効果）は，太陽表面でも $2|\Phi|/c^2 = 2GM_\odot/R_\odot c^2 \approx 4.2 \times 10^{-6}$ と非常に小さい.

　そこでまず重力の弱い現実的な場合を考え，実際に実験でどう確かめることができるかを調べなければならない.　これがアインシュタインのはじめに考えたことである.　そのためには，弱い重力場の近似であれ，アインシュタイン方程式を解く必要がある.　アインシュタインは，独自の方法で解を求め，水星の近日点移動を正しく与え，太陽による光の屈折が検証可能であることを示した.　ここではシュワルツシルト解（1.186）を用いてそれらの効果を解析しよう.

水星の近日点移動

　まず，粒子の軌道方程式（1.193）を用いて水星の運動を考えよう.　太陽系の惑星の軌道を考えるには，まず第 1 近似としてニュートン重力理論で考えるのが妥当であろう.　この場合，（1.193）式で u^3 を落とした式になり，簡単に積分できる.　結果の軌道は

$$u = \frac{1}{2\tilde{L}^2}\left[1 + e\cos(\phi - \phi_0)\right] \tag{1.195}$$

で与えられる.　ここで $e = \sqrt{1 + 4\tilde{L}^2(\tilde{E}^2 - 1)}$ は軌道の離心率である.　ニュートン力学では静止質量は考えに入れないので，粒子のエネルギーは $E_N = E - mc^2 \,(|E_N| \ll mc^2)$ としなければならない.

　この軌道（1.195）は 2 次曲線を表し，

(1) $\tilde{E} < 1$ ($E_N < 0$) のとき　　楕円軌道 ($e < 1$),

(2) $\tilde{E} = 1$ ($E_N = 0$) のとき　　放物線軌道 ($e = 1$),　　　　　　(1.196)

(3) $\tilde{E} > 1$ ($E_N > 0$) のとき　　双曲線軌道 ($e > 1$)

と分類される.

　いま楕円軌道を考えよう. 太陽にもっとも近い点では u が最大となるから, $\phi = \phi_0$ が近日点に対応する. ニュートン力学では, よく知られたように楕円軌道の近日点は動かない. 水星の場合, 離心率 $e = 0.2056$, 長半径 $a = 5.786 \times 10^{12}\,\mathrm{cm}$ で, $\tilde{L} = 3.064 \times 10^3$ となる. その結果 $u \approx 10^{-7}$ となり, 相対論的効果は摂動で考えてよいことがわかる.

　そこで, 一般相対性理論を考慮した場合の軌道方程式 (1.193) の解を

$$u = \frac{1}{2\tilde{L}^2}\{1 + e\cos[(1-\delta)(\phi - \phi_0)]\} \quad (\delta \ll 1) \qquad (1.197)$$

とおく. (1.193) 式に代入し, δ を求めると

$$\delta = \frac{3}{4\tilde{L}^2} \qquad (1.198)$$

が得られる. (1.197) 式は, 軌道が大まかには楕円であるが, 角度が $\phi = 2\pi/(1-\delta) \approx 2\pi(1+\delta)$ 進んだとき同じ動径位置に戻ってくることを示している. つまり, 惑星は近日点から一周 (2π) し, さらに

$$\phi_{\mathrm{PS}} \equiv 2\pi\delta = \frac{6\pi GM}{(1 - e^2)ac^2} \qquad (1.199)$$

進んだところで再び近日点に到達することがわかる. このように, 近日点は相対論的効果で軌道の前方に少しだけ移動する. これを近日点移動と呼ぶ. 水星の場合 100 年間でわずか 43.03 秒角という非常に小さな変化である.

　実際の水星の観測データをここで考えてみよう. 水星の近日点はいろいろな効果で大きく変化する. 観測された値は 100 年間で (5599.74 ± 0.41) 秒角である. しかしながらこの値には地球 (観測者) が動いているために生じるみかけの効果 [(5025.645 ± 0.50) 秒角] や木星など他の惑星の影響 [(531.54 ± 0.68) 秒角] なども含まれている. それらのわかっている効果をすべて引き去るとわずかに (42.56 ± 0.94) 秒角がニュートン理論で説明できない値として有意に残っ

た．その非常に小さな，しかしニュートン理論では説明できない値が，一般相対
性理論の予言とものの見事に一致したのである．これを発見したときのアイン
シュタインの気持ちはどうだったであろうか．小躍りして喜んだに違いない．

光の屈折

次に光の屈折について考えてみよう．光の場合の衝突係数 b は太陽表面近くで
$\tilde{b}^{-1} \approx r_g/R_\odot \approx 4 \times 10^{-6}$ である．光が屈折するあたりでは（1.194）式の右辺
≈ 0 であるので，$u\,(\sim \tilde{b}^{-1})$ は非常に小さいと考えられる．そこでまず，第 1 近
似として u^3 の項を無視した式を考え，u^3 は摂動として扱おう．

u^3 の項を無視すると（1.194）式は簡単に積分でき，

$$u = \frac{1}{\tilde{b}} \cos \phi \tag{1.200}$$

が得られる．太陽にもっとも接近する点を $\phi = 0$ とした．これは直線を極座標
で表したもので，第 1 近似では光は曲がらないことを表している．この直線から
のずれを

$$u = \frac{1}{\tilde{b}} \cos \phi + \frac{1}{\tilde{b}^2} u_1(\phi) \tag{1.201}$$

とおき，（1.194）式に代入し，摂動項 u_1 を決定すると，

$$u_1 = \frac{1}{2}\left(1 + \sin^2 \phi\right) \tag{1.202}$$

が得られる．

この解がどのような屈折角を与えるかは，次のようにして決めればよい．$\phi = 0$ が太陽にもっとも近い点であるのは変わらない．一方，もっとも遠い点（無限
遠点）は $u = 0$ で与えられる．そのときの角度は $\phi_\infty \approx \pi/2 + 1/\tilde{b}$ となる．そ
の結果，屈折角は

$$\alpha = \frac{2}{\tilde{b}} = \frac{4GM}{R_\odot c^2} \approx 1.75 \quad \text{秒角} \tag{1.203}$$

となる（図 1.22）．

ちなみにこの値は，以前アインシュタインが等価原理だけから導いていた値の
2 倍である．それは空間のゆがみを考慮していなかったからである．

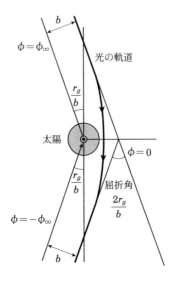

$\phi = \phi_\infty$

光の軌道

$\dfrac{r_g}{b}$

太陽

$\phi = 0$

$\dfrac{r_g}{b}$

屈折角
$\dfrac{2r_g}{b}$

$\phi = -\phi_\infty$

図 1.22 光の屈折.

　この光の屈折を確かめる方法として，太陽のすぐ横に見える星の位置のずれを測定する方法が考えられた．その観測のためには日食でじゃまな太陽を隠す必要がある．そして実際，1912, 1914 年の日食時にはじめての観測が試みられた．しかしこのときは，観測条件の悪さや戦争などのためはっきりとした結論は得られなかった．このことはアインシュタインにとって幸いしたといえる．というのは，このときアインシュタインが予言していた値は等価原理のみから導かれたもので，一般相対性理論が予言する値の半分でしかなく，観測がちゃんと行われていれば予言値と異なる結果を得たであろうからである．

　一般相対性理論完成後の 1919 年，イギリスのエディントン卿（A.S. Eddington）は，その年の日食の際，この光の屈折を測定しようと遠征隊を組織し，実際にアインシュタイン理論の予言通りに光が屈折していることを示した（図 1.23）．この成果は，アインシュタインの一般相対性理論を観測的に確かめたということで，当時報道でも大きく取り上げられた．アインシュタインはそのとき自分の理論が正しいものであると確信したに違いない．

　1968 年までは日食の度に検証実験が繰り返されたが，得られた屈折角は1.43–2.7 秒角の間に分布し，それほど観測精度は上がらなかった（20–40%）．し

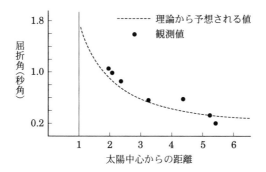

図 **1.23** 1919 年のエディントン遠征隊による観測結果（Stachel「相対性理論の歴史（第 4 章）」『20 世紀の物理学 I』，前田恵一訳（丸善，1999），p.314）．

かしながら，60 年代後半に電波望遠鏡が登場してからは事態が一変する．電波であれば，日食を待たずとも太陽近くを通ってくる "光" が観測可能なのである．電波源は 3C 279 などのクェーサーが使われた（図 1.24）．これにより精度は非常に向上し，0.02%の精度で一般相対性理論が正しいことが確かめられている．

　この光の屈折は，現在では一般相対性理論の検証というより，重力レンズ現象として天体や宇宙の観測に応用されている（第 3 巻『宇宙論 II［第 2 版］』および第 4 巻『銀河 I［第 2 版］』参照）．

アインシュタインの方法

　ここではシュワルツシルト解を用いて近日点移動と光の屈折を考えたが，アインシュタインは弱い重力場の近似（弱場近似）を行い，答えを見つけた．彼が考えた座標系は空間の 3 方向が対等な等方座標 $(\bar{x}, \bar{y}, \bar{z})$ である．この座標系でシュワルツシルト解を記述すると

$$ds^2 = -\left(\frac{1 - GM/2\bar{r}}{1 + GM/2\bar{r}}\right)^2 d\bar{t}^2 + \left(1 + \frac{GM}{2\bar{r}}\right)^4 (d\bar{x}^2 + d\bar{y}^2 + d\bar{z}^2) \quad (1.204)$$

となる．ここで $\bar{r}^2 = \bar{x}^2 + \bar{y}^2 + \bar{z}^2$ である．この動径座標 $\bar{r}$ は動径座標 r と $r = \bar{r}(1 + GM/2\bar{r})^2$ のような関係がある．

　アインシュタインは弱い重力場の近似で

$$g_{00} = -\left(1 - \frac{2GM}{\bar{r}}\right), \quad g_{ij} = \delta_{ij} + 2GM\frac{\bar{x}^i \bar{x}^j}{\bar{r}^3} \quad (1.205)$$

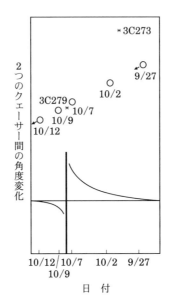

図 **1.24** クェーサーの光の屈折の測定. 図上部は二つのクェーサー (3C 273, 3C 279) の位置 (∗) と太陽の見かけの位置変化 (○) を, 図下部は太陽が 3C 279 のそばを通過したときの二つのクェーサー間の角度変化を表している (Seielstad *et al.* 1970, *Phys. Rev. Lett.*, 24, 1373).

を導いているが, これは (1.204) 式の弱場近似である.

　光の屈折に関しては, $ds^2 = 0$ からこの座標系での光速度が

$$c(\bar{\boldsymbol{x}}) = \left[\left(\frac{d\bar{x}}{d\bar{t}} \right)^2 + \left(\frac{d\bar{y}}{d\bar{t}} \right)^2 + \left(\frac{d\bar{z}}{d\bar{t}} \right)^2 \right]^{1/2} = \left(1 - \frac{2GM}{\bar{r}} \right) \qquad (1.206)$$

と表されることを用い, 前に等価原理のところで述べたのと同じようにホイヘンスの原理を使って示している. ここで注意すべきは, 空間のゆがみ g_{ij} も考慮されていることである. この効果は (1.205) 式からわかるように, 時間成分の効果と同じだけ影響を与えるため, 等価原理のときの予言の 2 倍の値になるのである.

　水星の近日点移動に関しては, (1.205) 式で表される時空中の測地線方程式を弱場近似で求め, (1.193) 式を導いている.

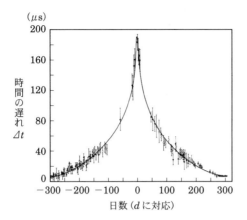

図 **1.25** 金星からのレーダー・エコーの遅れ．太陽が金星と地球を結ぶ線分に近づくにつれ金星からのエコー到着が遅れ，また遠ざかるにつれその遅れが小さくなる（Shapiro *et al.* 1971, *Phys. Rev. Lett.*, 26, 1135）．

"第 4" の検証実験

　上の二つのアインシュタイン自身が提案した検証実験に加え，1964 年，シャピロ（I.I. Shapiro）は "第 4 番目" の検証実験を提案した．これは上記の二つの実験とともに一般相対性理論の三つの検証実験となる．これが第 4 番目と言われたのは，重力的赤方偏移の実験も加えてのことであるが，それは等価原理の検証でしかないことに注意しよう（58 ページのコラム参照）．

　シャピロの提案は，宇宙探査機や惑星上に設置された反射板から送られる電波信号が地球に到達するまでの時間が，電波が太陽の近くを通過するときに遅れるという一般相対論的現象の測定である．予想される時間の遅れは，地球惑星間の往復の場合，

$$\Delta t = \left(240 - 20\ln\left[\left(\frac{d}{R_\odot}\right)^2\left(\frac{\mathrm{au}}{r_p}\right)\right]\right)\ \mu\mathrm{s} \qquad (1.207)$$

である．ここで d は地球–惑星を結ぶ直線と太陽の距離，au は天文単位，r_p は地球から惑星までの距離である．この遅れをシャピロ遅延と呼ぶが，火星の探査衛星マリナーとバイキング，さらには最近のカッシーニ衛星により非常に精度よく測定が行われ，0.001% の精度で一般相対性理論と一致している（図 1.25）．

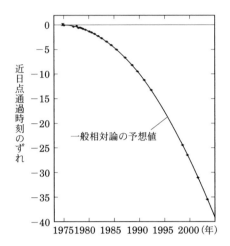

図 **1.26**　近日点通過時刻のずれ. 軌道公転周期が時間変化する
と近日点を通過する時刻が少しずつずれる. 一方，重力波を放出
すると系のエネルギーが減少し，軌道周期が減少する. 実線は
一般相対性理論が予想する重力波放出による軌道変化による時
刻のずれであるが，観測値とぴったり一致する（Taylor 1994,
Rev. Mod. Phys., 66, 711）.

連星パルサーによる検証

1974 年，ハルス（R.A. Hulse）とテイラー（J.H. Taylor）によって発見され
た連星パルサー PSR 1913+16 は，非常に精度の良い一般相対性理論の検証の場
を与えている. これまでに述べた太陽系近傍の検証実験は非常に重力の弱いとこ
ろでの実験であるが，この連星パルサーは，太陽半径程度しか離れていない二つ
の中性子星がお互いのまわりを回る比較的重力の強い世界をつくっている. この
系から非常に正確なパルスを我々に届けてくれるわけで，居ながらにして強い重
力系の観測実験が可能になっている.

観測された相対論的効果は，近日点移動および重力赤方偏移（＋横ドップラー
効果[*12]），シャピロ遅延に加えて軌道周期の変化である. 近日点移動は

$$\dot{\omega} = 2.10 \left(\frac{m_1 + m_2}{M_\odot} \right) \ \text{度/年} \tag{1.208}$$

[*12] 特殊相対論のドップラー効果で速度の 2 次に比例する速度方向に依存しない部分.

で，水星の近日点移動（42.95 秒角/100 年）にくらべると，いかに相対論的効果が大きいかがわかる．重力の赤方偏移は，軌道が重力場の強さの異なるところを通過するために現れる効果で，ケプラー運動をしている場合には，横ドップラー効果と合わさって観測される．

またシャピロ遅延は，二つのパラメータ (r, s) で特徴づけられている．さらにこの連星パルサーでは公転周期の時間変化 $\dot{P_b} = -2.4211 \pm 0.0014 \times 10^{-12}$ 秒$^{-1}$ が観測されている．これは連星からの重力波放出により系はエネルギーを失い，軌道半径が減少することによる公転周期の減少と考えると，非常に良くあう（図1.26）．

これらの効果は連星系を構成する二つの中性子星の質量 m_1, m_2 の関数になっている，そこで観測結果を m_1-m_2 平面上に表したのが図1.27である．

これから二つの中性子星の質量が

$$m_1 = 1.4408 \pm 0.0003 M_\odot \quad \text{（パルサー）}, $$

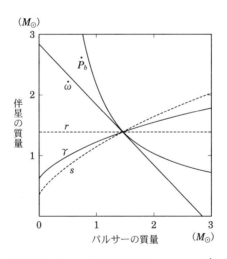

図 **1.27** 連星パルサーの相対論的効果．$\dot{\omega}, \gamma, r, s, \dot{P_b}$ はそれぞれ近日点移動，重力赤方偏移，二つのシャピロ遅延，公転軌道の時間変化である．二つの中性子星の質量 m_1, m_2 を任意パラメータとしたとき，これらの独立な観測が見事に一点で交わっている（Taylor 1994, *Rev. Mod. Phys.*, 66, 711）．

$$m_2 = 1.3873 \pm 0.0003 M_\odot \quad （伴星） \tag{1.209}$$

のように決定される.

　この観測は, 従来の太陽系近傍における検証による一般相対性理論の正しさを
より重力の強いところでも確認しただけでなく, 一般相対性理論が予言する重力
波の存在を間接的に証明した. この業績によってハルスとテイラーは 1993 年
ノーベル物理学賞を受賞した.

1.3.7　一般相対性理論以外の可能性は ?

　これで一般相対性理論は正しいことが実験的に確かめられたといえる. 一般相
対性理論に矛盾が見つかったわけではないが, 一般相対性理論誕生後, いろいろ
な考えからいろいろ新しい重力理論が現れては消え, 現れては消えていった, 図
1.28 にウィル（C. Will）が 1972 年にまとめた重力理論検証の流れ図を示して
おく.

　現在でも状況はあまり大きく変わっていない. むしろその後の実験・観測か
ら, 生き残っている理論のパラメータに対する制限がより厳しくなっている. た
とえばブランス–ディッケ理論では理論に含まれるパラメータ ω は現在では $\omega >$
40000 でなければならなくなった[*13]. このようにアインシュタイン理論は, 誕生
後 100 年間以上経ってもますます高い精度でその正しさが示されてきている[*14].
一般相対性理論はもっとも美しくかつ自然な重力理論といえるのである.

1.4　ブラックホール・中性子星

　エネルギー源を失った星の最後として, 三つの可能性が示唆されている. 白色
矮星, 中性子星, そしてブラックホールである. 一般相対性理論によってその存
在が予言されたブラックホールやパルサーと同定された中性子星は, その存在が
確実視されているだけでなく, 天文学・天体物理学においても非常に重要な天体
となっている. 天文学におけるそれらの役割や重要な性質などは他のところで述
べられるので, ここではその基礎および重力物理学的側面を中心にまとめる.

　[*13] ブランス–ディッケ理論は, $\omega = \infty$ の極限で一般相対性理論に一致する.

　[*14] ダークエネルギー問題の登場（1998 年）により, 一般相対性理論を修正する重力理論の研究
は近年再び活発になってきているが, 一般相対性理論と矛盾する観測データは出ていない.

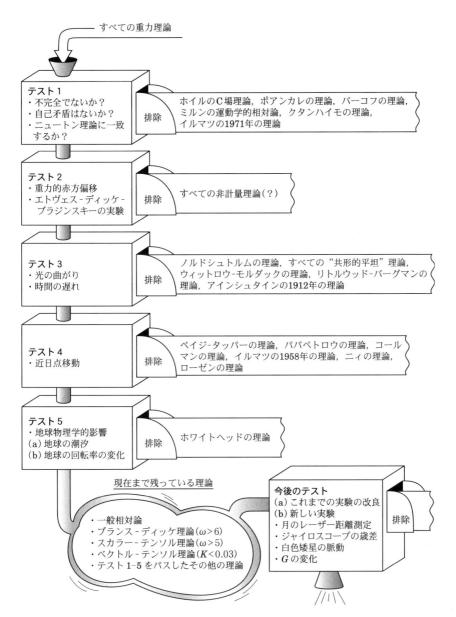

図 1.28 重力理論の検証. いろいろな重力理論は，いくつかの検証実験を経て，その多くが排除されている. 一般相対性理論は理論のシンプルさにもかかわらず，すべての実験をパスしている（Will 1972, *Physics Today*, 25, 25）.

1.4.1 中性子星

おもに中性子からなる天体で，中性子の縮退圧[*15]で星の重力を支える．その中心密度は約 $10^{15}\,\mathrm{g\,cm^{-3}}$ という非常に高密度に達し，質量は太陽と同程度である．その大きさは重力半径（ブラックホール半径）の数倍程度（半径約 10 km）で，重力が非常に強く，その構造を決定するには一般相対論的取り扱いを必要とする．

この中性子星には限界質量が存在し，1.5–$3M_\odot$ であるとされる．この限界質量を超えた中心核は，安定な構造が存在しないため，限りなく重力崩壊し，ブラックホールになる．

1932 年に中性子が発見されてすぐ，ランダウ（L.D. Landau）は中性子星の存在とその限界質量について論じ，ツビッキー（F. Zwicky）とバーデ（W. Baade）は超新星爆発のあとに中性子星が形成されると予言した．オッペンハイマー（J.R. Oppenheimer）とヴォルコフ（G. Volkoff）は中性子星の構造を計算し，限界質量を具体的に与えた．この理論的予言は，1968 年，ヒューイッシュ（A. Hewish）らによりパルサーが発見され，それが中性子星と同定されることで確かめられた．

現在の星の進化論によると，太陽質量の 8–20 倍の質量の星が超新星爆発を起こし，中性子星を形成する．それより重い星の場合，ブラックホールになる．

TOV 方程式と中性子星の限界質量

相対論的球対称星の構造は，アインシュタイン方程式を解くことで得られる．重力平衡にある静的な球対称星を考えよう．考える時空は，対称性を考慮すると

$$ds^2 = -e^{2\Phi(r)}dt^2 + \frac{dr^2}{1 - 2Gm(r)/r} + r^2(d\theta^2 + \sin^2\theta d\phi^2) \qquad (1.210)$$

で表される．Φ は重力ポテンシャル，m は質量関数で，それぞれ r の関数である．星を構成する物質は完全流体で表されるとすると，そのエネルギー・運動量テンソルは $T^\mu_\nu = \mathrm{diag}(-\rho, P, P, P)$ で与えられる．ここで ρ, P はそれぞれエネルギー密度および圧力である．

[*15] 電子や中性子のようなフェルミ粒子は，2 個の粒子が同時に同じ状態を占めることはできないというパウリの排他原理に従う．このことが原因で働く圧力を縮退圧という．

アインシュタイン方程式の 00 成分から

$$\frac{dm}{dr} = 4\pi r^2 \rho \tag{1.211}$$

が得られる. $m(r)$ は，ニュートン重力のときと同じように，半径 r までの質量を表す．アインシュタイン方程式の rr 成分からは

$$\frac{d\Phi}{dr} = \frac{G(m + 4\pi r^3 P)}{r(r - 2Gm)} \tag{1.212}$$

が得られる．これはニュートン重力における球対称重力源が半径 r におよぼす重力 $d\Phi/dr = Gm(r)/r^2$ の相対論的拡張である．アインシュタイン方程式の $\theta\theta$ 成分（$=\phi\phi$ 成分）からも方程式は得られるが，ビアンキ恒等式があるので，エネルギー・運動量保存則をもってそれに代えることができる．エネルギー保存則は静的であるという条件から自明になる．運動量保存則は

$$\frac{dP}{dr} = -(\rho + P)\frac{d\Phi}{dr} \tag{1.213}$$

となるが，これは流体力学におけるオイラー方程式の静的な場合，つまり重力と圧力勾配の釣り合いの方程式の一般化である．

状態方程式 $P = P(\rho)$ を与えて[*16]，これらの方程式 (1.211), (1.212), (1.213) を解けばよいのであるが，通常は (1.212) 式と (1.213) 式を組み合わせた

$$\frac{dP}{dr} = -\frac{G(\rho + P)(m + 4\pi r^3 P)}{r(r - 2Gm)} \tag{1.214}$$

を解くことが多い．この式を TOV（Tolman–Oppenheimer–Volkov）方程式と呼ぶ．

オッペンハイマーとヴォルコフは縮退した相対論的自由粒子の状態方程式を使って中性子星の構造を解き，中性子星に限界質量が存在することを示した．彼らが得た上限値は $0.71 M_\odot$ であった．

その後，現実的な状態方程式を使った中性子星の構造が調べられている．図 1.29 にいくつかの状態方程式を元に計算された中性子星の質量が示されている．これから中性子星の限界質量は正確には決まっていないが，1.5–3$M_\odot$ にあるこ

[*16] 有限温度状態のようなより一般的な状態方程式は $P = P(n,s), \rho = \rho(n,s)$ で与えられる．ここで，n, s はそれぞれバリオン数密度，エントロピー数密度である．

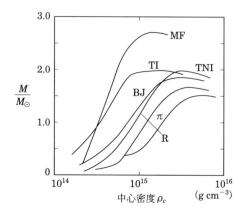

図 1.29 中性子星の質量.横軸は中心密度.各曲線は異なる
状態方程式を用いて計算したもの.限界質量は 1.5–3$M_\odot$ の
間に分布している(Baym & Pethick 1979, *Ann. Rev. Astr.
Ap.*, 17, 415).

とがわかる.この値の不定性は,核密度を超える超高密度における状態方程式の
不確かさから来ている.最近のより正確な状態方程式を用いた結果は,この範囲
が 1.8–2.3$M_\odot$ に縮まっている.また,ここに示したのは静的球対称な中性子星
であるが,現実の星では回転や磁場を伴う.磁場が中性子星の構造に影響するに
はきわめて強い状況($B \geq 10^{18}$ G)を考えなければならないが,回転は普通の
状況でも大きな効果を与える.特に差動回転[17]する場合には 3$M_\odot$ を超える限
界質量が十分に可能になる.

　高密度における状態方程式や中性子星の構造などの説明は巻末にあげる参考文
献(Shapiro–Teukolsky)を参照してほしい.

1.4.2　シュワルツシルトブラックホール

　質量 M の球対称な天体が存在するとき,その天体の外部の重力ポテンシャル
Φ は,ニュートン重力理論では,

$$\Phi = -\frac{GM}{r} \tag{1.215}$$

---

[17] 星の回転については内部まで詳しくわかっていないので,2つの状況を想定して,構造を調べ
る.一つは星内部のどこでも回転角速度が同じである一様回転で,もう一つが,場所により回転角速
度が異なる差動回転である.

で表される．ここで，r は中心からの距離である．一般相対性理論はニュートン理論を拡張したものであるから，当然同じような状況の解が存在するはずである．実際，アインシュタインがこの理論を提唱してすぐ，シュワルツシルト（K. Schwarzschild）はその球対称真空解を求めた．シュワルツシルトが初めに解を見つけたときは，その解がブラックホールのような不思議な天体を記述しているとは誰も考えなかった．ブラックホールの正確な意味にたどり着くまでの研究者達の試行錯誤についてまず述べよう．

シュワルツシルト特異点とアインシュタインの第 2 の失敗

このシュワルツシルト解は，球対称な星の外部の時空を記述するアインシュタイン方程式の厳密解である．その計量は（1.186）式で与えられる．この解の表す時空は，重力場の弱いところ（たとえば太陽系近傍）では観測的・実験的に正しいことがわかっている（1.3 節参照）．

ところがこの計量（1.186）には「特異点」が存在する．たとえば，g_{00} は $r = 0$ で発散し，$r = r_g$ でゼロになる．$r = 0$ は，重力源が「一点」に収縮した「質点」上における重力場を表していると考えられるので，計量が発散するのは理解できる*18．しかし $r = r_g$ で計量がゼロとなるのはどう理解したらよいであろうか．この「特異点」を当時（1920–30 年代）はシュワルツシルト特異点とよんだ．

当時は，そのような半径 r_g が実在するのかどうかということが盛んに議論されていた．1922 年にはパリ会議でアインシュタインのまわりに錚々たるメンバーが集まり，シュワルツシルト特異点について議論したという．またエディントンはそれをマジック・サークル（magic circle）とよび，その内部は測定不可能だとした．その問に対する一つの答えを出したのがアインシュタインである．

シュワルツシルトは上の真空解以外にも物質が存在する場合の静的球対称解を導いていた．それは，シュワルツシルトの内部解とよばれるエネルギー密度が一定（$\rho = \rho_0$）の星の内部の時空を記述し，星表面（$r = R$）で真空のシュワルツシルト解（1.186）に連続的につながる．具体的には，$r \leqq R$ の内部領域は，重力ポテンシャル Φ, 質量関数 m, 圧力 P がそれぞれ

$$e^\Phi = \frac{3}{2}\left(1 - \frac{2M}{R}\right)^{1/2} - \frac{1}{2}\left(1 - \frac{2Mr^2}{R^3}\right)^{1/2}, \tag{1.216}$$

*18 質点のつくるニュートンポテンシャルも $r = 0$ で発散する．

$$m = \frac{4\pi}{3} \rho_0 r^3, \tag{1.217}$$

$$P = \rho_0 \left[\frac{\left(1 - \dfrac{2Mr^2}{R^3}\right)^{1/2} - \left(1 - \dfrac{2M}{R}\right)^{1/2}}{3\left(1 - \dfrac{2M}{R}\right)^{1/2} - \left(1 - \dfrac{2Mr^2}{R^3}\right)^{1/2}} \right] \tag{1.218}$$

で与えられる計量（1.210）で記述される．ここで $M = m(R)$ は星の重力質量である．

　シュワルツシルトは，$R < 9r_g/8$ の場合，星の内部にも $g_{00} = 0$ となる点（シュワルツシルト特異点）が存在することを指摘し，「重力半径」が自然界に存在しうると考えた．しかしアインシュタインは，密度一様の星の仮定は，星を構成する物質中の音速が無限大になるため相対論的に正しくない仮定であるとして，「重力半径」が実現される例とはいえないとした*19．

　しかし，この場合は，次のような理由で「重力半径」は実現されないと考えた方がよいであろう．この解を解析すると半径が $R = 9r_g/8$ で中心の圧力が無限大になり，もはや星を支えきれなくなり，$R < 9r_g/8$ の星は存在しないことがわかる．エネルギー密度一定という条件を「密度は外に向かって増大しない」という条件にゆるめたとしてもこの結果は変わらない．つまり，球対称の星をいくら小さくしても重力半径以下には縮めることができないのである．

　アインシュタインが「重力半径」は実現されない理由として挙げた例として，多くの粒子が球殻状に集まった「星」がある．一つの粒子は他の粒子のつくる平均重力場の中を運動する．彼は簡単のため，円軌道を描いた質点の集まりを考えた．非常に多くの質点を均一に分布させて平均密度が球殻上で一様になるようにし，また全角運動量がゼロとなるような系を想定する．アインシュタインは薄い球殻上に粒子が局在する場合を具体的に解析し，この系を重力半径以下に縮めることができないことを示した．その物理的理由として，球殻の半径が r_g に達する前に粒子の回転速度が光速を超えてしまうからだとした．この例を根拠に，ア

---

*19 非圧縮性流体の仮定は，圧力を変化させても密度が変わらないので，音速が無限大になり，相対論的に正しくない．しかし，重力と圧力勾配が釣り合った結果として，星の密度が一様ということは相対論と矛盾した仮定ではない．その意味でシュワルツシルトの内部解は解析解で表すことのできるもっとも簡単な「相対論的星の模型」である．

インシュタインは，$r = r_g$ というシュワルツシルト特異点（実際には球面）は現実の世界では現れないと結論した．

ところが，同じ 1939 年，オッペンハイマーとシュナイダー（H. Snyder）は，"On continued gravitational contraction" というタイトルの論文を発表し，限界質量を超えた中性子星は $r = r_g$ という重力半径を超えて限りなく収縮していくことを示した．星や球殻という「定常的な」対象では重力半径を超えられないが，重力崩壊という「動的な」現象を考えると重力半径が真空中に自然に出現することが示せるのである．アインシュタインは，宇宙論に続き，またしても，「定常」時空を想定し「動的」時空を考えなかったために間違った結論を導いてしまったのである．

重力半径の本当の意味: 事象の地平線

では，シュワルツシルト時空の $r = r_g$ という点は一体どういうものであろうか？そこで計量は特異になるが，時空の特異点ではないことがまずわかる．一般相対性理論ではどんな座標系を設定してもかまわない．その結果，計量そのものは物理的実在を直接に表さない．実際，局所慣性系をとればいつでもそこではミンコフスキー計量におくことが可能である．物理的実在としての時空を考えるには座標系の取り方に依存しない幾何学量，つまり曲率を見なければならない．そこでリーマン曲率の 2 乗（$R_{\mu\nu\rho\sigma}R^{\mu\nu\rho\sigma}$）を計算するとシュワルツシルト時空の場合 $12r_g^2/r^6$ となり，$r = r_g$ では特異でないことがわかる[*20]．

シュワルツシルト特異点は時空の特異点ではない．重力崩壊によって簡単に出現する．では，それはまったく普通の時空点なのか？その本当の意味が明らかにされたのは，なんと 1950 年代以降のことである．

$r = r_g$ では一体何が起こっているのか？それをはっきりさせるには，そこで計量が特異とならない座標系を導入しなければならない．1958 年にフィンケルシュタイン（D. Finkelstein）は，$r = r_g$ が特異にならない座標系を発見し[*21]，

[*20] "原点"（$r = 0$）は，曲率がそこで実際に発散するので，本当の特異点である．

[*21] 彼が発見した座標系は，実はエディントンが昔すでに見つけていたものを再発見したのであるが，エディントン自身はその意味を十分には理解していなかったようである．また，エディントンのあとルメートルも $r = r_g$ が特異でない座標系を見つけている．彼らの見つけた座標系はシュワルツシルト時空の半分を記述するものであるが，すべてをカバーする座標系はシンジ（J.L. Synge）やフロンスダル（C. Fronsdal）によって後に発見されている．

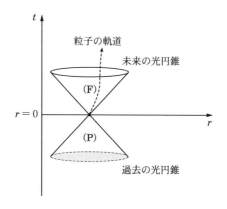

図 1.30 ミンコフスキー空間と光円錐. ±45° が光が進む方向
を表し, 粒子はそれでつくられる光円錐内部を通る.

その面においては, 物体の運動が一方通行であることを示した. 彼は時間 t に代
わる新しい座標として

$$\tilde{V} = t + r^* \quad \text{または} \quad \tilde{U} = t - r^* \tag{1.219}$$

を導入した. ここで

$$r^* \equiv r + r_g \ln |r/r_g - 1| \tag{1.220}$$

である. $\tilde{V}$ の方を用いると計量は

$$ds^2 = -\left(1 - \frac{r_g}{r}\right) d\tilde{V}^2 + 2d\tilde{V} dr + r^2 \left(d\theta^2 + \sin^2 \theta d\phi^2\right) \tag{1.221}$$

で表される. この $(\tilde{V}, r, \theta, \phi)$（または $(\tilde{U}, r, \theta, \phi)$）をエディントン–フィンケル
シュタイン座標系とよぶ.

　この計量（1.221）の表すところを見るには, 4 次元時空での光の伝播, つま
り光円錐の振る舞いを調べればよい. それは, 物体は光速を超えて運動できない
から, つまり光円錐の内部を進むから, 時空の因果的領域がはっきりする. まず
はじめに, ミンコフスキー時空の光円錐を見てみよう（図 1.30）. 角度 (θ, ϕ) 方
向は省略しているので, 2 次元半平面 (r, t) $(r \geqq 0)$ がミンコフスキー時空を表
している. ここで光は ±45° の方向に進むので, 光円錐は図 1.30 のようになる.
　次に, シュワルツシルト時空を考えよう. この時空においても物体の運動がど
うなるかを調べるために, まず光円錐を考える. シュワルツシルト座標（1.186）

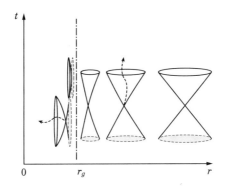

図 1.31 シュワルツシルト時空の光円錐（シュワルツシルト座標系）.

で光円錐を記述すると図 1.31 のようになる. $r > r_g$ では光円錐は上下に立っているので，t の増える方向に粒子は進むが，$r < r_g$ では光円錐は横を向き，r の減少する方向に粒子が進む. つまり，その領域では t はもはや時間的な座標ではなく，r も空間的座標ではない. また，r_g に近づくと光円錐が非常に細くなり，座標系が適切でないことがわかる.

そこで，エディントン–フィンケルシュタイン座標系を考えよう. 計量（1.221）から，光の経路が $\tilde{V} =$ 一定（内向き）と $\tilde{U} =$ 一定（外向き）で表されることがわかる. この座標系での光円錐を図示するために，時間座標として $\tilde{V}$ の代わりに $\tilde{t} \equiv \tilde{V} - r$ を用いる.

光円錐の振る舞いは図 1.32 に示されている. この図からわかることは，内向きの光はいつも $-45°$ の方向に進む. それに対し，外向きの光は，遠方では $+45°$ の方向に進んでいるが，内側に入ってくるに従い，だんだん急になり，

外方向に行きにくくなることがわかる. そして $r = r_g$ のところで傾きが無限大になり，"外向き"の光は外には出て行かずに，$r = r_g$ 上を進むことがわかる. $r < r_g$ の領域にはいると，"外向き"の光は外には進まず，逆に内を向いていることもわかる.

このように $r \leqq r_g$ では，未来の光円錐が r_g より内側に閉じこめられる. すべての物体は光円錐内部を通るので，このことは r_g より内側にある物体は r_g を超えて外には出てこられないことになる. この一方通行となる領域の境界が重力半

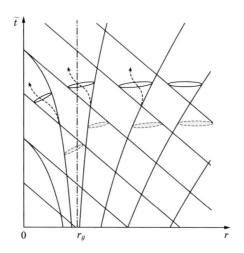

図 1.32 シュワルツシルト時空の光円錐（エディントン–フィンケルシュタイン座標系）.

径 r_g なのである．重力半径 r_g より内側からは光といえども出てこられない．これが一般相対性理論が予言する「ブラックホール」である．r_g より外側にいると r_g の向こう側（内側）がまったく見えないことから，この重力半径 r_g で表される球面を「事象の地平線」とよぶ.

ブラックホールの名付け親

「ブラックホール」という呼び名は，相対性理論研究者の大御所であるアメリカの物理学者ジョン・ホイーラー（J.A. Wheeler）が，1967 年晩秋ニューヨークで開催されたパルサーの国際会議，および 12 月にアメリカ科学振興協会で行った講演「我々の宇宙: 既知と未知」の中で用いた．それ以前は「崩壊した星」とか「凍結した星」とかと呼ばれていたが，ブラックホールという言葉は、そのネーミングの良さから，科学者の間だけでなく一般社会にもまたたく間に知れ渡った．その意味でホイーラーの寄与は非常に大きかったと考えられるが，はじめに「ブラックホール」という言葉を使ったのはどうも異なるようである．1964 年 1 月の Science News Letter 誌の記事「"Black Holes" in Space」（Ann Ewing）によると、1963 年 12 月にクリーブランド（米）で開催されたアメリカ科学振興協会の会合ですでに使われていたようである.

しかし，まだ問題があった．上で導入した座標 $\tilde{V}(=t+r^*)$ の代わりに $\tilde{U}(=t-r^*)$ の方を使ってシュワルツシルト時空を記述することもできる．そうすると上の議論はすべて逆になってしまう．重力半径 r_g の内側から出てくることは可能になり，逆に外側からは内側には光といえども入って行けなくなる．

これはどういうことか？座標系を取り替えただけで物理が変わってしまうのはおかしいのでは $\cdots$．

─光の脱出できない暗黒の星─

　光の速さが有限であることから，光が重力圏から脱出できない天体，つまり真っ黒で見えない暗黒の星は，ミッチェル（J. Michell, 英）やラプラス（P.S. Laplace, 仏）によって，18 世紀にすでに考えられていた．彼らが考えたのは次のような天体である．

　質量 M，半径 R の星の脱出速度は $v_{\mathrm{esc}} = \sqrt{2GM/R}$ で与えられる．星の表面から放り出された物体の初速 v_0 が v_{esc} より遅ければ，物体は無限遠方まで達することができず，再び星に戻ってくる．そこで，もし星の質量が非常に大きいか，半径が非常に小さいと，v_{esc} は光速 c を超える．その条件は $R < r_g$ となり，暗黒の星になる上限半径は偶然にも重力半径と一致する．

　このとき，星の表面から放出された光は遠方にいる我々のところまでやってこないで，星表面に戻ってしまう．光が外（遠方）に出てこないという意味では，「ブラックホール」という天体の最初の予言であるといえる．しかし，一般相対性理論が予言したブラックホールはもっと奇妙な "天体" である．

ブラックホール vs. ホワイトホール

その答えは，1960 年クルスカル（M.D. Kruskal）とセケレス（G. Szekeres）によって独立に導入された新しい座標系によって明らかとなった．彼らが見つけた座標系は次のようなものである．

$$\tilde{u} = -e^{-\tilde{U}/2r_g} = -\left(\frac{r}{r_g}\right)^{1/2} e^{r/2r_g} e^{-t/2r_g},$$
$$\tilde{v} = e^{-\tilde{V}/2r_g} = \left(\frac{r}{r_g}\right)^{1/2} e^{r/2r_g} e^{t/2r_g}. \tag{1.222}$$

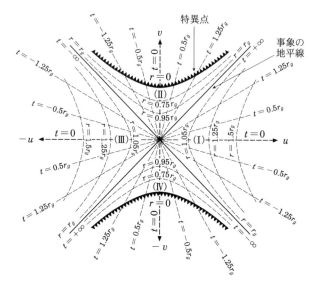

図 1.33 シュワルツシルト時空のクルスカル図. 破線はシュワ
ルツシルト座標 (t と r) が一定の等高線. $\pm 45°$ が光が進む方
向を表す. 事象の地平線 (r_g) は, 光が進む方向 (ヌル方向)
に一致するため, 因果的領域の境界となる.

この新しい座標を使うとシュワルツシルト時空は

$$ds^2 = -\left(\frac{4r_g^3}{r}\right) e^{-r/r_g} d\tilde{u} d\tilde{v} + r^2(d\theta^2 + \sin^2\theta d\phi^2) \tag{1.223}$$

となり, 光の経路は $\tilde{u} =$ 一定, または $\tilde{v} =$ 一定の直線で表される. さらに, 新
しく u, v という座標を $u = \frac{1}{2}(\tilde{v} - \tilde{u}), v = \frac{1}{2}(\tilde{v} + \tilde{u})$ で定義すると,

$$ds^2 = \left(\frac{4r_g^3}{r}\right) e^{-r/r_g} (-dv^2 + du^2) + r^2(d\theta^2 + \sin^2\theta d\phi^2) \tag{1.224}$$

となり, v はすべての時空点で時間的に, u はすべての時空点で空間的になる.
また (u, v) 面上では, ミンコフスキー空間のときのように, $\pm 45°$ が光の伝播方
向になる. この u, v をクルスカル–セケレス座標といい, それを使ってシュワル
ツシルト解の時空図を表したものをクルスカル図という (図 1.33, 1.34).
　この図を使うと, 時空の因果的領域が一目瞭然となる. つまり, 図 1.34 のよ

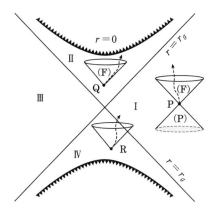

図 1.34 シュワルツシルト時空のクルスカル図. ±45° が光が
進む方向を表し, 物体の軌跡はそれでつくられる光円錐の内部
(領域 (F), (P)) を通る. 領域 II にある物体 (点 Q) は, 領
域 I には出られず, 必ず特異点 (r = 0) にぶつかる.

うに, ある点 P を考えたとき, そこから ±45° の方向にのばした直線が光の経
路を表し, 通常の光速より遅い物体は, 上の領域 (F) (未来の光円錐) の内部
を通過していく. また, その点に来るには下の領域 (P) (過去の光円錐) の内
部を通ってこなければならない. 領域 I の点 P を考えると, 外向きの光は特異
点にぶつからず, 内向きの光は特異点と交差する. このことは, 点 P から出発
した物体は r_g を超えてブラックホール (領域 II) に吸い込まれ, 特異点にぶつ
かるか, 無限の未来までずっと r_g の外側にいるかのどちらかである. それに対
し, 領域 II の点 Q から出発すると, r_g の外側 (領域 I) に出ることができず,
有限時間で必ず特異点にぶつかる. つまり事象の地平線 ($r = r_g$) は時空の因果
的振る舞いを分ける境界面だったのである. ただし, 境界といってもそれは一方
通行の境界で, 外にある物体は, ずっと外にいることも可能だし, 地平線を越え
て特異点に落ちていくこともありうる.

　ここまでの結論であれば, エディントン–フィンケルシュタイン座標系 (102
ページ) でも十分考察可能であった. 前項の最後 (105 ページ) の疑問に答える
には, クルスカル–セケレス座標系の領域 IV を考えればよい. 領域 IV の点 R を
出発した物体を考えよう. 同じように光円錐の内部を通過する. この場合, 点 R
の光円錐は必ず $r = r_g$ を超えて領域 I または領域 III に出て行く. つまり点 R

から出た物体は必ず領域 I か領域 III に出て行くのである. 一方, 領域 I (または領域 III) の点を出発した物体は r_g を超えて領域 IV に入ってくることはない.

これらのことから次のことが結論される. エディントン–フィンケルシュタイン座標系のうち $\tilde{V}$ を用いたものは, 領域 I と領域 II を, $\tilde{U}$ を用いたものは領域 I と領域 IV を記述していたのである. 実際, (1.222) 式から, $-\infty < \tilde{V} < \infty$ と等価な $0 < \tilde{v} = v + u < \infty$ は領域 I と領域 II に, $-\infty < \tilde{U} < \infty$ と等価な $-\infty < \tilde{u} = v - u < 0$ は領域 I と領域 IV に対応していることがわかる. 領域 I と領域 II の境界を「未来の事象の地平線」, 領域 I と領域 IV の境界を「過去の事象の地平線」とよぶ. また, 領域 II をブラックホール, 領域 IV をホワイトホールとよぶ.

ここで妙なことに気がついた読者はいるであろうか? 領域 I は $r > r_g$ で表されるように, 無限遠方 $(r \to \infty)$ を含むので, ブラックホールの外側にいる重力の弱い我々の世界だと考えられる. では領域 III は何であろうか? 同じように $r > r_g$ で表され, 無限遠方 $(r \to \infty)$ を含む. 我々の世界とどう違うのであろうか?

実は, シュワルツシルト解は, 数学的には, 二つの漸近的平坦な領域 (ミンコフスキー時空) をもつ多様体 (時空) を表しているのである.

曲がった空間の埋め込みとワームホール構造

二つの漸近的に平坦なミンコフスキー空間をもつこのシュワルツシルト時空がどのような構造をしているかを見るには, 曲がった空間を視覚的に表現するのがわかりやすい. つまり曲がった空間をより高い次元の仮想的ユークリッド空間中に埋め込み, その曲がり具合を目に見えるように表現するのである. 3 次元空間をより高い次元の空間に埋め込むとわかりにくいので, 2 次元空間を 3 次元ユークリッド空間 $(ds_{\mathrm{E}}^2 = dx^2 + dy^2 + dz^2 = dr^2 + r^2 d\phi^2 + dz^2)$ に埋め込むことにする. ここで (x, y, z) は仮想的な空間の座標である. 簡単のため 2 次元空間として空間的超曲面[*22] Σ_0 $(t = 0)$ の赤道面 $(\theta = \pi/2)$ 部分を考えると, その計量は $ds_2^2 = f(r)^{-1} dr^2 + r^2 d\phi^2$ で与えられる. 3 次元ユークリッド空間の中に 2

[*22] 4 次元時空の中の 3 次元曲面を超曲面とよぶ. また超曲面のすべての法線ベクトルが時間的な場合を空間的超曲面という.

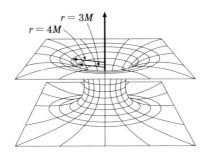

図 **1.35** シュワルツシルト時空の埋め込み.

次元軸対称曲面 $z = z(r)$ を考えると，その曲面上の計量は

$$ds_2^2 = \left[\left(\frac{dz}{dr} \right)^2 + 1 \right] dr^2 + r^2 d\phi^2 \qquad (1.225)$$

と表される．これをシュワルツシルト解と比較すると，2 次元曲面 $z = z(r)$ の満たすべき方程式 $(dz/dr)^2 + 1 = f(r)^{-1}$ が得られる．これを解くと

$$z = \pm \sqrt{4r_g(r - r_g)} \qquad (1.226)$$

となる．これは，仮想空間の赤道面（$z = 0$）に対して上下対称な放物線を回転した 2 次元曲面になっており，二つの漸近的平坦な空間（$r \to \infty$）が細いくびれ（喉）の部分を挟んでつながっている（図 1.35）．この二つの漸近的平坦な空間が図 1.33 における二つの無限遠領域に対応している．

　ホイラーは，二つの世界をつなぐこの喉のような時空構造をワームホール（虫食い穴）とよんだ[*23]．くびれのもっとも細い部分が地平線半径に対応しているが，その両側はどちらも事象の地平線の外部であるので，このような空間があれば，無限遠から地平線に近づき，ブラックホールに落ち込むことなく，地平線を越えてもう一つの無限遠に抜けることができそうに見える．

　しかしながら，このシュワルツシルトのワームホールは通過することができない．それは，このワームホールの構造が $t = 0$ のときの空間的超曲面 Σ_0 を表すものであって，時間が経過するとどんどん変化していくからである．実際，図

[*23] 本当の意味のワームホールは一つの宇宙の離れた 2 点間を結ぶ時空の抜け道で定義される．図 1.35 の二つの無限遠を同一視すればそのような時空構造を構成できる．

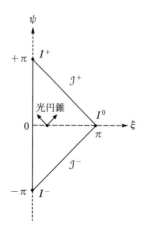

図 **1.36** ミンコフスキー時空のペンローズ図.

1.33 で空間的超曲面 Σ_0 の時間発展を考えると，有限時間で中央部が特異点に
ぶつかり二つの漸近的平坦な領域は特異点で分断される．ワームホールを通り抜
ける前に通り道が特異点につぶれてしまうのである．

ペンローズ時空図

　ブラックホールの時空構造をみるのには，前に導入したような事象の地平線で
特異にならない座標系を用いるのが都合が良い．また，遠方での構造も同時に表
すために無限遠が有限の座標値になるような変換を用いると時空構造全体が見
渡せ，その因果構造を調べるのに便利である．たとえば，ミンコフスキー時空
$[ds^2 = -dt^2 + dr^2 + r^2(d\theta^2 + \sin^2\theta d\phi^2)]$ は，

$$t \pm r = \tan\frac{\psi \pm \xi}{2} \quad (-\pi \leqq \psi \pm \xi \leqq \pi,\ \xi \geqq 0) \tag{1.227}$$

という変換で，図 1.36 のような三角形の有限領域に写像される．空間的な無限
遠 は I^0，時間的な無限遠，つまり無限の未来は I^+，無限の過去は I^-，そして光
が伝播して行く無限遠（未来のヌル無限遠）は $\mathcal{J}^+$，光が伝播して来る無限遠
（過去のヌル無限遠） は $\mathcal{J}^-$ で表されている．このような図をペンローズ時空
図，またはカーター–ペンローズ時空図と呼ぶ．この場合も，動径方向に進む光
の軌道は tr 座標を用いた場合と同様に $\pm 45°$ の方向になる．

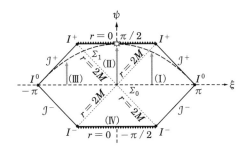

図 **1.37** シュワルツシルト時空のペンローズ図. 領域 (I), (II), (III), (IV) は, クルスカル図 1.33, 1.34 それぞれの領域に対応している. 矢印は超曲面の時間発展を表す. 超曲面 Σ_0 が超曲面 Σ_1 まで進んだとき中央で特異点にぶつかる.

シュワルツシルト時空でも, クルスカル–セケレス座標 (v, u) から同様の座標 (ψ, ξ) への変換

$$v \pm u = \tan \frac{\psi \pm \xi}{2} \tag{1.228}$$

を導入するとそのペンローズ図は図 1.37 のようになる. これはクルスカル図 1.33 を有限領域に縮めた図になっている.

1.4.3 ブラックホールの種類

シュワルツシルトによる球対称ブラックホール解の発見に続き, 1963 年にはカー (R.P. Kerr) が回転しているブラックホール解を発見した. その他にも, 電荷を持った球対称ブラックホール (ライスナー–ノルドシュトルム解) や, それを回転させたカー–ニューマン解が見つかっている. これらは, 角運動量 J および電荷 Q をパラメータとする一つの族 (カー–ニューマン族) をつくっている. つまり, カー–ニューマン解で電荷をゼロにするとカー解, カー解で回転をゼロにするとシュワルツシルト解が得られる.

オッペンハイマーたちは球対称な星の重力崩壊の結果としてシュワルツシルトブラックホールがつくられることを示したが, 自然界に存在する星は一般に回転している. そこで, 星がエネルギー源を失い最終的に重力崩壊していけばどのようなブラックホール時空が実現されるのであろうか, ということが問題となる.

時空が軸対称でなければ（静的でない限り）重力波を放出するであろう．そこで，定常状態に落ち着くと考えられる最終時空構造は軸対称であるという予想がある．定常軸対称真空解を考え，事象の地平線の外に特異点が存在しないと仮定すると，「カー解の唯一性定理」が証明される．これは，「アインシュタイン方程式の漸近的平坦な定常真空解はカー解に限られる」というもので，電磁場のみを含む場合には「定常時空解はカー–ニューマン解に限られる」と拡張される．

　この定理は，イスラエル（W. Israel），カーター（B. Carter），ホーキング（S.W. Hawking），およびロビンソン（D.C. Robinson）らの一連の論文によって証明された．イスラエルは，漸近的に平坦な真空（または電磁場のみを伴う）静的時空が，トポロジーが球状（S^2）の事象の地平線を有していれば，球対称であることを示した．バーコフの定理*24 と合わせると時空はシュワルツシルト（またはライスナー–ノルドシュトルム）解になる．カーターとロビンソンは，定常軸対称時空が，トポロジーが S^2 の事象の地平線を有していれば，カー解（またはカー–ニューマン解）に限られることを証明した．ホーキングは，定常時空が静的か軸対称であることを示し，また，事象の地平線のトポロジーは S^2 に限られることを証明した．これらの定理を合わせると「カー解の唯一性」が示される．

　その結果，ブラックホールは，質量 M，角運動量 J，電荷 Q の三つの量で特徴づけられることになる．ブラックホールになる前の星にはいろいろな特徴が存在したが，ブラックホールになる段階で三つしか特徴（保存量）が残らないことになる．その三つの保存量を「毛」にたとえると，その 3 本の「毛」以外の情報はブラックホールになるとき消滅してしまうのである．このことを，ブラックホールの名付け親であるホイラーは，「ブラックホールには毛がない」とふざけ，「ブラックホールの無毛仮説」とよんだ．

　しかし，この唯一性定理は時空の定常性を仮定している．実際にブラックホールができるときにそれが本当にカーブラックホールに落ち着くのかどうかには完全に答えていない．また，事象の地平線の外に特異点は存在しないと仮定しているが，本当に現実の重力崩壊の結果，そのような特異点（裸の特異点）はまったく現れないと考えていいのであろうか？

　特異点が一般相対性理論でどの程度普遍的なものかどうかに関しては，ペン

---

*24 球対称の漸近的平坦真空解はシュワルツシルト解に限られる．

ローズ（R. Penrose）とホーキングによる有名な特異点定理があり，星が重力崩
壊するとき，一旦捕捉面*25ができてしまうと必ずその中心領域に特異点が現れ
ることを示している．一方，一般相対性理論には，その特異点をむき出しにした
裸の特異点を持った解も存在するし，圧力ゼロのダスト流体球の重力崩壊*26で
「裸の特異点」が形成される例も知られている．より現実的な重力崩壊の結果，
そのような裸の特異点をもった時空解が現れるのかどうかは，まだ完全にわかっ
ていない．この問題に関して，ペンローズは「宇宙検閲官仮説」という興味深い
仮説を提唱している．「裸の特異点」が存在すると，そこでは理論が破綻するの
で，未来の状態を決定することができなくなる．それで，ペンローズが考えたの
は，「自然界では『裸』がそのまま出てくるのは許されない．事象の地平線という
『衣』を必ずまとうように自然という“検閲官”がちゃんと監視している」とい
う仮説である．その仮説が正しいとすると，自然界に「裸の特異点」は存在せ
ず，「カー解の唯一性定理」から，重い星の最後の姿はカーブラックホールとい
うことなる．

　星の進化の最終時空構造が本当にどうなるかを考えるには，宇宙検閲官仮説が
本当に成り立つかどうかをまじめに検討しないといけない．しかし，重力崩壊と
いう動的な時空を考える必要があるので，その証明は非常に難しく，現在も研究
が行われている相対論の重要課題の一つである．

1.4.4　カーブラックホール

　自然界に存在する天体の多くは回転を伴っている．当然，ブラックホールも回
転しているのが自然だと考えられる．その解はカー時空で表されるが，

$$ds^2$$

$$= -\frac{\Delta}{\Sigma}\left(dt - a\sin^2\theta d\phi\right)^2 + \Sigma\left(\frac{dr^2}{\Delta} + d\theta^2\right) + \frac{\sin^2\theta}{\Sigma}\left[(r^2 + a^2)d\phi - adt\right]^2$$

$$(1.229)$$

---

*25 強い重力のため外に向かった光が外側に進むことなく内側に向かうことになる境界面を捕捉面
とよぶ．無限遠まで光が出てこられるかどうかで定義される事象の地平線は，時空の大域的構造を知
る必要があるが，捕捉面はその点での光の振る舞いで決定されるので，局所的に定義される．

*26 圧力の無視できる流体の自分自身の重力による崩壊．

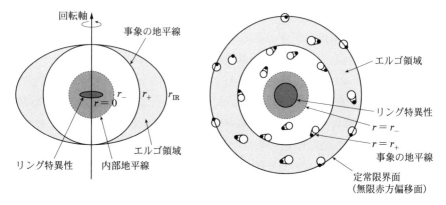

図 1.38 （左）カーブラックホールの時空構造（断面図）．事象の地平線の外側にエルゴ領域が拡がり，内側には内部地平線が，その内側にはリング状の特異点が存在する．（右）カーブラックホールの時空構造（上から見た図）．光円錐の振る舞いが示されている．ある点から出た光がその後どこに到達するかが○で示されている．

のようにボイヤー–リンドクィスト座標で表すのが便利である．ここで，$\Delta \equiv r^2 - 2Mr + a^2$, $\Sigma \equiv r^2 + a^2 \cos^2\theta$ で，M と $J = Ma$ はそれぞれブラックホールの重力質量および角運動量を表す．

この時空はシュワルツシルト時空より複雑で，次の四つの特徴的な領域を持つ（図 1.38 参照）．

(i)　エルゴ領域,

(ii)　事象の地平線,

(iii)　内部地平線,

(iv)　時空特異点.

このうち (ii) と (iii) は閉曲面である[*27]．事象の地平線はブラックホールを特徴づける領域の境界で，その半径は $\Delta(r) = 0$ で与えられる．この 2 次方程式を解くと $r = r_\pm \equiv M \pm \sqrt{M^2 - a^2}$ となるが，外側の $r = r_+$ が事象の地平線の位置を表す．内側の $r = r_-$ は内部地平線とよばれる．

もう一つのエルゴ領域 (i) は 3 次元空間領域であるが，内側の境界は事象の

[*27] 事象の地平線や内部地平線は正確には 3 次元ヌル超曲面である．

地平線，外側の境界は $g_{00}(r,\theta) = 0$ で決定される曲面で与えられる．その曲面の方程式は $r = r_{\rm IR} \equiv M + \sqrt{M^2 - a^2\cos^2\theta}$ である．この境界面は，そこから出た光の赤方偏移が無限遠方で無限大になることで特徴づけられ，無限赤方偏移面とよぶ．上記の座標系で静止している観測者の固有時間は $d\tau^2 = -g_{00}(r,\theta)dt^2$ で与えられる．t は無限遠方にいる観測者の固有時間であるので，$g_{00} = 0$ の地点から出た光は無限遠で赤方偏移が無限大になる．また，そこでの固有時間の進みはゼロになるので，無限遠方で見ているとその地点に静止している人の世界では時間が進んでいないようにみえる．

いま，カーブラックホールの外部の性質を見るために，そのまわりを回る物体を考えよう．軸対称定常時空であるので二つのキリングベクトル $\xi^\mu_{(t)}, \xi^\mu_{(\phi)}$ [28]が存在する．ブラックホールのまわりを $r,\theta = $ 一定で回転する物体は，無限遠の観測者の静止系からみると，その回転角速度は

$$\Omega = \frac{d\phi}{dt} = \frac{u^\phi}{u^t} \tag{1.230}$$

で与えられる．4元速度 u^μ は $\xi_{(t)} + \Omega\xi_{(\phi)}$ に比例するが，それが時間的であるという条件から

$$g_{tt} + 2\Omega g_{t\phi} + \Omega^2 g_{\phi\phi} < 0 \tag{1.231}$$

が得られる．これは物体の角速度に制限

$$\Omega_{\rm min} < \Omega < \Omega_{\rm max} \tag{1.232}$$

を与える．ここで

$$\Omega_{\rm min} \equiv \omega - \sqrt{\omega^2 - g_{00}/g_{\phi\phi}}, \quad \Omega_{\rm max} \equiv \omega + \sqrt{\omega^2 - g_{00}/g_{\phi\phi}}, \tag{1.233}$$
$$\omega \equiv -\frac{g_{0\phi}}{g_{\phi\phi}} = \frac{2Mar}{(r^2+a^2)^2 - \Delta a^2\sin^2\theta}$$

である．

ブラックホールに近づいていくと $\Omega_{\rm min}(<0)$[29] は増加する．これは慣性系の引きずり効果によるもので，その地点における局所慣性系がブラックホール時空

---

[28] 時空の対称性を表すベクトル場で，$\nabla_\mu\xi_\nu + \nabla_\nu\xi_\mu = 0$ を満たす．そのベクトル場の方向には時空の幾何学的性質が変わらない．

[29] $\Omega < 0$ は，物体がブラックホールと逆方向に回転していることを表す．

の回転に引きずられ，逆方向に回転する場合は見かけ上回転角速度が小さくなるように見える[*30]．そして $g_{00} = 0$ となる地点で角速度はゼロになり，それより内側では $\Omega_{\min}$ が正になる．つまりブラックホールの回転に逆行していても，（無限遠方から見ると）ブラックホールと同じ方向に回転していることになる．この事実は，エルゴ領域の外部境界である無限赤方偏移面（$g_{00} = 0$）が物体がその地点に留まることのできる限界点にもなっていることを示し，定常限界面とも呼ばれる．

図 1.38（右）には，各地点における光円錐の振る舞いが示されている．エルゴ領域より内側ではブラックホールの回転方向に慣性系が引きずられ，物体はその方向にしか回れなくなっているのがわかる．またこの図から，事象の地平線内部では，光円錐が初期位置より必ず内側に入っていることもわかる．

カー時空の特異点

シュワルツシルトブラックホールの特異点は，地平線を越えたすべての物体の軌道が行き着く先で，その先は存在しない「世界の終焉」である．カーブラックホールはどうであろうか．同じように $r = 0$ で曲率は無限大になる．ところが $r = 0$ は「点」ではなく「リング状」の構造を持っているのである．それは座標系をカーがはじめに解を求めたときと同じカー–シルド型に書き変えるとわかる．

ここでは簡単のため地平線の存在しない $M^2 < a^2$ の場合について記述する[*31]．座標変換 $[(t, r, \theta, \phi) \to (T, X, Y, Z)]$

$$X + iY = (r + ia)\sin\theta \exp\left[i\int\left(d\phi + \frac{a}{\Delta}dr\right)\right],$$
$$Z = r\cos\theta, \quad T = \int\left[dt + \frac{r^2 + a^2}{\Delta}dr\right] - r \tag{1.234}$$

を考えると，カー解は

$$ds^2 = -dT^2 + dX^2 + dY^2 + dZ^2$$

[*30] $\Omega = \omega$ で回転する観測者に対しては，局所的に $+\phi$ 方向と $-\phi$ 方向が対等になるので「局所無回転観測者」とよばれる．

[*31] ブラックホールの場合も特異点近くの構造は同じである．

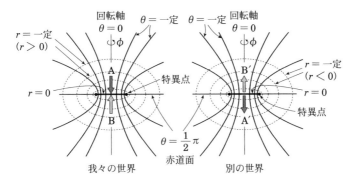

図 1.39 カー時空の特異点の構造. 特異点はリング状で, その内側の円盤はリーマン面のような二重構造をしており, 左図の円盤上方の地点 A から下がっていくと右図の地点 A′ に, 左図の円盤下方の地点 B から上がっていくと右図の地点 B′ に出てくる.

$$+ \frac{2Mr^3}{r^4 + a^2 Z^2}\left[\frac{r(XdX + YdY) - a(XdY - YdX)}{r^2 + a^2} + \frac{ZdZ}{r} + dT\right]^2 \tag{1.235}$$

となる. ここで $r\ (> 0)$ は

$$r^4 - (X^2 + Y^2 + Z^2 - a^2)r^2 - a^2 Z^2 = 0 \tag{1.236}$$

によって新しい座標 (X, Y, Z) と関係している. $r =$ 一定は図 1.39 のような回転楕円体を表す. $r = 0$ は円盤 $(X^2 + Y^2 \leq a^2,\ Z = 0)$ を表している. この座標系で曲率不変量 $(R_{\mu\nu\rho\sigma}R^{\mu\nu\rho\sigma})$ を計算すると円盤の縁 $(X^2 + Y^2 = a^2,\ Z = 0)$ で無限大になることがわかる. つまり「特異点」は「点」ではなく「リング」状に広がっているのである.

では円盤の内部はどうなっているのであろうか？ そこでは曲率は発散しないので普通の時空点である. しかしながら, 円盤の上の方はそのまま下の方にはつながっていない（下から上がっていっても同じである）. 実は $r = 0$ の円盤はリーマン面のように二重の構造を持つ. 円盤の上の方から下りていくと, $r = 0$ の向こうには同じ (1.235) 式で表される別の空間 (X, Y, Z) が広がっている（(1.236) 式の $r < 0$ の解につながる）. つまり図 1.39 の左図の地点 A から入ると右図の地点 A′ に出てくる（左図の地点 B から入ると右図の地点 B′ に出て

くる）．

　ボイヤー–リンドクィスト座標（1.229）を用いると「別の世界」の世界間隔は同じ（1.229）式で表される．当然，漸近的平坦な領域を持つ（$r \to -\infty$）ので，向こうの世界でも局所的に強い重力源が存在する時空になっている．しかしながら $r < 0$ であるので，その重力源の質量は負（$-M$）となる．

　このリング状の特異点（リング）は時間的である．つまり，リング近傍を未来に一周進むと再び現在に戻ってくる．もちろんこれは因果律を破るのでそのような特異点が安定に存在するかどうかは自明でない．

カーブラックホールのペンローズ時空図

　シュワルツシルト時空のような球対称時空では，角度方向はすべて同じ性質を持つため，その部分を記述しないことにすれば，図 1.36 のように 2 次元時空図として時空構造をすべて記述することができる．しかし，カー時空は球対称ではないので，全時空を 2 次元時空図として表すことはできない．そこで，回転軸上（$\theta = 0, \pi$）の時空構造をみることにしよう．そのペンローズ図は図 1.40 のようになる．この図をみると，シュワルツシルト時空とは異なり，事象の地平線の内部（$r = r_-$）にもう一つ地平線（内部地平線）があり，その「内側」にもさらに構造が続いている．この内部地平線は，はじめにブラックホールの外を含む初期空間（コーシー面）上で情報が与えられているとして，その後の時間発展がその情報で完全に決まってしまう領域（因果領域）の境界となっている．この内部地平線を越えて時空は続いているが，そこでの状態は初期情報だけからは決まらず，特異点の情報なども必要となる．それでこの内部地平線をコーシー地平線（因果的地平線）ともよぶ．

　このペンローズ時空図を見るとシュワルツシルト時空のときと異なり，ブラックホールに入ってもリング特異点の横（または中）を通って別の漸近的平坦な領域に出てくることが可能である．つまり，ブラックホールの中に入っても再び「外」に出てこられることになる．もっともその世界は我々の宇宙ではないかもしれないが⋯．

1.4.5　重力崩壊とブラックホールの形成

　以上はアインシュタイン方程式の真空厳密解を解析接続した時空の議論である．現実の宇宙にブラックホールが存在することは観測的にもほぼ確かである

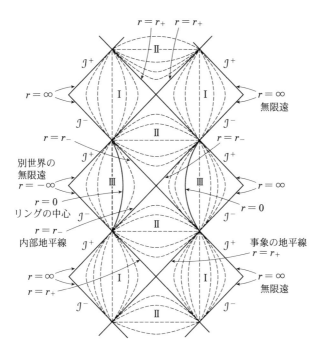

図 1.40 カー時空（軸上）のペンローズ時空図. 破線は $r =$ 一定の超曲面を表す. 事象の地平線（領域（I）（II）の境界, $r = r_+$）の内側に内部地平線（領域（II）（III）の境界, $r = r_-$）が存在する. また, その内側に $r = 0$（リング特異点の中心）が存在するが, そこは特異点ではなく, さらに別の世界（領域（III）の $r < 0$）に続いている. また $r = \infty$ となる無限遠領域（平坦な時空）が複数存在するが, それらを同一視し同じ一つの世界と考えることもできるし, 別の世界と見ることも可能である.

　が, 現実的に形成されるブラックホールがここで述べたような性質すべてを持っているのであろうか.

　十分に重い星は, そのエネルギー源を失い, 構成物質の縮退圧でもその重力を支えられなくなると, 限りなく収縮を続ける. これを重力崩壊とよぶが, その最後の姿がブラックホールである. その様子を時空図で表すと図 1.41 のようになる. 星の半径は時間とともに小さくなり, やがて中心から事象の地平線が現れる. その後も中心では重力崩壊が続き, 地平線半径が増大していくとともに, やがて特異点が発生する. すべての物質が事象の地平線内部に落ち込むと地平線の

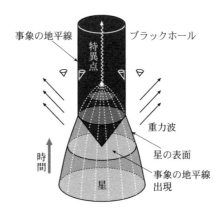

図 **1.41** 星の重力崩壊によるブラックホール形成.

半径は一定になり，定常的なブラックホールが形成される．このブラックホール
形成過程では，対称性の非常に高い球対称時空を除き，重力波が放出される．

　球対称重力崩壊の場合，このブラックホール形成の様子をペンローズ図に表す
と，物質の存在がシュワルツシルト時空図の左半分を覆い隠し，過去の事象の地
平線や過去の特異点およびもう一つの漸近的平坦な空間は現れない（図 1.42）．
つまり，現実的なブラックホール形成ではワームホール構造は現れない．

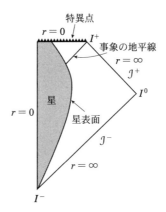

図 **1.42** 球対称重力崩壊のペンローズ時空図．未来の事象の地
平線は形成されるが，過去の事象の地平線やもう一つの漸近的
平坦な空間は存在しない．

　しかしながらカーブラックホールでは,「別の世界」は物質の存在によっても
すべてが覆い隠されるわけではない. このことは図 1.40 において星の表面を記
述する時間的世界線を描けばわかる. ということは, ブラックホールに飲み込ま
れても, ルートをうまく取れば, 特異点に落ち込むことなく「別の世界」に抜け
出すことが可能なのであろうか？

　答えは, 残念ながら「NO」である.「別の世界」に抜け出すためには必ずカー
ブラックホール内部に存在する内部地平線の内側に入らなければならない（図
1.40 参照）. ところがこの内部地平線は摂動に対して不安定なのである. カー時
空は軸対称・定常という高い対称性を課している. しかしながら現実のブラック
ホール形成ではその対称性からのずれが多少なりとも存在するであろう. このず
れを摂動として扱い, アインシュタイン方程式を解析すると, この内部地平線は
不安定になり, 特異点に成長すると予想される. つまり, 現実のブラックホール
では内部地平線のあたりでゲートが閉じられ, 別の世界に抜け出すルートは閉ざ
されるのである. やはりブラックホールには間違っても中に入らない方が無難で
ある.

1.4.6　ブラックホールの力学

　ブラックホールは, あらゆるものを吸い込み, またそこからは何も放出しない
天体である. その一方通行の世界から予想できることは,「ブラックホールはも
のを吸い込みながらだんだん大きくなっていくだろう」ということである. この
ことをブラックホールの表面積増大則という法則として数学的に厳密に証明した
のがホーキングである. ブラックホールがどのようにまわりのものを取り込み,
またブラックホール同士の衝突によってどう成長するのかといったブラックホー
ルの力学に関しては, 他にもいくつか重要な法則が知られている.

　ブラックホールはアインシュタイン方程式の真空解の一つであるので, 意外
にその性質は単純である[*32]. 表面の重力加速度を考えてみよう. 星の表面重力
加速度はどこも同じではない. たとえば地球表面上の重力加速度 g はおよそ
$980\,\mathrm{cm\,s^{-2}}$ であるが, 正確な値は場所によって異なる. それは地球の形やその
下にどのような物質が埋まっているかなどによって変わる. ところが, ブラック

[*32] ここではブラックホール解の一意性からカー–ニューマンブラックホールのみを考える.

ホールに関しては，地平線上の重力加速度 κ は，Q をブラックホールの電荷とすると，

$$\kappa = \frac{\sqrt{M^2 - a^2 - Q^2}}{2M[M + \sqrt{M^2 - a^2 - Q^2}] - Q^2} \tag{1.237}$$

で与えられ，場所によらない．赤道面上も回転軸上もまったく同じである．

ブラックホールの質量については，質量公式というものがわかっており，

$$M^2 = \left(M_{\mathrm{ir}} + \frac{Q^2}{4M_{\mathrm{ir}}^2}\right)^2 + \frac{J^2}{4M_{\mathrm{ir}}^2} \tag{1.238}$$

（$J = Ma$）と表される．ここで M_{ir} はブラックホールの質量エネルギーのうち「静止質量」にあたる部分である．この式からわかるように，重力質量 M には回転エネルギー（J を含む部分）や電気的エネルギー（Q を含む部分）などの付帯的エネルギーも含まれるが，その分はペンローズ過程などを使って原理的にはブラックホールから取り出せる．それに対し，M_{ir} は，いったんできたブラックホールからは取り出せない「静止質量」に対応している．実際，事象の地平線の表面積は $A = 16\pi M_{\mathrm{ir}}^2$ と表され，表面積増大則

$$dA \geqq 0 \tag{1.239}$$

から，M_{ir} は減少しない．この面積増大則は熱力学第 2 法則（エントロピー増大則）に似ている．

また，ブラックホールに微小物体（質量 dM, 角運動量 dJ, 電荷 dQ）が落下したときに増加する表面積 dA は，(1.238) の微分形

$$dM = \frac{1}{8\pi}\kappa dA + \Omega_+ dJ + \Phi_+ dQ \tag{1.240}$$

で与えられる．ここで，

$$\Omega_+ = \frac{a}{r_+^2 + a^2}, \quad \Phi_+ = \frac{r_+ Q}{r_+^2 + a^2} \tag{1.241}$$

は，それぞれブラックホールの回転角速度，地平線上の静電ポテンシャルの値で，(1.240) 式の最後の 2 項は物体がブラックホールに落下するときにする仕事を表す．その結果，(1.240) 式は，エネルギーと質量を同一視すると，熱力学第 1 法則 $dE = TdS - PdV$（内部エネルギー E, 温度 T, エントロピー S, 圧力 P,

表 1.1   熱力学とブラックホール力学の法則の類似性.

	熱力学	ブラックホール力学
第 0 法則	熱平衡 (温度 T が一定)	表面重力加速度 κ が 事象の地平線上で一定
第 1 法則	エネルギー保存則 $dE = TdS - PdV$	質量公式 $dM = \dfrac{1}{8\pi}\kappa dA + \Omega_H dJ + \Phi_H dQ$
第 2 法則	エントロピー増大則 $dS \geqq 0$	面積増大則 $dA \geqq 0$
第 3 法則	ネルンストの定理 (絶対零度: $T = 0$)	宇宙検閲官仮説 (極限ブラックホール: $\kappa = 0$)

体積 V)と酷似している.この類似性を推し進めると,κ, A はそれぞれ係数を除いて温度 T,エントロピー S に対応していると考えられる.

　また,星が重力崩壊してできる最終時空構造がブラックホールであるとすれば,裸の特異点は現れない条件(ペンローズの宇宙検閲官仮説)はブラックホールの回転や電荷に制限を与える($a^2 + Q^2 \leqq M^2$).あまり速く回転していたり,大きな電荷を持っていたりすると,地平線が消滅し,中にある特異点が直接見えてしまう.このぎりぎりいっぱいの回転や電荷を持ったブラックホールを極限ブラックホールと呼ぶが,その表面重力加速度はゼロになる.宇宙検閲官仮説が正しいとすれば,極限ブラックホールを超える回転や電荷を持った"ブラックホール"は存在しないということになり,表面重力加速度ゼロが限界となる.この限界の極限ブラックホールに有限操作で到達できなければ,まさに熱力学第 3 法則(有限回の操作では絶対零度には到達できない)に対応する法則が存在することになる.

　このように,ブラックホールの力学は熱力学の法則にきわめて似ていることがわかる.(1.240)式は熱力学第 1 法則に,面積増大則(1.239)はエントロピー増大則(第 2 法則)に対応する.表面重力加速度 κ をブラックホール温度とすると,地平線上で重力加速度が一定というのは,熱平衡条件である温度一定ということに対応する(第 0 法則).また,「表面積 A がエントロピー S に対応する」という思考実験による議論もある.これらの類似性をまとめると表 1.1 の

ようになる．もちろん考察を類似性だけで推し進めると大きな失敗をする．一見同じように表される法則もその背後にはまったく異なる基本原理がある場合も多い．いすの脚も犬の足もどちらも 4 本だから「いす」と「犬」は似ているなどという論理が暴論であるのは明らかだ．

── ペンローズ過程 ──

ペンローズが提唱したブラックホールからエネルギーを抽出する方法．

例として回転ブラックホールを考えよう．質量 m の粒子をブラックホール近く（エルゴ領域内）に持っていき，そこで 2 つに分ける．それらの質量を m_1, m_2，角運動量を $L_1 (> 0), L_2 (< 0)$ とする．このとき，ブラックホールと逆方向に回る粒子 2 のエネルギー E_2 を負になるようにとる．そのようなことはエルゴ領域内でのみ可能になる．

負のエネルギーを持ったこの粒子 2 をブラックホールに落とし，粒子 1 を外に引っ張り出す．初めに粒子が持っていたエネルギーを E とすると，エネルギー保存則より $E_1 = E - E_2 (> E)$ となり，取り出した粒子 1 のエネルギー E_1 は初めに持っていたエネルギー E より大きくなる．つまり，ブラックホールからエネルギーを取り出すことができることになる．

一方，ブラックホールの質量は $M + E_2 (< M)$ となり，減少する．このエネルギー抽出機構をペンローズ過程と呼ぶ．このようなことができるためにはエルゴ領域の存在が必要不可欠で，いまの場合，回転がその領域をつくり出している．ブラックホールから抽出したこのエネルギーはブラックホールの回転エネルギーなどを取り出したもので，同じことを繰り返すとブラックホールの回転は次第に遅くなり，最終的にはシュワルツシルトブラックホールになる．

1.5 熱力学とブラックホールの蒸発

しかしそれにしてもブラックホール力学と熱力学の法則ははよく似ている．そのような類似は偶然なのであろうか？実はそうではない．ブラックホールを本当に熱力学的対象と考える根拠があるのだ．これはまったくひょんなことから見つかった．曲がった空間における場の量子論の研究が，60 年代末，膨張宇宙を舞台に始まった．また，回転ブラックホールからエネルギーを取り出すペンロー

ズ過程を量子論的に取り扱うと，自発的なエネルギー放射（超放射現象）が起こることも知られていた．

　ちょうどそのころ，ホーキングは，重力崩壊によって形成されるブラックホールが，量子論的効果により，ある温度 T のプランク分布をした熱放射として粒子を放出しつつ，蒸発していくことを示した．シュワルツシルトブラックホールの場合，その温度は $T = (8\pi M)^{-1}$ と，質量 M に逆比例する．太陽質量くらいのブラックホールではその温度は非常に低く（約 10^{-6} K），そのような効果は現実的には無視できる．しかし宇宙初期に形成されたかもしれない原始ブラックホールでは重要になる可能性がある．実際，小惑星程度 $(\sim 10^{15}\,\mathrm{g})$ のブラックホールが存在すれば，現在の宇宙で蒸発しつつあることになる．

ブラックホールの蒸発

　宇宙に存在する巨大なブラックホールにミクロの世界を支配する量子論が影響するとは思えない．「ブラックホールに量子論が関係するのか」と疑問を持つ読者もいるであろう．ではどのようなブラックホールなら量子論が必要となるのであろうか？

　量子力学誕生以前に謎であった粒子の相反する性質（「粒子性」と「波動性」）は，量子論では考えている粒子の二つの側面（二重性）としてとらえられる．そして質量 m を持った粒子がその波動性を示すスケールがコンプトン波長 $(\hbar/mc)$ である．たとえば，電子では 3.8×10^{-11} cm，陽子では 2.1×10^{-14} cm になる．そのような大きさのブラックホールを考えると，それを取りまく粒子は波動性を示し，量子論が必要になるにちがいない．たとえば，重力半径 r_g を陽子のコンプトン波長と等しくおくと，ブラックホールの質量は $M = 1.4 \times 10^{14}$ g となる．そのような小さなブラックホールのまわりでは陽子は量子論的に扱う必要が出てくる．一方，重力場つまり時空が量子化されるスケールはというと，$G, c, \hbar$ からつくられるプランク長（1.6×10^{-33} cm）やプランク質量（2.2×10^{-5} g）であろう．物質場が量子化されるスケールと重力場が量子化されるスケールには大きな隔たりがある．それで重力場を古典的に扱う半古典的アプローチは正当化されると考えられている．

　このように時空を量子化せず古典的に取り扱い，物質場の量子論をブラックホール形成過程で考えると，何でも吸い込むはずのブラックホールから粒子が放出され，最終的に消滅するのである．古典論では起こり得ない現象が起こ

る．それがブラックホールの蒸発である．具体的な計算の結果，ある温度（$T = (8\pi M)^{-1}$）の熱放射として粒子が放出されることがわかった．これをブラックホールの熱放射とかホーキング放射と呼ぶ．放出粒子の種類は，81%がニュートリノ，17%が光子，残りの 2% が重力子である．

　このブラックホールの温度は太陽の重さ程度のブラックホールでは 10^{-6} K と非常に低い．ブラックホールが蒸発し消滅するのに宇宙年齢（約 140 億年）の 10^{54} 倍かかってしまう．蒸発効果が実際に顕著になるのは 10^{15} g 程度の小さなブラックホールである．そのようなブラックホールは蒸発によっていままさに消滅しようとしているところである．粒子が放出されるとブラックホールはエネルギーを失い，それだけ質量が減少する．質量が減るとそれに逆比例して温度は上昇するから，熱放射の放出率は高くなる．その結果ブラックホールは加速的にその質量を失い，最後には蒸発して「消滅」する．この最後の瞬間は蒸発などという生易しいものではなく，「爆発」に近い．最後の 1000 トンのブラックホールは 1 秒間ですべてがエネルギーに変換され，消滅する．その様子は，高エネルギー γ 線バーストとして観測されるはずであるが，現在のところまだその証拠は見つかっていない．

　1976 年，ホーキングは科学雑誌『ネイチャー』にブラックホール蒸発の短い論文を発表した．その本論文を某学術雑誌に投稿したとき，掲載を拒否されたという．それほど当時の物理学者にとっても驚きであった．現在では，その理論は物理学者だけでなく，多くの天文学者にも信じられている．

　回転ブラックホールに対しても同様の計算は可能で，熱力学との類似性から推測されるように，そのブラックホールの温度 T は $T = \dfrac{\kappa}{2\pi}$ であることがわかった．これから，エントロピーは $S = \dfrac{A}{4}$ となる．ブラックホール力学と熱力学の類似性は意外なところで，その係数まで決定された．単なる類似性だけからは決まらなかった係数が，ミクロな量子過程を考えることにより決まったのである．

　ところがブラックホールの表面積がエントロピーに比例するとすると少しおかしなことが出てくる．ブラックホールが蒸発するとすればブラックホールは小さくなっていくのだから，その表面積も減少する．ということは，ブラックホールのエントロピーは減少することになる．量子論を考えることによってブラックホール温度が決定され，ブラックホールを熱力学の対象とする基盤ができた．し

かし，そのことが逆に第2法則に対応する面積増大則を崩すことになる．では，ブラックホールの熱力学は意味がなくなったのであろうか？

　もう少し慎重に考えよう．普通の熱力学では，閉じた系のエントロピーは増大するが，開いた系では必ずしもそうでない．全エントロピーが増大するだけで，一部の系だけに注目した場合，エントロピーは増大しなくてもかまわない．実際，散らかったところを片付けるというのは，その部分のエントロピーを減少させているわけである．しかしその分，まわりのエントロピーはもっと増えているわけで，全体としてはエントロピーは増えているのである．ブラックホールの蒸発はどうであろうか？ ブラックホールだけのエントロピーを考えていてはだめである．蒸発を考えているのだから，ブラックホールの外に物質を放り出しているのである．物質も当然エントロピーを持っているわけで，エントロピーの増減を考えるには双方を合わせた全エントロピーを考える必要がある．実際，ブラックホールとそのまわりの放射のエントロピーの和は増大することが，思考実験によって示される．このエントロピーの増大則を「一般化された第2法則」と呼ぶ．このように拡張すると，ブラックホールはまわりの物質も含めたかたちで熱力学の法則を満たす．ブラックホール力学と熱力学の類似性は，単なる「類似」以上の内容を含んでいるのである．

　熱力学はマクロな熱現象を記述するのに十分ではあるが，何故そうなのかというもっと基本的な問いには答えてはいない．熱力学の本当の理解は，ミクロな視点に立った量子統計力学の登場によって得られることになる．ブラックホールの熱力学はどうであろうか．通常の熱力学同様にミクロな統計力学的理解が可能なのであろうか．ブラックホールのエントロピーはミクロな量子論的考察から導くことができるのであろうか．現時点ではその答えはまだわかっていないというしかない．ただ，いろいろなアプローチが試みられている．ブラックホール温度が量子論を考えることによって導入されたのであるから，エントロピーをミクロな観点から考えるときも当然量子論的取り扱いが必要であろう．

　答えはまだわかっていないが二つの有望なアプローチがある．「超ひも理論」と「ループ重力理論」である．これらの理論の完成にはまだ月日を要するかもしれないが，ミクロな世界のブラックホール研究は，まさに一般相対性理論と量子論の接点となっている．小さいブラックホールでは，量子論が重要となり，ブ

ラックホールの蒸発という予想しない現象が現れた．それによってブラックホールの熱力学的解釈が可能となり，そのことはミクロなブラックホールの量子統計力学的理解の必要性を示唆しており，その解明は，まだ完成していない「量子重力理論」という究極理論を探る手がかりを与えると信じられている．

1.6 重力波

1.6.1 重力波（gravitational wave）の伝播

重力場は万有引力を媒介するばかりでなく，波としても伝播する．それは，電磁場が荷電粒子間の力を媒介するだけでなく，電磁波として伝播するのとまったく同様である．ここでは，重力の基礎方程式であるアインシュタイン方程式から，どのように波として伝播する解が現れるのかを見る．アインシュタイン方程式は非線形の方程式であるから一般にその解の振る舞いを調べることは難しい．そこで，ここではもっとも簡単な場合として時空の計量が平坦な時空を表すミンコフスキー計量 $\eta_{\mu\nu}$ からわずかしかずれていないとして

$$g_{\mu\nu} = \eta_{\mu\nu} + h_{\mu\nu}$$

のようにおき，$h_{\mu\nu}$ が小さいとする弱い重力場の近似をもちいて考えよう．ここでは $x^0 = ct$ と考えている．以後，この節での添え字の上げ下げはこのミンコフスキー計量を用いておこなうことにする[*33]．この計量の摂動 $h_{\mu\nu}$ に対して線形化された方程式を導き，これが確かに波の伝播をあらわす方程式になっていることを示そう．

計算上便利な量として，

$$\psi_\mu{}^\nu := h_\mu{}^\nu - \frac{1}{2}\delta_\mu{}^\nu h$$

を導入する．ここで，$h := h_\mu{}^\mu$ である．さらに，話を簡単にするために，計量の摂動に対して調和座標条件

$$\psi_{\mu,\nu}{}^\nu := \frac{\partial}{\partial x^\nu}\psi_\mu{}^\nu = 0 \tag{1.242}$$

[*33] $g^{\mu\nu}$ に関しては，$g_{\mu\nu}$ の逆行列であるので，$h_{\mu\nu}$ の 1 次までの近似で $g^{\mu\nu} = \eta^{\mu\nu} - h^{\mu\nu}$ となることに注意.

を課して考える. 以後表記の簡略化のために偏微分をカンマを用いて表す. 一般相対性理論は座標の選び方によらない共変な理論である. したがって, 時空の四つの座標を適当に選ぶことが許されている. (1.242) 式は μ が $0, 1, 2, 3$ の値をとるので, 条件の数としては四つである. したがって, 同じく四つある座標変換の自由度を用いて, いつでもこれらの条件を満足するようにできる. 微小な座標変換

$$\bar{x}^\mu = x^\mu + \xi^\mu$$

に対して, ds^2 が不変である. すなわち, $ds^2 = (\eta_{\mu\nu} + \bar{h}_{\mu\nu}(\bar{x}))d\bar{x}^\mu d\bar{x}^\nu = (\eta_{\mu\nu} + h_{\mu\nu}(x))dx^\mu dx^\nu$ である. この式を ξ^μ が $h_{\mu\nu}$ と同程度に小さい微小量であると考え, 摂動の 1 次の項までを書き下してみると, 計量の摂動は

$$\delta h_{\mu\nu} \equiv \bar{h}_{\mu\nu} - h_{\mu\nu} = -\xi_{\mu,\nu} - \xi_{\nu,\mu} \tag{1.243}$$

のように変換することがわかる. 以下の等式では断りなく $h_{\mu\nu}$ の 2 次以上の項は無視する. この変換を $\psi_{\mu\nu}$ に対して書くと

$$\delta\psi_{\mu\nu} \equiv \bar{\psi}_{\mu\nu} - \psi_{\mu\nu} = -\xi_{\mu,\nu} - \xi_{\nu,\mu} + \eta_{\mu\nu}\xi^\rho_{,\rho} \tag{1.244}$$

のようになる. したがって, 座標変換後に調和座標条件を満たすためには,

$$\Box\xi_\mu = \psi_{\mu,\nu}{}^\nu$$

を満たすように ξ^μ を選べばよいことになる. ここで, $\Box := \eta^{\alpha\beta}\partial_\alpha\partial_\beta = \Delta - c^{-2}\partial_t^2$ である. このような型の方程式は, 右辺がどのような関数であっても解が存在する. したがって, 調和座標条件 (1.242) を満たすように座標を選ぶことがいつでも可能である.

調和座標条件のもと, 計量の摂動 $h_{\mu\nu}$ の 1 次まででは, $G_{\mu\nu} = -(1/2)\Box\psi_{\mu\nu}$ となる. このことから, 真空のアインシュタイン方程式 $G_{\mu\nu} = 0$ は,

$$\Box\psi_{\mu\nu} = 0 \tag{1.245}$$

となる. これが解くべき方程式であるが, これは, ローレンツゲージ条件 ($A^\mu_{,\mu} = 0$) のもとでの真空中の電磁波の方程式 ($\Box A^\mu = 0$) と同じ型の方程式である. このことから, 重力場の方程式が波として伝播する解を持つことが理解できるであろう. このような重力場の波を重力波と呼ぶ.

もう少し具体的に見るために平面波の解を考える．$\hat{\psi}_{\mu\nu}$ を定数として，

$$\psi_\mu{}^\nu = \hat{\psi}_\mu{}^\nu e^{ik_\rho x^\rho}$$

と仮定してみる．そうすると，まず座標条件（1.242）式は

$$\hat{\psi}_\mu{}^\nu k_\nu = 0 \tag{1.246}$$

となる．また，真空のアインシュタイン方程式（1.245）は

$$k_\nu k^\nu = 0 \tag{1.247}$$

となる．

波の位相 $\phi := k_\mu x^\mu$ から位相速度を読み取ると $-ck_0/|\boldsymbol{k}|$ となるが，（1.247）式から $-k_0 = |\boldsymbol{k}|$ となり，重力波は電磁波と同様に光速度 c で伝播するということがわかる（t ではなく ct を x^0 としている）．

ここで，重力波の偏極の種類が 2 種類であることを見ておこう．すなわち，一つの与えられた k^μ に対して，$\hat{\psi}_{\mu\nu}$ に二つの独立な成分が存在することを示す．$\hat{\psi}_{\mu\nu}$ は複素対称テンソルであり，10 個の成分をもつ（複素数になるのは，sin と cos の波が存在することに対応しており，最終的には $e^{ik_\mu x^\mu}$ の因子と合わせて実部をとる）．これに，（1.246）式で与えられる 4 成分の条件を課しただけならば，6 成分が独立な自由度として残ることになる．しかし，調和座標条件（1.242）は完全に座標条件を固定しない．

$$\xi_\mu = -i\hat{\xi}_\mu e^{ik_\rho x^\rho}$$

とし，座標変換をおこなっても，$\psi_{\mu\nu}$ の変化分（1.244）は $\delta\psi_{\mu}{}^\nu{}_{,\nu} = 0$ を満たすので，変換後得られた $\bar{\psi}_{\mu\nu}$ も再び（1.242）式を満たす．この自由度を用いて，

$$\bar{\psi} = \bar{\psi}^\mu{}_\mu = 0, \tag{1.248}$$

$$\bar{\psi}_{0i} = 0 \tag{1.249}$$

と，さらに 4 個の成分を 0 とすることが一般に可能である．実際（1.248）式，（1.249）式の条件は，座標変換のパラメータ $\hat{\xi}^\mu$ に対する条件

$$\psi = -2\hat{\xi}^\mu k_\mu, \quad \psi_{0i} = \hat{\xi}_0 k_i + \hat{\xi}_i k_0$$

となる．これは $\hat{\xi}^0 = -(k_0\psi + 2k^i\psi_{0i})/4k_0^2$, $\hat{\xi}_i = (4k_0^2\psi_{0i} - 2k_i k^j\psi_{0j} - $

$k_0 k_i \psi)/4k_0^3$ のように解け，明らかに解を持つ．10 個の計量の成分に対して，(1.246) 式に加えて，(1.248) 式，(1.249) 式の条件が加わり，全部で 8 個の条件が課せられたことになるので，残る物理的な自由度は 2 成分のみということになる．

イメージを鮮明にするために，さらに，より具体的に x 方向に伝播する平面波を考察しよう．この場合 $-k_0 = k_x = k$, $k_y = k_z = 0$ である．いま，考えている座標系では，$\bar{h}_{0i} = \bar{\psi}_{0i} = 0$ と $\bar{h}_0{}^\mu k_\mu = 0$ から，$\bar{h}_{00} = 0$ が，さらに $\bar{h}_j{}^\mu k_\mu = 0$ を用いて $\bar{h}_{xj} = 0$ が導かれる．0 でない成分は，$\bar{h}_{yy}, \bar{h}_{zz}, \bar{h}_{yz}$ の 3 成分であるが，対角和がゼロ（トレースレス; traceless）の条件から $\bar{h}_{zz} = -\bar{h}_{yy}$ となる．したがって，x 方向に伝播する平面波は

$$\bar{h}_{\mu\nu} = \bar{\psi}_{\mu\nu} = \begin{pmatrix} 0 & 0 & 0 & 0 \\ 0 & 0 & 0 & 0 \\ 0 & 0 & h_+ & h_\times \\ 0 & 0 & h_\times & -h_+ \end{pmatrix} e^{-ik(t-x)} \tag{1.250}$$

となる．

1.6.2 重力波の観測

1.6.1 節では重力波が波として伝播するということを見てきたが，実際に観測者にとって重力波のどのような量が観測可能であろうか．このことを見るために，$g_{00} = -1$, $g_{0i} = 0$ となる座標系で話を始めよう．4 個の時空の座標を適当に選ぶ自由度があるので，このような座標系を選ぶことが可能である．上で議論した (1.250) 式の計量もこの条件を満たしている．計量を

$$ds^2 = -c^2 dt^2 + \gamma_{ij} dx^i dx^j \tag{1.251}$$

のように書く．この座標では $x^i = $ 一定の世界線が質点の運動方程式を満たす．実際に，測地線方程式 $du^\mu/d\tau = -c\Gamma^\mu{}_{\rho\sigma} u^\rho u^\sigma$ において，$u^i = 0$ の場合に右辺で残ってくるのは $\Gamma^\mu{}_{00}$ を含む項であるが，$g_{00} = -1$, $g_{0i} = 0$ の場合にはクリストッフェル記号のこれらの成分はすべて 0 である（ここでは，4 元速度を $u^\mu := dx^\mu/cd\tau$ と定義している）．

物体間で光のやりとりをすることを考える場合には，この座標系は便利であ

る. なぜなら, 2 体の運動は $x^i = $ 一定の世界線で与えられ, さらに時間座標 t はそれぞれの世界線に沿って運動する物体の固有時間になっているからである. 実際の観測では電磁波を一か所から二つの異なる方向に伝播させ, それぞれの方向にある物体から跳ね返ってきた二つの波の位相差を観測する. したがって, 光線の測地線方程式を解いて光線の到着時刻の時間差を計算するよりも, この時空上での波の伝播を考える方がより直接的である. そこで,

$$\Box \Psi = 0$$

という方程式を解くことにする. ミンコフスキー時空上では自明な平面波 $\Psi = Ae^{-i\nu(t-z/c)}$ が解になっている. ここで ν は波の角振動数である (ここで重力波の角振動数は ω として区別している). A は波の振幅であり, Ψ の波が伝播する方向を z 方向とした. 一般に計量の摂動が加わった場合に $\Psi = A(x^\rho)e^{-i\nu(t-z/c)+i\chi(x^\rho)}$ のように位相のずれ $\chi(x^\rho)$ と振幅 $A(x^\rho)$ を用いて表し, ν が十分に大きいと近似すると $g^{\mu\nu}(p_\mu p_\nu + 2p_\mu \chi_{,\nu}) = 0$ という方程式が得られる. ここで, $-p_0 = p_z = \omega/c, p_x = p_y = 0$ である. 計量の摂動が $\gamma_{ij} = \delta_{ij} + h_{ij}(x^\rho)$ で与えられるとした場合, この式は

$$\frac{d}{dz}\chi\left(t = \frac{z}{c}\right) = -\frac{\nu}{2c}h^{zz}\left(t = \frac{z}{c}\right)$$

となる. つまり, 2 体間の距離を L としたとき, 位相のずれ $-\int_0^L dz(\nu/2c)h^{zz}$ $(t = z/c)$ はおおよそ $\nu L|h|/c$ で与えられる. ここで $|h|$ は重力波の振幅を表す. L が大きくなれば位相のずれも大きくなり, よりはっきりとした重力波の信号を捉えることが可能になる. ただし, L はいくらでも大きくすればよいというわけではない. 重力波の周期 $(2\pi\omega)^{-1}$ よりも長時間積分した場合には位相のずれは相殺してしまい大きくならない.

　以上の描像を, 電磁波によって荷電粒子に力がはたらく場合と比較してみよう. 電磁波の場合は, 荷電粒子にはたらく力によって, 粒子の運動が変化させられるために, 粒子の位置が変化する. それに対して, 上の描像では粒子は動かずに静止したままである. 重力波の場合にも, 以下に示すように適当な座標系に移ることによって, 粒子が運動するという描像で考えることも可能である. ただし, 重力には等価原理が存在するためにすべての物体が同じように加速度を受け

てしまうという点が，電磁気力の場合と大きく異なっている．電磁気力の場合には電荷を持たない粒子と荷電粒子を同じ場所においておけば，電荷を持たない粒子に対する荷電粒子の相対加速度を局所的に測定することが可能である．それに対して，重力の場合には，すべての粒子が同じように測地線の方程式に従って運動するので，比較対象となる加速度を受けない粒子が存在しない．したがって，上でおこなったように，少し離れた二つの物体間の相対運動を観測する以外に重力波を観測する方法はないのである．

重力波によって物体に力がはたらいて相対加速度を受けるという描像で考えるには，（$x^i = 0$ に位置する）一つの物体 A のまわりで局所慣性系になるような座標を導入するのがよい．なぜなら，そのような座標では，物体 A との距離が十分に近ければ，2 体間の距離はまさにその座標値であらわされるのでわかりやすいからである．(t, x^i) から (T, X^I) への座標変換として，

$$t = T + \frac{1}{2}\phi_{IJ}(T)X^I X^J + \cdots,$$
$$x^i = e^i_I(T)X^I + \frac{1}{2}f^i_{IJ}(T)X^I X^J + \cdots$$

を考える．(1.251) 式の γ_{ij} についても $\gamma_{ij} = \gamma^{(0)}_{ij}(t) + \gamma^{(1)}_{ijk}(t)x^k + \cdots$ のように展開する．e^i_I をある時刻で $\gamma^{(0)}_{IJ} := e^i_I e^j_J \gamma^{(0)}_{ij} = \delta_{IJ}$ となり，$de^i_I/dT = -(1/2)\gamma^{(0)ij}\dot{\gamma}^{(0)}_{jk}e^k_I$ を満たすように選ぶと，$\gamma_{IJ} = \delta_{IJ}$ の関係は保たれる．ここで「˙」は t 微分を表す．新しい座標系で線素を書き下して見ると

$$ds^2 = -\left(1 + \frac{d\phi_{IJ}}{dT}X^I X^J\right)c^2 dT^2 - \left(2c\phi_{IJ} - c^{-1}e^i_I e^j_J \dot{\gamma}_{ij}\right)X^J dx^I cdT$$
$$+ \delta_{IJ}dX^I dX^J + \left(\gamma^{(1)}_{IJK} + 2f_{IJK}\right)X^k dX^I dX^J + O(X^2)$$

のようになる．ここで，以下に述べる理由で dT^2 の項についてのみ $O(X^2)$ の項まで残した（ただし，$\dot{\gamma}^{(0)}_{jk}$ の 2 次の項は無視した）．また，$\gamma^{(0)}_{IJ}$ と同様の規則で $\phi_{IJ}, \gamma^{(1)}_{IJK}, f_{IJK}$ 等の I, J, K の添字をもつ係数を導入した．上の式で $X^J dx^I dT$，および，$X^k dX^I dX^J$ の係数に関しては，それぞれ，$\phi_{IJ} = \frac{1}{2}e^i_I e^j_J \dot{\gamma}^{(0)}_{ij}, f_{ijk} = -\frac{1}{2}\left(\gamma^{(1)}_{ijk} + \gamma^{(1)}_{ikj} - \gamma^{(1)}_{jki}\right)$ と置くことにより 0 にできる．結果，$ds^2 = -(1 + (d\phi_{IJ}/dT)X^I X^J)(dx^0)^2 + \delta_{IJ}dX^I dX^J + O(X^2)$ という単純な

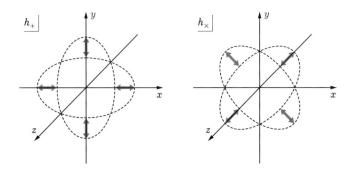

図 **1.43** （1.250）式のような重力波が来た場合の潮汐作用を
模式的に表した図. 矢印は質点の運動の様子を表している.

形になり，先に述べていたように局所的には（すなわち $O(|\boldsymbol{X}|)$ の精度で）慣性
系に座標変換することができた. この座標で測地線の方程式を書いてみると

$$d^2 X^I/dT^2 \approx -c^2 \Gamma^I_{\mu\nu} u^\mu u^\nu \approx -c^2 \Gamma^I_{00} \approx -c^2 g_{00,I}$$

$$= -c^2 (d\phi_{IJ}/dT) X^J \approx -(1/2) e^i_I e^j_J \ddot{\gamma}^{(0)}_{ij} X^J$$

となる. この式は変移（X^J）に比例した加速度（潮汐力）を物体が受けること
を表している. （1.250）式のような重力波が来た場合の潮汐作用を模式的に表し
た図が図 1.43 である.

1.6.3 重力波の発生と 4 重極公式

次に，重力波の生成について考察しよう. 電磁波の場合には，電磁場は電荷と
相互作用しているので，電荷分布が時間変化することによって電磁波が生じた.
重力場は物質とエネルギー運動量テンソル $T_{\mu\nu}$ を通じて相互作用しているので，
$T_{\mu\nu}$ が時間変化することによって重力波は生じると予測される. まず，調和座標
条件の元で線形化されたアインシュタイン方程式を，物質が存在する場合に書き
下すと，

$$\Box \psi_{\mu\nu} = -\frac{16\pi G}{c^4} T_{\mu\nu}(t, \boldsymbol{x}) \tag{1.252}$$

である. 無限遠方からやってくる重力波がないという条件のもとで，この方程式
の解は遅延積分として，

$$\psi_{\mu\nu}(t, \boldsymbol{x}) = \frac{4G}{c^4} \int \frac{T_{\mu\nu}(t - |\boldsymbol{x} - \boldsymbol{x}'|/c, \boldsymbol{x}')}{|\boldsymbol{x} - \boldsymbol{x}'|} d^3x' \qquad (1.253)$$

と与えられる．実際，これが方程式（1.252）の解になっていることは以下のように確かめることができる．

$\boldsymbol{q} := \boldsymbol{x} - \boldsymbol{x}'$ という相対座標を導入しよう．$q := |\boldsymbol{q}| \neq 0$ では，任意の関数 f に対して

$$\Box \frac{f\left(t - \frac{q}{c}\right)}{q} = (-c2\partial_t^2 + q^{-1}\partial_q^2 q) \frac{f\left(t - \frac{q}{c}\right)}{q}$$

$$= -q^{-1}(c^{-1}\partial_t - \partial_q)(c^{-1}\partial_t + \partial_q)f\left(t - \frac{q}{c}\right) = 0$$

となることが容易に示される．一方，$\boldsymbol{q} = 0$ のまわりの半径 ε の微小球 S_ε において d^3q 積分をガウスの定理を用いて実行すると

$$\lim_{\varepsilon \to 0} \int_{S_\varepsilon} d^3q \,\Box \frac{f(t - q/c)}{q}$$

$$= 4\pi \lim_{\varepsilon \to 0} \int_0^\varepsilon q^2\, dq \left(-c^{-2}\partial_t^2 + \frac{1}{q^2}\partial_q q^2 \partial_q\right) \frac{f(t - q/c)}{q}$$

$$= 4\pi \lim_{q \to 0} q^2 \partial_q \frac{f(t - q/c)}{q} = -4\pi f(t)$$

であることから，$\Box f(t-q/c)/q = -(4\pi)^{-1}f(t)\delta^3(\boldsymbol{q})$ であることがわかる．これを使うと，（1.253）式が（1.252）の解になっていることが確かめられる．

これで，調和座標条件のもとでの計量の摂動が得られたが，さらに，源となる $T_{\mu\nu}$ が空間的に局在していて，かつ，時間変化がゆっくりな場合について，その振る舞いを詳しく見ていこう．時間変化のタイムスケールを典型的な角振動数 ω を用いて ω^{-1} と表すことにすると，対応する重力波の波長 λ は $2\pi\omega^{-1}c$ である．時間変化がゆっくりの極限では波長は無限大になる．ここで時間変化がゆっくりであるとは，物質の存在する空間的ひろがりのスケール R が重力波の波長 λ に比べて十分小さいことを意味する（図 1.44 を参照）．

ここでは重力波が波として遠方にどのように伝わるかに注目し，計量の摂動を十分大きな $r := |\boldsymbol{x}|$ で評価する．$r \gg 1$ において，$|\boldsymbol{x} - \boldsymbol{x}'| = \sqrt{r^2 - 2\boldsymbol{x} \cdot \boldsymbol{x}' + r'^2}$ は

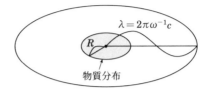

図 **1.44**　時間変化がゆっくりな場合の物質の空間的広がりと重
力波の波長の関係.

$$|\boldsymbol{x} - \boldsymbol{x}'| = r - \frac{\boldsymbol{x} \cdot \boldsymbol{x}'}{r} + \cdots \tag{1.254}$$

のように展開される. (1.253) 式の分母に現れる $|\boldsymbol{x} - \boldsymbol{x}'|$ に関しては単純に $\approx r$ と近似してよい. なぜなら, 無視した高次の項はすべて遠方で r^{-2} よりも速く小さくなるからである. それに対して, $T_{\mu\nu}$ の引数に含まれる $|\boldsymbol{x} - \boldsymbol{x}'|$ に関しては (1.254) 式の右辺第 2 項は $O(|\boldsymbol{x}'|)$ であり微小量ではないので, 単純に $|\boldsymbol{x} - \boldsymbol{x}'| \approx r$ と近似することはできない. しかし, $T_{\mu\nu}$ はゆっくりと時間変化することを仮定したので, $T_{\mu\nu}$ の時間微分は小さいとして

$$\psi_{\mu\nu}(t, \boldsymbol{x}) \approx \frac{4G_N}{c^4 r} \int d^3 x' \left[1 + \frac{\boldsymbol{x} \cdot \boldsymbol{x}'}{cr} \partial_t + \cdots \right] T_{\mu\nu} \left(t - \frac{r}{c}, \boldsymbol{x}' \right) \tag{1.255}$$

のように $t = r$ のまわりでテイラー展開してもよいであろう.

ここで [ ] 内の第 2 項の大きさを評価し, 時間変化がゆっくりな場合に, 本当に小さい量であることを確かめよう. 時間微分 ∂_t は, 大きさとしては時間変化のタイムスケールの逆数 ω と見積もることができる. したがって, この第 2 項は第 1 項に対しておよそ $R\omega/c \approx R/\lambda$ 倍の大きさである. この量が小さいことが時間変化がゆっくりであることの定義であった. 連星系をイメージすると, ω^{-1} というタイムスケールで物質が系の大きさ R 程度を移動する. このとき, 物質の速さ v は $R\omega$ 程度と評価できるので, $R\omega/c$ が小さいという条件は物質の速さが光速に比べて小さい $(v/c \ll 1)$ という条件に読み替えることが可能である. 重力以外の力が無視できる状況で束縛された運動を考えると, 通常, 運動エネルギーと重力のポテンシャルエネルギーの大きさは同程度である. したがって, 物質の質量を M として, $Mv^2/2c^2 \approx G_N M^2/c^2 R$ の関係があるので, 今の条件は質量 M の物体のシュワルツシルト半径 $2G_N M/c^2$ に比べて, 系の大きさ

R が十分に大きいという条件であるともいえる. 以下では, v/c の最低次をとる. その場合, 結局 (1.253) 式に現れるいずれの $|\boldsymbol{x} - \boldsymbol{x}'|$ も r で近似したことになるが, その近似の意味は各々の場合で異なっていたことに注意しておこう.

さて, 時間変化がゆっくりであるという近似のもと, 遠方における計量の摂動について, さらに詳しく見ていこう. まず, ψ_{00} に関しては,

$$\psi_{00} = \frac{4G_N}{c^2 r} \int d^3x' \, \rho(t - r, \boldsymbol{x}') = \frac{4G_N M}{c^2 r}$$

が得られる. ここで, $\rho := T_{00}/c^2$ は質量密度, $M := \int d^3x' \, \rho(x')$ は物体の全質量である[*34]. 質量の保存から M は時間的に一定である. また, ψ_{0i} については, その時間微分を考えると

$$\frac{\partial}{c \, \partial t} \psi_{0i} = -\frac{4G_N}{c^4 r} \int d^3x' \, T^0_{i,0} = \frac{4G_N M}{c^4 r} \int d^3x' \, T^j_{i,j} = 0$$

となる. ここで, 再び計量の摂動が小さいということから, エネルギー運動量テンソルの保存則を $T^\mu_{\nu,\mu} = 0$ と近似した式を用いた. 最後の等号は被積分関数が空間の有限な領域にのみ値を持つ関数の全微分になっていることから, 部分積分によって示される.

以上のことから, ψ_{0i} は時刻によらずに一定となることがわかる. このことは, 実は, 全運動量の保存に対応している. 背景時空であるミンコフスキー時空に適当なローレンツ変換を施すことで, 物質の全運動量が 0 になる座標系に移ると, 一般性を失うことなく $\psi_{0i} = 0$ とすることができる.

最後に $\{ij\}$ を調べる. 左辺にエネルギー運動量テンソルの保存則を用い, 部分積分を繰り返すことにより,

$$\frac{1}{2}\frac{d^2}{dt^2} \int d^3x' \, x'_i x'_j \, \rho(t, \boldsymbol{x}') = \int d^3x' \, T_{ij}(t, \boldsymbol{x}') \tag{1.256}$$

を示すことができる. したがって, 物質の四重極モーメント $I_{ij} := \int d^3x' \, x'_i x'_j \, \rho$ を用いて,

---

[*34] 質量密度や全質量の厳密な定義をおこなうには計量の摂動や物質の運動の効果も取り入れなければならないが, ここでは, 計量の摂動 $h_{\mu\nu}$ や物質の運動 v/c は小さいとして無視している.

$$\psi_{ij} = \frac{2G_N}{c^4 r} \ddot{I}_{ij}\left(t - \frac{r}{c}\right) \tag{1.257}$$

と表される.ここで「 $\cdot$ 」は $\partial/\partial t$ を表す.この重力波放射の公式を重力波放射の四重極公式という.

最後の ij 成分の式(1.257)は,四重極モーメント I_{ij} が時間的に振動すると重力波が波として無限遠方に伝播することを表している.それに対して,上で求めた 00 成分や 0i 成分の表式には,波として伝播する部分が含まれていない.一方で,(1.257)式から $\psi_i{}^j{}_{,j}$ を計算すると明らかに一般に 0 にはならないが,$\dot{\psi}_{0i} = 0$ であるので調和座標条件 $\psi_\mu{}^\nu{}_{,\nu} = 0$ に一見矛盾する.しかし,これは,(1.255)式の括弧内で第 1 項のみをとる近似が重力波として伝播する成分をみるには十分でなかったためである.実際,

$$\psi_{0i} = \frac{4G_N}{c^4 r}\int d^3x'\left(1 + \frac{\boldsymbol{x}\cdot\boldsymbol{x}'}{cr}\partial_t + \cdots\right)T_{0i}(t - r/c, \boldsymbol{x}')$$

において,無視した第 2 項は $c^{-1}\dot{T}^0{}_i = \partial_k T^k{}_i$ をもちいて,

$$\begin{aligned}
&\frac{4G_N x^j}{c^4 r^2}\int d^3x' x'_j \frac{\partial}{\partial x'_k}T_{ki}(t - r/c, \boldsymbol{x}')\\
&= -\frac{4G_N x^j}{c^4 r^2}\int d^3x' T_{ji}(t - r/c, \boldsymbol{x}')\\
&= -\frac{2G_N}{c^4 r}n^j \ddot{I}_{ji}(t - r/c) \tag{1.258}
\end{aligned}$$

と評価できる.ここで,動径方向の単位ベクトル $n^i := x^i/r$ を導入した.

ψ_{00} に関しても同様の計算をおこなうことができるが,むしろ ψ_{ij} のみを計算し,調和座標条件 $\psi_\mu{}^\nu{}_{,\nu} = 0$ を用いて 0μ 成分を決定する方が効率的である.(1.257)式からわかるように,十分遠方で重力波は t, r の関数として $f(t - r/c)/r$ のような依存性を持つ.ここで,f は重力波の波形をあらわす関数である.このような関数の空間微分は

$$\frac{\partial}{\partial x_i}\frac{f(t - r/c)}{r} \approx -\frac{f'(t - r/c)}{cr}\frac{\partial r}{\partial x_i} = -\frac{f'(t - r/c)n^i}{cr} \tag{1.259}$$

と与えられる.ここで,$1/r$ に微分がかかることで出てくる項に関しては $1/r^2$ に比例して遠方で小さくなるので無視した.これを用いると,調和座標条件

$\psi_\mu{}^\nu{}_{,\nu} = 0$ より,

$$\psi_{0i} = -n^j \psi_{ji}, \quad \psi_{00} = n^i n^j \psi_{ij} \tag{1.260}$$

が得られる.（1.257）式と（1.260）式から得られた ψ_{0i} の表式は確かに（1.258）式と一致している.

（1.257）式や（1.260）式をもちいて, 重力波の振幅を少し具体的な数値を当てはめて評価してみよう. 四重極モーメントの定義から $\ddot{I}_{ij} \approx M v^2$ であるので, 重力波の振幅は $|h| \approx |\psi| \approx (2G_N M/c^2 r)(v/c)^2$ で与えられる. $2G_N M/c^2$ は質量 M の星のシュワルツシルト半径であった. 太陽質量の星の場合シュワルツシルト半径は約 $3 \times 10^3\,\mathrm{m}$ である. また, $1\,\mathrm{Mpc}$ はおおよそ $3 \times 10^{22}\,\mathrm{m}$ であるので, 重力波の振幅は

$$|h| \approx 10^{-19} \frac{M}{M_\odot} \left(\frac{r}{1\,\mathrm{Mpc}}\right)^{-1} \left(\frac{v}{c}\right)^2$$

となる. 重力波源までの距離 r が近ければ近いほど振幅が大きくなるのは当然であるが, 加えて質量の大きな物体が光速に近いような相対論的な速さで運動する場合に大きな振幅の重力波が放出されることがわかる. したがって, おもな重力波源となるのは, $v \approx c$ となり得るブラックホールや中性子星のようなコンパクトな天体が関係した現象である. コンパクト天体からなる連星の合体はもっとも有力な重力波源と考えられているが, 他にも, 超新星爆発や高速回転する中性子星などがおもな重力波源として考えられている.

1.6.4　重力波によるエネルギーの輸送

重力波も電磁波と同様にエネルギーや角運動量を運ぶ. したがって, 系から重力波が放出されることにより, 系のエネルギーや角運動量が減少することが予想される. 調和座標において, 重力波のエネルギー運動量テンソルは $O(h^2)$ の精度では

$$T_{\mu\nu}^{(GW)}$$
$$= \frac{c^4}{32\pi G_N} \left\{ \left[\psi_{\rho\sigma,\mu}\psi^{\rho\sigma}{}_{,\nu} - \frac{1}{2}\psi_{,\mu}\psi_{,\nu}\right] - \frac{1}{2}\eta_{\mu\nu}\left[\psi_{\rho\sigma,\xi}\psi^{\rho\sigma}{}_{,\xi} - \frac{1}{2}\psi_{,xi}\psi^{,\xi}\right] \right\}$$
$$\tag{1.261}$$

と与えられる. ここでは天下り的に上の表式を与えたが, その導出は, 本書の範囲を超えているため省略する. ここでは, この重力波のエネルギー運動量テンソル $T_{\mu\nu}^{(GW)}$ と物質のエネルギー運動量テンソル $T_{\mu\nu}$ を合わせたもの全体として, 保存則 $\left(T^{(GW)\nu}{}_{\mu} + \sqrt{-g}T_{\mu}{}^{\nu}\right)_{,\nu} = 0$ を $O(h^2)$ の精度で満たすことを示すことで満足しよう.

まず, $g_{\mu\nu}$ に関する共変微分を「 ; 」で表すと, エネルギー運動量テンソルの保存則 $T_{\mu}{}^{\nu}{}_{;\nu} = 0$ は常に成り立つ. ただし, 摂動を受けた時空上では, この式は物質のみで保存するエネルギーや運動量が定義できることを意味しない. 一般に $J^{\mu}{}_{,\mu} = 0$ を満たすベクトルを保存カレントというが, 保存カレントが存在する場合, この式を適当な 4 次元体積 v で積分することにより積分形の保存則を導くことができる. たとえば, 図 1.45 に示したように, 半径 R の球 Σ の内部で時刻 t_1 から $t_2(> t_1)$ の間に挟まれた 4 次元体積を V とすると,

$$0 = \int_V d^4x\, J^{\mu}{}_{,\mu} = \left[\int_{\Sigma} d^3x\, J^0(t_2, \boldsymbol{x}) - \int_{\Sigma} d^3x\, J^0(t_1, \boldsymbol{x})\right]$$
$$+ \int_{t_1}^{t_2} c\,dt \int_{\partial\Sigma} d(\cos\theta)d\varphi J^r(t, R, \theta, \varphi) \qquad (1.262)$$

が得られる. ここで, $\partial\Sigma$ は 3 次元球 Σ の表面で, (θ, φ) は球面上の角度座標を表す. 右辺 [ ] 内が, 保存電荷の時刻 t_1 から t_2 の間の変化量, 第 2 項が球の表面 $\partial\Sigma$ からの外向きの電荷の流れを時刻 t_1 から t_2 まで積分したものである. このような保存則が成り立つ場合には, 3 次元体積 Σ の内部でおこった総電荷量の変化をその境界における電荷の流れによって評価できる.

一方, エネルギー運動量テンソルの保存則 $T_{\mu}{}^{\nu}{}_{;\nu} = 0$ を普通の座標微分をもちいて書くと,

$$(\sqrt{-g}T_{\mu}{}^{\nu})_{,\nu} = \sqrt{-g}\Gamma^{\rho}{}_{\mu\nu}T_{\rho}{}^{\nu} \approx \frac{1}{2}h_{\rho\sigma,\mu}T^{\rho\sigma} \qquad (1.263)$$

が得られる. この式から, $\sqrt{-g}T_0{}^{\nu}$ は上の J^{μ} のような保存するカレントになっていないことがわかる.

ところが, 重力波のエネルギー運動量テンソルの発散をとると

$$T^{(GW)\nu}{}_{\mu\,,\nu} = \frac{c^4}{32\pi G_N}(\Box\psi_{\rho\sigma})h^{\rho\sigma}{}_{,\mu} = -\frac{1}{2}T^{\rho\sigma}h_{\rho\sigma,\mu} \qquad (1.264)$$

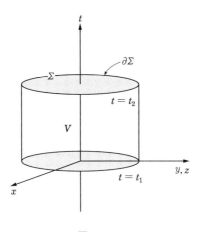

図 **1.45**

となることは容易に確かめられる．最後の等号では（1.252）式をもちいた．

ここで，$T_{\mu\nu}$ を微小量と考え，微小パラメータ ε の 1 次の量とする．$h_{\mu\nu}$ は $T_{\mu\nu}$ を源とする関数であるから，同じく $O(\varepsilon)$ の微小量である．ここで，（1.263）式と（1.264）式をあわせて，今考えている $h_{\mu\nu}$ の 2 次，すなわち，$O(\varepsilon^2)$ までの近似で

$$(T^{(GW)\nu}_{\mu} + \sqrt{-g}T_{\mu}{}^{\nu})_{,\nu} = 0 \tag{1.265}$$

が満たされていることがわかる．先ほどと同様に 4 次元体積 V における積分形の保存則（1.262）を $T^{(\mathrm{tot})\nu}_{\mu} := T^{(GW)\nu}_{\mu} + \sqrt{-g}T_{\mu}{}^{\nu}$ の $\mu = 0$ 成分に対して適用する．すると，時刻 t_1 から t_2 の間に Σ 内部の全エネルギー $E^{(\mathrm{tot})}(t) := \int_{\Sigma} d^3x \sqrt{-g}\,(-T^{(\mathrm{tot})0}_{0})$ の変化として

$$E^{(\mathrm{tot})}(t_2) - E^{(\mathrm{tot})}(t_1) = r^2 \int_{t_1}^{t_2} c\,dt \int_{\partial\Sigma} d(\cos\theta)d\varphi\, T^{(GW)r}_{0} \tag{1.266}$$

を得る．ここで，物質が局在している状況を考えているので，十分遠方の $\partial\Sigma$ におけるエネルギーの流れに対して $T_0{}^r$ の寄与はなく，$T^{(GW)r}_{0}$ のみが寄与するということをもちいた．この式は，境界 $\partial\Sigma$ におけるエネルギーの流れの総量が，Σ 内部の全エネルギーの時間変化に等しいことを意味している．したがって，3 次元体積 Σ 内の全エネルギーの時間変化も一見 $O(\varepsilon^2)$ である．しかし，

これでは，Σ 内部の重力波のエネルギー $E^{(GW)} := -\int T^{(GW)0}{}_0\, d^3x$ も $O(\varepsilon^2)$ の量であるので，物質のエネルギー（より正確には保存するエネルギーの物質による寄与）$E := -\int \sqrt{-g}\, T_0{}^0 d^3x$ の変化について情報を得ることはできない.

そこで，t_1 から t_2 までの時間間隔を ε^{-1} に比例する程度に十分に長くとり，長時間経過したときの時間変化に着目する. このとき，$\partial\Sigma$ におけるエネルギーの流れによる Σ 内の全エネルギーの変化量は $O(\varepsilon)$ の微小量となる. 重力波 のエネルギー $E^{(GW)}$ は高々 $O(\varepsilon^2)$ であるから，この $O(\varepsilon)$ の全エネルギーの変化は物質のエネルギー E の変化と考えるしかない. したがって，十分長い時間スケールでの平均的な振る舞いとして，物質のエネルギーがどのように減少するかを（1.266）式から読み取ることができる[*35].

さて，1.6.3 節ではゆっくりと運動する系から放出される重力波の解をもとめたが，その重力波が遠方にどれだけのエネルギーを運ぶのかを評価してみよう. 重力波によって遠方に運ばれるエネルギーの流れを評価するには（1.261）式の 0r 成分を計算すればよい. $\psi_{\mu\nu}$ の遠方での表式は源の四重極モーメント I_{ij} を用いて（1.257）式および，（1.260）式で与えられる. また，$\psi_{\mu\nu}$ のトレースは，（1.260）を用いて

$$\psi := \psi_\mu{}^\mu = P^{ij}\psi_{ij} \tag{1.267}$$

となる. ここで導入した $P_{ij} := -n^i n^j + \delta^{ij}$ は n^i に垂直な 2 次元面（$r = $ 一定の面）への射影演算子で，

$$P^{ij}n_i = 0, \quad P^{ij}\delta_{ij} = 2, \quad P^{im}P^{j\ell}\delta_{ij} = P^{m\ell}, \quad P^{im}P^{j\ell}\delta_{ij}\delta_{m\ell} = 2$$

のような性質をもつ.

$\psi_{\mu\nu}$ の遠方における空間微分は（1.259）式を用いて評価でき，$\partial_r\psi_{\mu\nu} = n^i\psi_{\mu\nu,i} \approx -c^{-1}\dot{\psi}_{\mu\nu}$ となる.（1.261）式よりエネルギーの流れは，

[*35] 我々が導入した重力波のエネルギー運動量テンソルは物質のエネルギー運動量テンソルと合わせて保存則（1.265）を満たすことを見たが，このような保存則を満たす重力波のエネルギー運動量テンソルは実は一意ではない（代表的にはランダウ–リフシッツの擬テンソルが用いられ，性質はよいが表式が複雑である. しばしば使われる別の定義は巻末にあげた参考書（佐々木 節『一般相対論』）を参照されたい）. そのため，時空上の各点での重力波のエネルギー密度の値自身に特別な物理的意味があると考えることは正当化されないので注意をしておく.

$$T^{(GW)r}_{0} = -\frac{c^2}{32\pi G_N}\left(\dot{\psi}^\mu_{\nu}\dot{\psi}^\nu_{\mu} - \frac{1}{2}\dot{\psi}^2\right)$$

を計算すればよいことがわかる. $\psi_{0\mu}$ に関しては（1.260）式を, トレースに関しては（1.267）式を用い,

$$\dot{\psi}^\mu_{\nu}\dot{\psi}^\nu_{\mu} - \frac{1}{2}\dot{\psi}^2 = \left(P^{im}P^{j\ell} - \frac{1}{2}P^{ij}P^{m\ell}\right)\psi_{ij}\psi_{m\ell}$$
$$= \left(P^{im}P^{j\ell} - \frac{1}{2}P^{ij}P^{m\ell}\right)\psi^{TL}_{ij}\psi^{TL}_{m\ell}$$

のように変形される. ここで $\psi^{TL}_{ij} := \psi_{ij} - (1/3)\delta_{ij}\psi_\ell^{\ell}$ は ψ_{ij} のトレースレス成分である. このようにトレースレス成分に置き換えてよい理由は $(P^{im}P^{j\ell} - (1/2)P^{ij}P^{m\ell})$ が, $\{ij\}$, あるいは, $\{m\ell\}$ の添字ついてトレースレスだからである.（1.257）式を代入すると,

$$T^{(GW)r}_{0} = -\frac{G_N}{8\pi c^6 r^2}\left(P^{im}P^{j\ell} - \frac{1}{2}n^i n^j n^\ell n^m\right)\dddot{\not{I}}_{ij}\dddot{\not{I}}_{\ell m}$$

となる. ここで,

$$\not{I}_{im} = I_{im} - \frac{1}{3}\delta_{im}I_\ell^{\ell}$$

は, 四重極モーメントのトレースレス成分である. このようにエネルギーの流れは四重極モーメントのトレースレス成分のみで書かれる. 重力波源として球対称な質量分布を考えると, 四重極モーメント $I_{ij} := \int d^3 x'\, x_i'\, x_j'\, \rho(t, \boldsymbol{x}')$ は特別な方向を持たないので, δ_{ij} に比例するはずである. したがって, $I_{ij} = \delta_{ij}I_\ell^{\ell}/3$ となる. このとき, $\not{I}_{ij} = 0$ である. このことから, 球対称な物体からは重力波は放出されないことがわかる.

　放出された重力波によって運ばれる全エネルギーを計算するにはさらに上の表式を角度積分する必要がある. 角度依存性は $(P^{im}P^{j\ell} - (1/2)n^i n^m n^j n^\ell)$ にしか含まれないので, その部分に着目し, 公式

$$\int_{\partial\Sigma} d(\cos\theta)d\varphi\, n^i n^j = \frac{4\pi}{3}\delta^{ij},$$
$$\int_{\partial\Sigma} d(\cos\theta)d\varphi\, n^i n^j n^\ell n^m = \frac{4\pi}{15}\left(\delta^{im}\delta^{j\ell} + \delta^{ij}\delta^{m\ell} + \delta^{i\ell}\delta^{jm}\right)$$

を用いて積分を実行する. これらの公式において, 数係数を除いてはそれぞれの

右辺の形は対称性から決定することができる. テンソルの添字を持つ量として, δ^{ij} 以外のテンソルが現れたとすると, そのテンソルに付随した特定の方向が存在することになり, 左辺の持つ対称性に矛盾する. 数係数に関しては, 適当にテンソルの添字を縮約して両辺が等しいことを示せばよい. 求めるべき角度積分は,

$$
\begin{aligned}
\int_{\partial\Sigma} d(\cos\theta)d\varphi &\left(P^{im}P^{j\ell} - \frac{1}{2}n^i n^j n^\ell n^m \right) \\
= \int_{\partial\Sigma} d(\cos\theta)d\varphi &\left[\frac{1}{2}n^i n^j n^\ell n^m - n^i n^m \delta^{j\ell} - n^j n^\ell \delta^{im} + \delta^{im}\delta^{j\ell} \right] \\
= 4\pi &\left[\frac{1}{30}\left(\delta^{im}\delta^{j\ell} + \delta^{ij}\delta^{m\ell} + \delta^{i\ell}\delta^{jm} \right) - \frac{2}{3}\delta^{im}\delta^{j\ell} + \delta^{im}\delta^{j\ell} \right]
\end{aligned}
$$

となる. 最後の表式で丸括弧内の第2項は $\dddot{I}_{ij}$ と縮約すると消え, 第3項は第1項と同じ寄与を与える. 以上の結果を (1.266) 式にあてはめると,

$$
\begin{aligned}
\dot{E} &= \int_{\Sigma} d^3 x \left(-\dot{T}_0{}^0 - \dot{T}^{(GW)0}{}_0 \right) \\
&= -r^2 c \int_{\partial\Sigma} d(\cos\theta)d\varphi T^{(GW)r}{}_0 = -\frac{G_N}{5c^5}\dddot{I}_{ij}\dddot{I}^{ij}
\end{aligned}
\tag{1.268}
$$

が得られる. この公式は重力波によるエネルギー放出率の四重極公式と呼ばれる.

1.6.5 重力波放出による放射反作用力

(1.253) 式では遅延積分をもちいて, 遠方に重力波が放出される場合の解を考えた. この場合, 遠方では解は $t - r = $ 一定に沿って伝播する波を表しているので, 遠方からやってくる重力波はないという条件下での解になっている. しかし, 逆に, 先進積分を用いて

$$
\psi_{\mu\nu}^{adv}(t, \boldsymbol{x}) = \frac{4G_N}{c^4}\int \frac{T_{\mu\nu}(t + |\boldsymbol{x} - \boldsymbol{x}'|/c, \boldsymbol{x}')}{|\boldsymbol{x} - \boldsymbol{x}'|}d^3 x'
\tag{1.269}
$$

のような表式を考えても, 同様に解になる. この解は無限遠方から入ってくる重力波はあるが, 出て行く重力波はないという解になっている. 遅延解が重力波放出を無限遠方に放出しエネルギーを失っていくような解であるのに対して, 先進解は入ってきた重力波を完全に吸収し, 何も外に放出しないような解である. 先進解, 遅延解はともに同じ方程式の解なので (源となる物質のエネルギー運動量テンソルが同じであるとすれば), 二つの解の差は斉次方程式 $\Box\psi_{\mu\nu} = 0$ の解

になっている．この斉次方程式の解は，平坦な時空中をただ重力波が無限遠方
からやってきて，そのまま無限遠方に帰っていくという解を表す．したがって，
入ってくる重力波のエネルギーと出て行く重力波のエネルギーはまったく同じで
ある．このことから，長時間積分したとき，物理的に妥当な境界条件を満たす遅
延解をもちいた場合の重力波放出によるエネルギーの減少率は，そうでない先進
場をもちいた場合に重力波を物質が吸収したためにおこるエネルギーの増加率と
等しい．そこで，エネルギー放射などの散逸効果にのみ着目する場合には（遅延
解 − 先進解）/2 という組み合わせの解を考えても良い．このような解を放射的
解と呼ぶ．

（1.253）の遅延解と（1.269）の先進解の差から放射的解をつくることができ
るが，ここではその代わりに，より簡単な（遅延解 − 先進解）/2 と遠方で一致
するような斉次解を求めることにする*36．（遅延解 − 先進解）/2 の遠方での漸
近形は単純に $\psi_{ij}^{\text{(rad)}} = (G_N/c^4 r)\left(I_{ij}^{(2)}\left(t-(r/c)\right) - I_{ij}^{(2)}\left(t+(r/c)\right)\right)$ となるこ
とがわかるが，この表式はそのまま厳密に斉次解になっている．この型の関数に
□ を作用したとき，$r=0$ 以外では 0 になることは，（1.253）式の下で説明し
た．さらに，$r=0$ で残る寄与も二つの項でちょうど打ち消しあっている．物質
の存在する領域（$r < R$）での重力場に興味があるので，r が小さいとして展開
すると，

$$\psi_{ij}^{\text{(rad)}} = \frac{2G_N}{c^5}\left(I_{ij}^{(3)}(t) + \frac{1}{3!}I_{ij}^{(5)}(t)\left(\frac{r}{c}\right)^2 + \frac{1}{5!}I_{ij}^{(7)}(t)\left(\frac{r}{c}\right)^4 + \cdots\right)$$

が得られる．斉次解であることから予想されることであるが，$r=0$ での特異性
が消えていることが確かめられる．調和座標条件，$\psi_{i,0}^{\ 0} = -\psi_{i,j}^{\ j}$ から，

$$\psi_{0j}^{\text{(rad)}} = \frac{G_N}{c^6}\left(\frac{2}{3}I_{j\ell}^{(4)}x^\ell + \frac{1}{15}I_{j\ell}^{(6)}x^\ell\left(\frac{r}{c}\right)^2 + \cdots\right)$$

が導かれる．ここで，いま，興味のない時間依存しない定数部分は無視した．同
様に，$\psi_{0,0}^{\ 0} = -\psi_{0,j}^{\ j}$ から，

$$\psi_{00}^{\text{(rad)}} = \frac{G_N}{c^5}\left(\frac{2}{3}I^{(3)\ell}_{\quad\ell} + \frac{1}{15c^2}(2x^j x^\ell + r^2\delta^{j\ell})I_{j\ell}^{(5)} + \cdots\right)$$

---

*36 いま，我々は四重極モーメント I_{ij} のみによって決定されるような最低次の近似解に着目して
いるが，（1.253）式と（1.269）式の差を直接考えることは，高次のモーメントの効果も取り入れて
いることになるのでより複雑になる．

が得られる. 結果を $h_{\mu\nu} \equiv \psi_{\mu\nu} - (1/2)\psi$ に書き直すと,

$$c^{-2} h_{ij}^{(\mathrm{rad})} = \frac{G_N}{c^7} \left(2 I_{ij}^{(3)}(t) - \frac{2}{3} \delta_{ij} I_{\ell}^{(3)\ell} + O\left(\left(\frac{r}{c} \right)^2 \right) I_{ij}^{(5)} \right),$$

$$c^{-1} h_{0j}^{(\mathrm{rad})} = \frac{G_N}{c^7} \left(\frac{2}{3} I_{j\ell}^{(4)} x^\ell + O\left(\frac{r^3}{c^2} I_{ij}^{(6)} \right) \right),$$

$$h_{00}^{(\mathrm{rad})} = \frac{G_N}{c^7} \left(\frac{4c^2}{3} I_{\ell}^{(3)\ell} + \frac{1}{15} (x^j x^\ell + 3 r^2 \delta^{j\ell}) I_{j\ell}^{(5)} + O\left(\frac{r^4}{c^2} I_{ij}^{(7)} \right) \right)$$

となる. ここで $1/c^7$ の項までを残した. $1/c$ のベキを比較する際に, ゆっくり と運動する物体を考える限り, 空間成分の添字を物体に関係した量と縮約しよ うとすると, たとえば $dx^i/dx^0 = v^i/c$ のように $1/c$ の因子が必ず現れること を考慮した. ニュートンポテンシャル $\Phi = -c^2 h_{00}/2 \approx -2 G_N M/r$ との比で $O((v/c)^5)$ 以上の項を残したことになっている.

上で求めた放射的な計量の摂動に対して

$$\xi^0 = -\frac{G_N}{c^6} \left(\frac{2}{3} I_{\ell}^{(2)\ell} - \frac{1}{6} I_{j\ell}^{(4)} x^j x^\ell + \frac{1}{6} I_{\ell}^{(4)\ell} r^2 \right),$$

$$\xi^i = \frac{G_N}{c^5} \left(I_{j\ell}^{(3)} x^\ell - \frac{1}{3} I_{\ell}^{(3)\ell} x^j \right)$$

として, (1.243) 式で与えられる座標変換をおこなう. すると, 変換後の計量の 摂動 $\bar{h}_{\mu\nu}^{(\mathrm{rad})}$ において, 考えている (v/c) の次数では 00 成分のみが残り, その 大きさは

$$\Phi^{(\mathrm{rad})} := -\frac{c^2}{2} \bar{h}_{00}^{(\mathrm{rad})} = -\frac{G_N}{5c^5} I_{jk}^{(5)} x^j x^k$$

となる. ここで定義した $\Phi^{(\mathrm{rad})}$ は四重極放出による散逸の効果をニュートンポテ ンシャルに対応する量として表した量で, 放射反作用ポテンシャルと呼ばれる.

最後に, この結果を用いて物質の全エネルギーの時間変化を再び見てみよう. (1.263) 式の右辺で $h_{\mu\nu}$ として $\bar{h}_{\mu\nu}^{(\mathrm{rad})}$ を用いる. 両辺を 3 次元空間積分すると 左辺の空間微分の項は落とせて, 結局,

$$\dot{E} = -\int \dot{T}_0{}^0(x') d^3 x' = -\frac{1}{2} \dot{h}_{\rho\sigma} T^{\rho\sigma}(x') d^3 x'$$

$$= \frac{G_N}{5c^5} \int I_{jk}^{(6)} x'^j x'^k \rho(x') d^3 x' = \frac{G_N}{5c^5} I_{jk}^{(6)} I^{jk}$$

が得られる. この表式は (1.268) の表式とは時間微分のかかり方が異なってい

るが，長時間平均を考えれば部分積分した際に現れる表面項は無視できるので，（1.268）式と等価であることがわかる．

　この節では重力波に関する基礎的公式をできるだけ平易に導出することを試みた．これらの応用については第2巻『宇宙論 I［第2版補訂版］』，第3巻『宇宙論 II［第2版］』および巻末の参考文献『重力波をとらえる』を参照されたい．重力波によるエネルギー放射自体はラッセル・ハルスとジョゼフ・テイラーが発見した連星パルサーの軌道周期の観測により確認されていたが，2015年に米国の LIGO グループが連星ブラックホール合体からの重力波の直接観測に成功し，重力波を宇宙の探針とする重力波天文学が幕を開けた．

第2章

プラズマと電磁流体

2.1 プラズマとは

2.1.1 プラズマの世界

　天文学においてもプラズマ物理は，力学，電磁気学，量子力学，流体力学，一般相対性理論などに加えて重要な分野として位置づけられよう．我々の住む地球においては，温度はせいぜい 300 K であるため，物質の状態は固体，流体，気体という三つの状態に分けられている．しかし，それらの物質が加熱され数千度以上にもなると，気体中の分子の無秩序な熱運動が激しくなり，分子はお互いに衝突して原子になり，さらに原子もイオンと電子に分解される．このような電離した物質の状態を扱うのがプラズマ物理であり，この状態を第 4 の物質状態とも呼ぶ．

　この高温気体のプラズマは，通常の気体とは異なる性質を有していることが 1920 年頃のラングミュア（I. Langmuir）とトンクス（L. Tonks）の放電管の実験により発見された．放電管に作られた電離度の高い気体中では，平均自由行程よりも短い距離で励起されたプラズマ密度の疎密構造が伝播することが明らかになったのである．荷電粒子間の衝突が無視できる空間スケールで波動が伝わることがわかったのは大きな驚きであった．このようにプラズマ中では通常の気体では現れない波動伝播やエネルギー輸送が現れることから，プラズマ研究の幕開

けとなった．ラングミュアらの発見した密度の疎密波は，彼らの功績を称えて
「ラングミュア波動」（Langmuir Wave）と呼ばれており，プラズマ中で高周波
の現象を支配する縦波として，さまざまな領域で重要な役割を果たす．

　さて地球はせいぜい 300 K の天体であるが，宇宙では温度が高い領域は至る
ところに存在しておりプラズマが重要な役割を果たしていると考えられる．たと
えば，太陽コロナはおよそ数百万度であり，またその大気の膨張により惑星間空
間を満たす太陽風は，1 au（地球軌道）でも十万度程度の高温プラズマを保って
いる．太陽風によって相互作用を受けた地球起源の磁場およびプラズマは，夜側
に地球半径の 200 倍を超えるスケールの磁気圏を作っているが，そこに閉じ込
められたプラズマの温度は数百万度から 1 千万度にも達する．遠い宇宙において
も同様で，超新星残骸，中性子星磁気圏，降着円盤，活動銀河核などの天体から
は X 線放射が観測されており高温プラズマの宝庫であることが知られている．

　このため宇宙における動力学においても，プラズマの諸性質は重要な役割を果
たす．このことにいち早く気づきプラズマ中の動力学の研究を始めたのは 1970
年にノーベル賞を受賞したアルベーン（H. Alfvén）である．通常の流体力学で
は流体要素に働く力はガス圧力の効果だけであるが，アルベーンはプラズマ中で
はガス圧力に加えて電磁気力の効果を加えることが大切であることに気づき，プ
ラズマ中では「縦波」に加えて，通常の気体では現れない「横波」も存在する
ことを発見した．アルベーンの発見した波動は，ラングミュア波動よりも低周
波であり，ゆっくり伝播する電磁流体波動で，現在「アルベーン波動」（Alfvén
wave）と呼ばれる波である．プラズマ中の構造変化や進化を理解する上で欠か
せない性質を有している．

　プラズマの諸現象を理解するには，アルベーン波動などで特徴付けられるマク
ロな電磁流体的な取り扱いだけではなく，個々の荷電粒子の運動が積極的に反映
されるミクロな運動論の取り扱いも必要なときがある．たとえば，超音速の太陽
風が地球磁気圏と相互作用して地球の固有磁場が支配する磁気圏が形成され，そ
の前面には磁気圏を取り囲む衝撃波（バウショック）が作られているが，その巨
視的な構造は，おおむね電磁流体的な方法で理解することができる．しかし，バ
ウショックでのプラズマ加熱や粒子加速の問題，また太陽風と磁気圏の境界面を
通したプラズマ物質やエネルギーの輸送を理解するには，運動論的な記述が必要

となることが多い．高エネルギー天体現象の理解も同様であり，マクロな物理とミクロな物理の競合過程は常に大切な問題である．本章では，プラズマの世界を知る上で基本となる電磁流体力学とプラズマ運動論について簡単に解説する．

2.1.2　プラズマの準中性とデバイ遮蔽

銀河や宇宙の力学を論ずる際に，一般には重力が支配的であり，電磁力は 2 次的である場合が多い．しかしミクロな原子の世界では，電子と原子核は電磁相互作用によって結合しており，電磁力は重力に比べてはるかに強い相互作用を及ぼしている．宇宙における高温プラズマ中で，正の電荷をもつイオンと負の電荷をもつ電子が熱運動している系で，なぜ電磁力は弱いのであろうか．

電荷をもった多数の粒子（荷電粒子）がクーロン力の下に運動しているプラズマを考えよう．荷電粒子の運動により電場が作られるが，この電場によって荷電粒子の運動は影響を受けている．このような状況においては，荷電粒子の運動が作る電場の平均エネルギーは，粒子の平均運動エネルギーを超えることはないと考えられる．真の電荷密度 $Q = ne$ が距離 l を越えて広い領域に一様に存在しているとすると，1 次元方向の電場の大きさは $E = 4\pi Ql$，また静電場のエネルギーを $e\Phi$ として $4\pi Qel^2/2$ を得る．1 自由度の粒子の平均熱エネルギーは $k_\mathrm{B}T/2$ であるので，

$$4\pi Qe\frac{l^2}{2} \leqq \frac{1}{2}k_\mathrm{B}T \tag{2.1}$$

が成り立っていると考えられる．距離 l について解くと，

$$l \leqq \left(\frac{k_\mathrm{B}T}{4\pi ne^2}\right)^{1/2} \equiv \lambda_\mathrm{De}. \tag{2.2}$$

ここで $\lambda_\mathrm{De} = 7.4 \times 10^2 \sqrt{T(\mathrm{eV})/n(\mathrm{cm}^{-3})}$ cm のことを電子のデバイ長と呼び，荷電粒子の作る電場の影響が及ぶ特徴的な距離を表している．たとえば太陽コロナでは，$T \sim 100\,\mathrm{eV}$，$n \sim 10^6\,\mathrm{cm}^{-3}$ であるので，デバイ長はわずか 7 cm であり，通常の我々が知りたい宇宙での現象に対して無視できる大きさであることがわかる．

またこの特徴的な距離 $l = \lambda_\mathrm{De}$ を，特徴的な熱速度 $V = \sqrt{k_\mathrm{B}T/m}$ で割った特徴的な時間 τ_e は，

$$\tau_{\mathrm{e}} = \frac{\lambda_{\mathrm{De}}}{V} = \left(\frac{m}{4\pi ne^2}\right)^{1/2} \equiv \omega_{\mathrm{pe}}^{-1} \tag{2.3}$$

となり，ω_{pe} を電子のプラズマ周波数と呼ぶ．τ_{e} よりも長い時間スケールで λ_{De} よりも大きな空間スケールについては，荷電粒子の運動は電場の影響をほとんど受けることはないので，プラズマはほぼ中性であるとみなせる．これをプラズマの準中性の性質と呼ぶ．実際イオンと電子の密度差をポアソン方程式を用いて評価すると，

$$\frac{n_{\mathrm{i}} - n_{\mathrm{e}}}{n} \sim \frac{k_{\mathrm{B}}T}{4\pi ne^2} \nabla^2 \frac{e\Phi}{k_{\mathrm{B}}T} \sim \frac{\lambda_{\mathrm{De}}^2}{L^2} \tag{2.4}$$

となり，密度の差はデバイ長 λ_{De} と特徴的な空間スケール L の比の 2 乗程度の大きさであるので，デバイ長よりも大きな空間スケールを議論するときは，マイナス電荷を持った電子とプラス電荷をもったイオンの数密度はほぼ釣り合っているとみなすことができる．このことをデバイ遮蔽という．

　プラズマのかかわる現象を表現するときに，個々の荷電粒子の情報を適当に平均化して，密度や温度といった巨視的な物理量として記述することになるが，統計的に有意な密度や温度を定義するには，デバイ長の中に十分な粒子が存在することが必要である．デバイ長 λ_{De} を半径とする球をデバイ球と呼び，そこに存在する粒子数 N_D に対して，

$$N_D \equiv \frac{4\pi}{3} n\lambda_{\mathrm{De}}^3 \gg 1 \tag{2.5}$$

が成り立つことも個々の粒子が集団現象として振る舞うプラズマの条件であり，この N_D は「プラズマパラメータ」とも呼ばれている．N_D を粒子間の平均距離とクーロン散乱の衝突パラメータを用いて表してみよう．まず粒子間の平均距離は $r_d = n^{-1/3}$ で与えられる．次にクーロン散乱の衝突パラメータ r_c は，粒子の運動エネルギーと電荷が作るポテンシャルエネルギーが等しいとして，$r_c = e^2/k_{\mathrm{B}}T$ で評価できる．よって r_d と r_c を用いて N_D を書き換えると，

$$N_D = \frac{1}{\sqrt{36\pi}} \left(\frac{r_d}{r_c}\right)^{3/2} \tag{2.6}$$

が得られるが，$N_D \gg 1$ の条件は，$r_d \gg r_c$ と同じであり，クーロン散乱がまれにしか起きないことを示している．

表 2.1

	n (cm^{-3})	T (eV)	λ_{De} (cm)	$2\pi/\omega_{\mathrm{pe}}$ (s)	N_D
太陽コロナ	10^6	100	7	1×10^{-7}	2×10^9
惑星間空間（1 au）	10	10	700	4×10^{-5}	2×10^{10}
地球磁気圏尾部	1	10^3	2×10^4	1×10^{-4}	5×10^{13}
星間空間	1	1	700	1×10^{-4}	2×10^9

　プラズマとしての性質は，$\lambda_{\mathrm{De}} \ll L$ および $N_D \gg 1$ で与えられることを見てきたが，ここで宇宙におけるプラズマ物理量を調べてみよう．太陽コロナ，惑星間空間，地球磁気圏，星間空間での典型的なプラズマ物理量は表 2.1 にようになっている．これらの領域では，デバイ長は我々の興味ある現象の空間スケールに比べて十分小さく，プラズマは準中性と見なせることがわかる．また N_D も非常に大きな値になっている[*1]．

　一般に宇宙におけるプラズマ現象では，デバイ長よりも大きなスケールを議論するので，デバイ長より短いスケールで現れるクーロン力の効果は非常に弱く無視できることがわかる．しかし次の節で述べるようにプラズマ中では電場がまったく無視できて中性流体（中性ガス）と同じように振る舞うわけではない．弱いながらもそこから現れる効果が中性流体とは異なる新しい特徴を表すことになる．

2.2　電磁流体

　プラズマは，自分自身の運動により励起された電場や磁場によって，自分自身の運動が影響を受けるため，プラズマ中に生起する現象は著しく複雑になる．複雑な振る舞いは，流体が運動するとそこに誘導電流が流れ，磁場と誘導電流によりローレンツ力が生じ流体に反作用を及ぼすという性質から来ている．アルベーンはこの性質を表すために，電磁流体力学（Magneto–Hydro–Dynamics; MHD）を提唱し，これを用いて宇宙プラズマ中での現象を解明しようとした．この節ではまず電磁流体力学の枠組みを与え，そこから導かれる性質を解説する．

[*1] $N_D > 1$ のプラズマを弱結合プラズマと呼ぶ．$N_D < 1$ の強結合プラズマは，たとえば木星内部や星の内部でみられる．

2.2.1　電磁流体力学の基礎方程式

　大きなスケールおよびゆっくりとした時間スケールを扱う限りにおいては，プラズマはほぼ中性であるという性質から，アルベーンは，プラズマの力学を支配する方程式は流体力学を出発点としてよいと考えた．そして，磁場に直交する電流がながれるとローレンツ力を生じるので，電磁流体中での運動方程式は次の形に書けることを提唱した．

$$\rho \left(\frac{\partial}{\partial t} + \boldsymbol{U} \cdot \nabla \right) \boldsymbol{U} = -\nabla p + \frac{1}{c} \boldsymbol{J} \times \boldsymbol{B}. \tag{2.7}$$

プラズマが支配する動力学を議論するには，この他に連続の方程式と電磁場を記述するマクスウェル方程式が必要であり，

$$\frac{\partial}{\partial t} \rho + \nabla \cdot (\rho \boldsymbol{U}) = 0, \tag{2.8}$$

$$\frac{1}{c} \frac{\partial}{\partial t} \boldsymbol{E} = \text{rot} \boldsymbol{B} - \frac{4\pi}{c} \boldsymbol{J}, \tag{2.9}$$

$$\frac{1}{c} \frac{\partial}{\partial t} \boldsymbol{B} = -\text{rot} \boldsymbol{E}. \tag{2.10}$$

アンペールの式（2.9）の左辺の変位電流の項より，電磁流体方程式では無視してよいことがわかる．まずファラデーの式（2.10）より，特徴的な時間を T，空間スケールを L とすると，磁場と電場の比は，$B/E \sim cT/L$ であることがわかるが，これを考慮して，アンペールの式（2.9）の左辺の変位電流の項と右辺の第 1 項とを比べると，

$$(\partial E/\partial t)/(c\, \text{rot} B) \sim \frac{L^2}{c^2 T^2} \sim \frac{U^2}{c^2} \ll 1. \tag{2.11}$$

このことから光速 c に比べてゆっくりとした速度 U の運動では，アンペールの式（2.9）の左辺の変位電流の項は無視できる．よって電磁流体力学で用いられるアンペールの式は，

$$\text{rot} \boldsymbol{B} = \frac{4\pi}{c} \boldsymbol{J} \tag{2.12}$$

のように簡単に表すことができる．

　次にファラデーの方程式（2.10）の右辺に現れている電場を決めなければならない．伝導性媒質中では電流と電場の関係をあらわす通常のオームの法則は，

$J^* = \sigma E^*$ である．ここで σ は電気伝導度であり，電流密度 J^* と電場 E^* は，電磁流体と同じ速度で運動する系から観測した電流と電場である．実験室系から観測した電場 E は，電磁流体速度を $U \ll c$ とするとローレンツ変換により，$E^* = E + (U \times B)/c$ と表される．電流に関しては，実験室系と流体系（流体とともに運動する系）では，違いが $O(U^2/c^2)$ の大きさでしか現れないので，$U \ll c$ の極限では同じと見なしてよい．よって有限の速度 U を持った伝導性媒質中では，

$$J = \sigma \left(E + \frac{1}{c} U \times B \right) \tag{2.13}$$

を得るが，これを電磁流体中のオームの法則と呼ぶ．この関係式をファラデーの方程式（2.10）に代入して電場を消去すると，

$$\frac{\partial}{\partial t} B = \mathrm{rot}(U \times B) + \frac{c^2}{4\pi\sigma} \Delta B \tag{2.14}$$

の方程式を得る．プラズマの運動が無視できるときは，磁場の拡散方程式を表している．

電気伝導度が十分に大きくて磁場の拡散が無視できるときは，オームの法則は，

$$E = -\frac{1}{c} U \times B \tag{2.15}$$

と書くことができ，またファラデーの方程式は次の形をとる．

$$\frac{\partial}{\partial t} B = \mathrm{rot}(U \times B). \tag{2.16}$$

以上の方程式群（2.7），（2.8），（2.12），（2.14）に状態方程式を加えて，電磁流体力学の基礎方程式系を得ることができる．状態方程式については，流体粘性，電気抵抗，熱伝導による散逸がないとすれば，断熱近似

$$\frac{D}{Dt} \left(\frac{p}{\rho^\gamma} \right) = \frac{\partial}{\partial t} \left(\frac{p}{\rho^\gamma} \right) + U \cdot \nabla \left(\frac{p}{\rho^\gamma} \right) = 0 \tag{2.17}$$

を用いることができる．ただし γ は比熱比を表す．

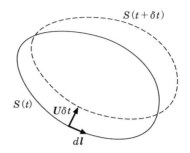

図 **2.1**　プラズマと一緒に動く閉曲線と磁場の凍りつき.

2.2.2　プラズマと磁場の凍りつき

プラズマ運動に伴う磁束の保存

2.2.1 節で導いた一連の方程式により，電磁流体を支配する動力学を議論することができるが，式（2.14）は，電磁流体中の流体要素の速度と磁場だけで記述されているため，磁場と流体速度はある制限のもとでしか運動できないことを示唆している．ここでは電気伝導度 $\sigma = \infty$ の磁場の拡散がない理想電磁流体での磁場と速度の間の関係を調べることにより，磁場の時間発展方程式（2.14）の持つ物理的意味づけを明らかにしよう．

まず，ある時刻 t における任意の閉曲面 $S(t)$ を考え，そこを通過する磁気フラックス $\Phi(t)$ を以下のように定義しよう．

$$\Phi(t) = \int_{S(t)} \boldsymbol{B}(\boldsymbol{x}, t) \cdot d\boldsymbol{S}. \tag{2.18}$$

ここで $d\boldsymbol{S}$ は面積要素で，面に垂直方向のベクトルを考えている．このとき磁気フラックスは，$\nabla \cdot \boldsymbol{B} = 0$ より，閉曲面 $S(t)$ を縁取っている閉曲線 L だけで決まり，L によって張られた閉曲面の形には依存しない．

さて，ある時刻 t と微小時間 δt 後における磁気フラックスの変化 $\Phi(t + \delta t) - \Phi(t)$ を考えてみよう．ここで閉曲面 $S(t)$ はプラズマの速度 $\boldsymbol{U}$ で運動すると仮定する．

まず $\nabla \cdot \boldsymbol{B} = 0$ より，磁力線は途切れることなくつながっているので，ある体積 V を囲む表面に沿って磁束密度 $\boldsymbol{B}$ を面積分すると，その積分値はゼロになっ

ていることに留意して，δt 後における磁気フラックス $\Phi(t+\delta t)$ を求めると，

$$\Phi(t+\delta t) = \int_{S(t+\delta t)} \boldsymbol{B}(\boldsymbol{x}, t+\delta t) \cdot d\boldsymbol{S}$$
$$= \int_{S(t)} \boldsymbol{B}(\boldsymbol{x}, t+\delta t) \cdot d\boldsymbol{S} - \int_{dS(t,\delta t)} \boldsymbol{B}(\boldsymbol{x}, t+\delta t) \cdot d\boldsymbol{S}.$$

ここで $dS(t,\delta t)$ は，時刻 t での閉曲面 $S(t)$ と，時刻 $t+\delta t$ での閉曲面 $S(t+\delta t)$ によって作られる側面を表している．また $S(t)$ と $S(t+\delta t)$ では，符号が反対になっていることに注意されたい．時間 t に関してテイラー展開して，

$$\Phi(t+\delta t) = \left[\int_{S(t)} \boldsymbol{B}(\boldsymbol{x},t) \cdot d\boldsymbol{S} + \delta t \int_{S(t)} \frac{\partial}{\partial t}\boldsymbol{B}(\boldsymbol{x},t) \cdot d\boldsymbol{S} + O(\delta t^2)\right]$$
$$- \left[\int_{dS(t,\delta t)} \boldsymbol{B}(\boldsymbol{x},t) \cdot d\boldsymbol{S} + \delta t \int_{dS(t,\delta t)} \frac{\partial}{\partial t}\boldsymbol{B}(\boldsymbol{x},t) \cdot d\boldsymbol{S} + O(\delta t^3)\right]$$
$$= \Phi(t) - \int_{dS(t,\delta t)} \boldsymbol{B}(\boldsymbol{x},t) \cdot d\boldsymbol{S} + \delta t \int_{S(t)} \frac{\partial}{\partial t}\boldsymbol{B}(\boldsymbol{x},t) \cdot d\boldsymbol{S} + O(\delta t^2).$$

ここで $O(\delta t^2)$ 以上の項は無視した．それでは第 2 項の側面での積分について考えてみよう．積分領域が $S(t)$ を囲む閉曲線 L とそこでの速度 $\boldsymbol{U}(\boldsymbol{x},t)$ を用いて，$d\boldsymbol{l} \times \boldsymbol{U}(\boldsymbol{x},t)\delta t$ とあらわせることに注意すると，

$$\int_{dS(t,\delta t)} \boldsymbol{B}(\boldsymbol{x},t) \cdot d\boldsymbol{S} = \int_L \boldsymbol{B}(\boldsymbol{x},t) \cdot d\boldsymbol{l} \times \boldsymbol{U}(\boldsymbol{x},t)\delta t$$
$$= \delta t \int_{S(t)} \mathrm{rot}(\boldsymbol{U}(\boldsymbol{x},t) \times \boldsymbol{B}(\boldsymbol{x},t)) \cdot d\boldsymbol{S}.$$

よって磁気フラックスの時間変化は，ファラデーの方程式を用いて，

$$\frac{d}{dt}\Phi(t) = \lim_{\delta t \to 0} \frac{\Phi(t+\delta t) - \Phi(t)}{\delta t}$$
$$= \int_{S(t)} \left(\frac{\partial}{\partial t}\boldsymbol{B} - \mathrm{rot}(\boldsymbol{U} \times \boldsymbol{B})\right) \cdot d\boldsymbol{S} = 0. \tag{2.19}$$

このことから，プラズマの運動に伴ない磁気フラックス（磁束）は保存されるという重要な結果が導かれた．理想電磁流体中での磁力線はプラズマの運動に伴って一緒に運動する，つまり「磁力線とプラズマが凍結している（frozen–in）」という概念を用いることができる．北欧の凍てついた冬を過ごしたアルベーンが「プラズマの凍結」という言葉を使ったのは興味深い．これはプラズマの動力学

を議論する際に物事を直観的に理解するのに大いに助けとなる.

磁力線とプラズマの凍結

　上記のプラズマの運動に伴う磁束の保存定理から，磁力線とプラズマが凍結しているという概念が得られているが，磁場とプラズマ密度についても同様な有用な関係がある．ファラデーの方程式をラグランジュ微分を用いて書くと，

$$\frac{D\boldsymbol{B}}{Dt} = (\boldsymbol{B}\cdot\nabla)\boldsymbol{U} - (\nabla\cdot\boldsymbol{U})\boldsymbol{B}. \tag{2.20}$$

ここで $D/Dt \equiv \partial/\partial t + \boldsymbol{U}\cdot\nabla$. 同様に連続の方程式に対して，

$$\frac{D\rho}{Dt} = -\rho\nabla\cdot\boldsymbol{U}. \tag{2.21}$$

二つの式から $\nabla\cdot\boldsymbol{U}$ を消去して，

$$\frac{D}{Dt}\left(\frac{\boldsymbol{B}}{\rho}\right) = \left(\frac{\boldsymbol{B}}{\rho}\cdot\nabla\right)\boldsymbol{U} \tag{2.22}$$

が得られる．この方程式は，次の流体中の微小線素 $d\boldsymbol{l}$ の時間発展と同じ形をとる．流体線素を $d\boldsymbol{l}(t) = \boldsymbol{r}_2(t) - \boldsymbol{r}_1(t)$ とおいて時間微分をとると，

$$\begin{aligned}\frac{D}{Dt}d\boldsymbol{l}(t) &= \frac{D}{Dt}\boldsymbol{r}_2(t) - \frac{D}{Dt}\boldsymbol{r}_1(t) = U(\boldsymbol{r}_2, t) - U(\boldsymbol{r}_1, t) \\ &= U(\boldsymbol{r}_1 + d\boldsymbol{l}, t) - U(\boldsymbol{r}_1, t) \\ &= (d\boldsymbol{l}\cdot\nabla)\boldsymbol{U}(\boldsymbol{r}_1, t) \end{aligned} \tag{2.23}$$

が得られるが，これが流体線素の時間発展方程式である．したがって，式 (2.22) と (2.23) を比較することにより，

$$\frac{\boldsymbol{B}}{\rho} \propto d\boldsymbol{l}. \tag{2.24}$$

この方程式は，磁力線の強さ（磁束と密度との比）$\boldsymbol{B}/\rho$ が流体線素 $d\boldsymbol{l}$ の伸び縮みに比例することを意味しており，磁束の保存定理と併せて，磁場とプラズマの凍結定理と呼ばれる.

　式 (2.24) は直観的に導くこともできる．まず磁束の保存定理から，ある磁束を横切る断面積を $d\boldsymbol{S}$ として，

$$\boldsymbol{B}\,d\boldsymbol{S} = \text{一定}. \tag{2.25}$$

一方密度は，磁力線方向の線素の長さを dl として，

$$\rho \, d\boldsymbol{S} \, d\boldsymbol{l} = \text{一定}. \tag{2.26}$$

以上の二つの関係式から，式（2.24）を得る．プラズマの圧縮膨張が 2 次元的であれば，つまり磁場に対して垂直な面内でのプラズマの運動に対しては，$dl = \text{一定}$ であるので，

$$\frac{B}{\rho} = \text{一定} \tag{2.27}$$

の関係が成り立つ．同様に，3 次元運動に伴う等方的なプラズマの圧縮膨張では，中心からの距離を r と表すと，磁場のフラックスは Br^2 が一定に保たれるように変化し，一方プラズマの密度は ρr^3 が保存されるように変化するので，

$$\frac{B}{\rho^{2/3}} = \text{一定} \tag{2.28}$$

が成り立つ．これらは 2 次元および 3 次元の運動に伴う磁場とプラズマ凍結の具体例である．また応用例として，双極子磁場を持った天体磁気圏のプラズマの運動を考えると，磁場 $\boldsymbol{B}$ は距離 $1/r^3$ に比例するので磁力管の断面積は r^3 に比例し，一方磁力管の長さは r に比例するので，

$$\frac{B}{\rho^{3/4}} = \text{一定} \tag{2.29}$$

となる．

太陽風でのプラズマと磁力線凍結

　惑星間空間には太陽コロナからのプラズマが超音速で流れているが，太陽磁場も太陽風プラズマに凍結して惑星間空間を満たしている．そして太陽風の磁力線が太陽表面上で凍結されていると，太陽の自転のため，太陽風の磁力線はあたかも庭のスプリングクラーの放水のように螺旋構造をもつ．実際，地球軌道 1 au での惑星間磁場の衛星観測を行うと，動径方向に対して 45° もしくは 225° の方向を向いていることが多いが，これも太陽風プラズマと磁場の凍結の一例である．

　惑星間空間に静止した系で見ると，$t = 0$ で $\phi = 0$ の場所から太陽風として出発したプラズマは，$t = t_0$ において動径方向にまっすぐ速度 U_{sw} で進むので，極座標で表して $(r, \phi) = (U_{\text{sw}} t_0, 0)$ の位置に達する．一方 $t = t_0$ を出発するプ

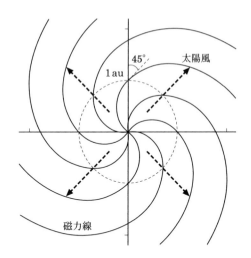

図 2.2 太陽風と磁場の凍結. 太い破線は太陽風プラズマ, 実線は磁力線.

ラズマは, 太陽自転角速度を $\Omega_\odot$ として, $\Omega_\odot t_0$ だけ回り込んでいるので, その位置は $(r, \phi) = (0, \Omega_\odot t_0)$ となる. 磁力線がプラズマに凍結していれば, このプラズマを連結するように磁力線の形が決まる. よって磁力線の方程式を極座標表示すれば,

$$\frac{dr}{rd\phi} = -\frac{U_{\mathrm{sw}}}{\Omega_\odot r} \tag{2.30}$$

となり, アルキメデスのスパイラルの形を示す. 太陽自転の角速度 $\Omega_\odot \simeq 3 \times 10^{-6}\,\mathrm{rad\,s^{-1}}$, 太陽風の速度 $U_{\mathrm{sw}} \simeq 300\text{–}600\,\mathrm{km\,s^{-1}}$ とすると, $R_{\mathrm{E}} = 1\,\mathrm{au} = 1.5 \times 10^{13}\,\mathrm{cm}$ において, $U_{\mathrm{sw}}/\Omega_\odot R_{\mathrm{E}} \simeq 1$ となるので, 磁力線と動径方向とのなす角度は $45°$ もしくは $225°$ となり, 衛星観測とよく一致する.

　高速回転するパルサー磁気圏における磁力線の形状も太陽風と同様に考えることができ, アルキメデスのスパイラル構造になっていると考えられている. パルサー磁気圏ではパルサーが高速回転しているので, 磁場形状はトロイダル成分（ϕ 成分）が卓越した「ぐるぐる巻き」の構造をしていると考えられる.

　磁場凍結の原理を使わずに磁場の構造を MHD 方程式から導いてみる. まず磁場の動径方向については $\mathrm{div}\boldsymbol{B} = 0$ より, 太陽表面 $r = R_\odot$ での磁場を B_0 と

して,

$$B_r(r) = B_0 R_\odot^2 / r^2. \tag{2.31}$$

次に時間定常を仮定してファラデーの方程式 $\mathrm{rot}(\boldsymbol{U} \times \boldsymbol{B}) = 0$ より,

$$\frac{1}{r}\frac{d}{dr}[r(U_r B_\phi - U_\phi B_r)] = 0. \tag{2.32}$$

太陽表面 $r = R_\odot$ で $U_\phi(R_\odot) = \Omega_\odot R_\odot$ と仮定して, 上式を積分すると,

$$U_r B_\phi - U_\phi B_r = -\Omega_\odot R_\odot^2 B_0 / r. \tag{2.33}$$

式 (2.31) を用いて,

$$\frac{B_r(r)}{B_\phi(r)} = \frac{U_r(r)}{U_\phi(r) - r\Omega_\odot}. \tag{2.34}$$

ここでローレンツ力を無視してプラズマの角運動量 rU_ϕ が保存されているとすると, U_ϕ は距離 r とともに急速に減速するので,

$$\frac{B_r(r)}{B_\phi(r)} \simeq -\frac{U_r(r)}{r\Omega_\odot}. \tag{2.35}$$

このようにして磁場凍結を用いた直観的な導出と同じ結果を得ることができる.

2.2.3 電磁流体波動

電磁流体中を伝播する微小振動の波動を考察する. まず平衡状態を定めて, その場に微小の乱れを加え, 乱れに対する線形化した方程式の性質を議論する. 電磁流体では, 気体中での音波に対応する波動だけでなく, ローレンツ力が加わったことで他の波動も存在することが容易に想像できる. 小振幅の任意の波動は, 互いに独立して伝播でき, 媒質の固有振動の重ね合わせとして表すことができる.

平衡状態に対する小さな乱れを, $\delta\rho$, δu, δp, δB と表す. 電磁流体方程式 (2.7), (2.8), (2.12), (2.16) を線形化し, 1 次の微小量を含む項だけを残すことにより, 次の方程式を得る.

$$\frac{\partial \delta\rho}{\partial t} = -\mathrm{div}(\rho_0 \delta\boldsymbol{U}), \tag{2.36}$$

$$\rho_0 \frac{\partial \delta\boldsymbol{U}}{\partial t} = -\nabla\delta p + \frac{1}{4\pi}\mathrm{rot}(\delta\boldsymbol{B} \times \boldsymbol{B}_0), \tag{2.37}$$

$$\frac{\partial \delta \boldsymbol{B}}{\partial t} = \mathrm{rot}(\delta \boldsymbol{U} \times \boldsymbol{B}_0). \tag{2.38}$$

ここで 1 次微小量は，$\exp[i(\boldsymbol{k} \cdot \boldsymbol{x} - \omega t)]$ のような直交関数で変動を仮定すると，時間および空間の微分は，$\partial/\partial t \to -i\omega$, $\nabla \to i\boldsymbol{k}$, $\mathrm{div} \to i\boldsymbol{k}\cdot$, $\mathrm{rot} \to i\boldsymbol{k}\times$ と表すことができる．線形化された方程式を書き換えて，

$$-i\omega\delta\rho + i\rho_0 \boldsymbol{k} \cdot \delta \boldsymbol{U} = 0, \tag{2.39}$$

$$-i\omega\rho_0\delta \boldsymbol{U} = -i\boldsymbol{k}\delta p + \frac{1}{4\pi}(i\boldsymbol{k} \times \delta \boldsymbol{B}) \times \boldsymbol{B}_0, \tag{2.40}$$

$$-i\omega\delta \boldsymbol{B} = i\boldsymbol{k} \times (\delta \boldsymbol{U} \times \boldsymbol{B}_0), \tag{2.41}$$

$$\delta p = C_{\mathrm{s}}^2 \delta\rho. \tag{2.42}$$

ただし，音速 $C_{\mathrm{s}} = \sqrt{\gamma p_0/\rho_0}$ と定義する．

　まず背景磁場 $\boldsymbol{B}_0$ と波数ベクトル $\boldsymbol{k}$ が平行のとき，つまり平行伝播のときを考えてみる．$\delta \boldsymbol{U} = (\delta u_x, \delta u_y, \delta u_z)$ とし，背景磁場 $\boldsymbol{B}_0$ が z 軸に沿っていると仮定すると，

$$-i\omega\delta\rho + i\rho_0 k_z \delta u_z = 0, \tag{2.43}$$

$$-i\omega\rho_0\delta u_z = -ik_z\delta p = -ik_z C_{\mathrm{s}}^2 \delta\rho \tag{2.44}$$

および，

$$-i\omega\rho_0\delta u_j = \frac{i}{4\pi}k_z B_0 \delta B_j, \tag{2.45}$$

$$-i\omega\delta B_j = ik_z B_0 \delta u_j. \tag{2.46}$$

ただし，$j = x, y$ をあらわす．以上より，（2.43），（2.44）式から，縦波としての音波の分散方程式

$$\omega^2 = k_z^2 C_{\mathrm{s}}^2 \tag{2.47}$$

が得られる．2 番目の波数ベクトルに垂直方向の変動の関係（(2.45)，(2.46) 式）からは，

$$\omega^2 = k_z^2 V_{\mathrm{A}}^2. \tag{2.48}$$

ただし，アルベーン速度 $V_{\mathrm{A}} = \sqrt{B_0^2/4\pi\rho_0}$ と定義する．この波が，アルベーン

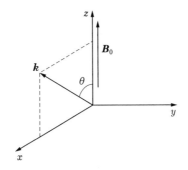

図 **2.3** 波数ベクトルと背景磁場の座標系.

によって発見されたプラズマ中に伝わる横波のアルベーン波である.

　それでは z 軸方向の背景磁場に対して，斜めに伝わる波動はどのようになるだろうか.

$$\omega^2 \delta \boldsymbol{U} = C_{\mathrm{s}}^2 (\boldsymbol{k} \cdot \delta \boldsymbol{U}) \boldsymbol{k} - \frac{\omega}{4\pi\rho_0} (\boldsymbol{k} \times \delta \boldsymbol{B}) \times \boldsymbol{B}_0. \tag{2.49}$$

ここにファラデーの方程式を代入して，

$$\omega^2 \delta \boldsymbol{U} = C_{\mathrm{s}}^2 (\boldsymbol{k} \cdot \delta \boldsymbol{U}) \boldsymbol{k} + \frac{1}{4\pi\rho_0} (\boldsymbol{k} \times (\boldsymbol{k} \times (\delta \boldsymbol{U} \times \boldsymbol{B}_0))) \times \boldsymbol{B}_0. \tag{2.50}$$

ここで，波数ベクトルを $\boldsymbol{k} = (k\sin\theta, 0, k\cos\theta)$ としたときの分散方程式を求めてみると，

$$\begin{pmatrix} k^2 V_{\mathrm{A}}^2 + k^2 C_{\mathrm{s}}^2 \sin^2\theta - \omega^2 & 0 & k^2 C_{\mathrm{s}}^2 \sin\theta\cos\theta \\ 0 & k^2 V_{\mathrm{A}}^2 \cos^2\theta - \omega^2 & 0 \\ k^2 C_{\mathrm{s}}^2 \sin\theta\cos\theta & 0 & k^2 C_{\mathrm{s}}^2 \cos^2\theta - \omega^2 \end{pmatrix} \begin{pmatrix} \delta u_x \\ \delta u_y \\ \delta u_z \end{pmatrix}$$

$$= 0 \tag{2.51}$$

となり，$(\delta u_x, \delta u_z)$ と δu_y が独立であることがわかる.つまり速度のゆらぎは，$\boldsymbol{k}$ と $\boldsymbol{B}_0$ に垂直方向の変動 δu_y の横波と，$\boldsymbol{k}$ と $\boldsymbol{B}_0$ の面内での変動 $(\delta u_x, \delta u_z)$ の縦波とに分かれる.これらの波動をすべてあわせて電磁流体波動（MHD Wave）と呼んでいる.

アルベーン波動

δu_y に対応する横波のアルベーン波動の分散関係は，

$$\omega^2 = k^2 V_{\mathrm{A}}^2 \cos^2 \theta \tag{2.52}$$

で与えられる．この波は，速度変動 δu_y が波数ベクトルに直交しているので，式（2.39）より密度ゆらぎ $\delta \rho$ のない非圧縮の波であることがわかる．また磁場の変動方向も，式（2.49）より波数ベクトル $\boldsymbol{k}$ と背景磁場 $\boldsymbol{B}$ に垂直方向の y 成分のみである．斜め伝播になるに従って位相速度 ω/k は小さくなり垂直伝播では位相速度がゼロになる．

磁気音波

$(\delta u_x, \delta u_z)$ の変動に対する縦波の磁気音波の分散関係は，

$$\omega^4 - k^2(C_{\mathrm{s}}^2 + V_{\mathrm{A}}^2)\omega^2 + k^4 C_{\mathrm{s}}^2 V_{\mathrm{A}}^2 \cos^2 \theta = 0. \tag{2.53}$$

よって磁気音波には速い位相速度と遅い速度の 2 種類があって，

$$\frac{\omega^2}{k^2} = \frac{V_{\mathrm{A}}^2 + C_{\mathrm{s}}^2}{2} \pm \frac{1}{2}\sqrt{(V_{\mathrm{A}}^2 + C_{\mathrm{s}}^2)^2 - 4C_{\mathrm{s}}^2 V_{\mathrm{A}}^2 \cos^2 \theta}. \tag{2.54}$$

ここで速い位相速度と遅い速度の磁気音波をそれぞれ速い磁気音波（fast mode wave）および 遅い磁気音波（slow mode wave）と呼ぶ．平行伝播 $\theta = 0$ のときの位相速度は V_{A} と C_{s} であるが，垂直伝播のときは，速い磁気音波は $\sqrt{V_{\mathrm{A}}^2 + C_{\mathrm{s}}^2}$, 遅い磁気音波はアルベーン波と同じように位相速度がゼロとなり伝播しない．

フリードリックス・ダイアグラム

MHD 波動は磁場に対する伝播角の違いにより位相速度が変化するが，この関係を解りやすく図に表したのがフリードリックス図（Friedricks diagram）である．MHD 波動の位相速度が波数ベクトル $\boldsymbol{k}$ と磁場のなす角 θ に対してどのように依存するかを表している．図 2.4 に示したのが，それぞれ（a）$V_{\mathrm{A}} < C_{\mathrm{s}}$, （b）$V_{\mathrm{A}} = C_{\mathrm{s}}$, （c）$V_{\mathrm{A}} > C_{\mathrm{s}}$ の場合の位相速度のフリードリックス図である．速い磁気音波は，多かれ少なかれ磁場に対してどの方向にも有限の位相速度で伝わるが，アルベーン波と遅い磁気音波は磁場に垂直方向に対しては伝わることができない．横波のアルベーン波は直径 V_{A} の円になっている．

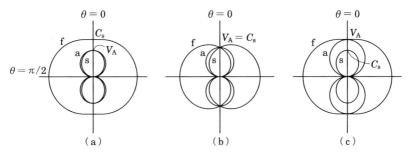

図 2.4 フリードリックスの位相速度極ダイアグラム．縦軸が
磁力線方向（$\theta = 0$），横軸が磁場に垂直方向（$\theta = \pi/2$）．(a)
$V_A < C_s$, (b) $V_A = C_s$, (c) $V_A > C_s$ の場合．f は速い磁気
音波（fast mode wave），a はアルベーン波，s は遅い磁気音波
（slow mode wave）を示す．

　位相速度は波面の伝播速度を示していたが，波面の伝播以上に大切なのが波の
振幅のパルスが伝わる速度（波のエネルギーの伝わる速度）を表す群速度であ
る．MHD 波動は群速度においても，磁場に対する著しい伝播特性を示す．
　位相速度と群速度の違いを明らかにするために，周波数および波長の近い二
つの正弦波動を，$A_1 = a\sin(k_1 x - \omega_1 t)$, $A_2 = a\sin(k_2 x - \omega_2 t)$ とおき，$k_1 - k_2 = \Delta k$ および $\omega_1 - \omega_2 = \Delta\omega$ としよう．この合成波 $A = A_1 + A_2$ は，

$$A = 2a\cos\left[\frac{1}{2}\Delta kx - \frac{1}{2}\Delta\omega t\right] \times \sin\left[\frac{1}{2}(k_1 + k_2)x - \frac{1}{2}(\omega_1 + \omega_2)t\right]$$

となり，ゆっくり振幅が振動する cos の部分（破線）と速く振動する sin の部分
（実線）に分けられる（図 2.5）．速く振動する部分の伝播速度が位相速度であり，
ゆっくりと振動する波束の伝播速度が群速度に対応する．よって群速度 v_g は，

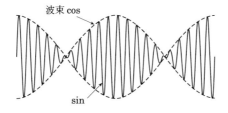

図 2.5 波束と群速度．

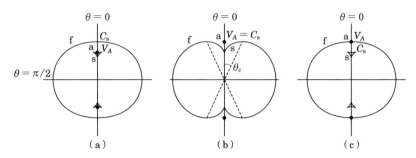

図 **2.6**　フリードリックスの群速度極ダイアグラム．縦軸が磁力線方向（$\theta = 0$），横軸が磁場に垂直方向（$\theta = \pi/2$）．（a）$V_\mathrm{A} < C_\mathrm{s}$，（b）$V_\mathrm{A} = C_\mathrm{s}$，（c）$V_\mathrm{A} > C_\mathrm{s}$ の場合．f は速い磁気音波（fast mode wave），a はアルベーン波，s は遅い磁気音波（slow mode wave）を示す．

$$v_\mathrm{g} \equiv \lim_{\Delta k, \Delta\omega \to 0} \frac{\Delta\omega}{\Delta k} = \frac{\partial\omega}{\partial k} \tag{2.55}$$

と表すことができる．一般的に波数ベクトル $\boldsymbol{k}$ に対応する群速度は，極座標で書き表すと，

$$\begin{aligned}
\boldsymbol{v}_\mathrm{g} &= \frac{\partial\omega}{\partial\boldsymbol{k}} = \frac{\partial\omega}{\partial k}\boldsymbol{e}_k + \frac{1}{k}\frac{\partial\omega}{\partial\theta}\boldsymbol{e}_\theta \\
&= v_\mathrm{ph}(\theta)\boldsymbol{e}_k + \frac{\partial}{\partial\theta}v_\mathrm{ph}(\theta)\boldsymbol{e}_\theta.
\end{aligned} \tag{2.56}$$

ただし，$\omega = kv_\mathrm{ph}(\theta)$ とした．

　群速度に対しても位相速度と同様にフリードリックス図を描いたものが図 2.6 であり，それぞれ（a）$V_\mathrm{A} < C_\mathrm{s}$，（b）$V_\mathrm{A} = C_\mathrm{s}$，（c）$V_\mathrm{A} > C_\mathrm{s}$ の場合を示した．アルベーン波に対しては，位相速度は直径 V_A の円で表せるため，群速度は磁力線方向しか伝わらないことがわかる．このためある場所で起きたアルベーン波の擾乱は，磁力線に斜め方向には決して伝わることはなく磁力線に沿って伝播する．遅い磁気音波は若干斜め方向に情報を伝えることができるが，基本的には磁力線方向に集中する．磁場に対して全方向に擾乱を伝えることができるのは速い磁気音波だけである．

　また $V_\mathrm{A} = C_\mathrm{s}$ の場合，速い磁気音波と遅い磁気音波の位相速度は $\omega/k = V_\mathrm{A}\sqrt{1 \pm \sin\theta}$ となっており図 2.4（b）からわかるように，磁場に平行伝播のと

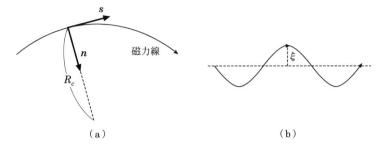

図 2.7 （a）磁力線の形状とベクトル要素の関係，（b）磁力線の変動とアルベーン波.

ころに特異性が現れていた．このため群速度のフリードリックス図においても特異性が表れ，速い磁気音波と遅い磁気音波が伝播できる領域は，$\tan\theta_c = 1/2$ を境にして $\theta < \theta_c$ は遅い磁気音波，$\theta > \theta_c$ は速い磁気音波となっている．

2.2.4　磁気張力

　アルベーン波は背景磁場に横方向の磁場の変化が復元力となって伝わる波であることがわかったが，ローレンツ力における役割を別の観点から見てみよう．次の運動方程式の右辺の第 2 項は，

$$\frac{D}{Dt}\boldsymbol{U} = -\frac{1}{\rho}\nabla p + \frac{1}{4\pi\rho}(\nabla \times \boldsymbol{B}) \times \boldsymbol{B} \tag{2.57}$$

ベクトル公式，

$$(\nabla \times \boldsymbol{B}) \times \boldsymbol{B} = (\boldsymbol{B} \cdot \nabla)\boldsymbol{B} - \nabla\left(\frac{B^2}{2}\right) \tag{2.58}$$

を用いて，次のように変形することができる．

$$\frac{D}{Dt}\boldsymbol{U} = -\frac{1}{\rho}\nabla\left(p + \frac{B^2}{8\pi}\right) + \frac{1}{4\pi\rho}(\boldsymbol{B} \cdot \nabla)\boldsymbol{B}. \tag{2.59}$$

右辺の最後の項は，磁場の方向に沿った向きの微分であるので，磁力線の曲がり具合（曲率）に関連した力を生じていることがわかるが，もう少し式を変形してその物理的意味を考えてみよう．図 2.7（a）のようにベクトル $\boldsymbol{s}$ を磁力線に沿った単位ベクトル，$\boldsymbol{n}$ を曲率半径の中心を向く単位ベクトル，R_c は磁力線の曲率半径として，

$$(\boldsymbol{B} \cdot \nabla)\boldsymbol{B} = |B|\frac{\partial}{\partial s}(|B|\boldsymbol{s}) = |B|\left(\frac{\partial}{\partial s}|B|\right)\boldsymbol{s} + |B|^2\frac{\partial \boldsymbol{s}}{\partial s}$$
$$= \frac{1}{2}\frac{\partial}{\partial s}|B|^2\boldsymbol{s} + |B|^2\frac{\boldsymbol{n}}{R_c}. \tag{2.60}$$

以上からローレンツ力は，

$$\frac{1}{4\pi\rho}(\nabla \times \boldsymbol{B}) \times \boldsymbol{B} = \frac{|B|^2}{4\pi\rho}\frac{\boldsymbol{n}}{R_c} - \frac{1}{4\pi\rho}(\nabla - \boldsymbol{s}\frac{\partial}{\partial s})\frac{|B|^2}{2}$$
$$= \frac{|B|^2}{4\pi\rho}\frac{\boldsymbol{n}}{R_c} - \frac{1}{8\pi\rho}\nabla_\perp|B|^2. \tag{2.61}$$

このことから電磁流体の運動方程式のローレンツ力は，磁力線の曲率半径に反比例するいわゆる磁気張力（第 1 項）と磁力線に垂直方向に力を及ぼす磁気圧力（第 2 項）に分けることができる．

　図 2.7（b）のように $\sin(kx)$ で変動する磁力線を考えよう．プラズマの速度 U に対して，位置ベクトルの変位 ξ は $\partial\xi/\partial t = U$ の関係で与えられるので，磁力線の曲率半径は $R_c = 1/(\xi k^2)$ と書くことができる．よって，

$$\frac{\partial^2}{\partial t^2}\xi = \frac{\partial}{\partial t}\boldsymbol{U} = \frac{B^2}{4\pi\rho}\frac{\boldsymbol{n}}{R_c} = -\frac{B^2}{4\pi\rho}k^2\xi. \tag{2.62}$$

このことからアルベーン速度 $V_{\mathrm{A}} = B/\sqrt{4\pi\rho}$ で伝播する横波が，磁気張力による復元力からきていることが確かめられる．

2.3　プラズマ不安定

　中性流体においてもさまざまな不安定現象があるが，磁場を含んだプラズマの系も同様で，平衡状態が与えられても微小なゆらぎが急速に発展してより安定な別の状態へと移行していくことがある．そしてプラズマ中では，磁場が存在することで，プラズマの不安定が増長されたり，また逆に抑制されたりすることがある．ここでは基本的ないくつかの MHD 不安定について解説する．

2.3.1　速度勾配・密度勾配による不安定

　ある境界面を挟んで密度が異なる流体が接している場合や異なる速度で流れている場合を考えよう．2 種類の流体の境界面には，境界面の表面積が増えるよう

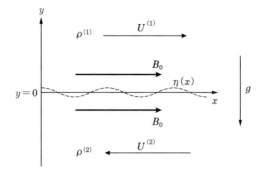

図 **2.8** レイリー–テイラー不安定とケルビン–ヘルムホルツ不安定.

に波打ち現象が起こることがあり，その場合は境界面を横切って 2 種類の流体が急速に混合していく．まず同じ密度の流体が速度勾配を持っている状況で起きる不安定は，ケルビン–ヘルムホルツ不安定（Kelvin–Helmholtz Instability）と呼ばれており，惑星磁気圏とそのまわりを流れる太陽風との相互作用や，銀河団の中を運動する銀河系のまわりなどの宇宙大規模構造においても主要な不安定である．

　次に鉛直方向に働く重力 g の下で密度の大きな流体が小さな流体の上にあるような場合は，レイリー–テイラー不安定（Rayleigh–Taylor Instability）と呼ばれる現象が起きる．この不安定における重力は，実際の重力でなくても流体が全体として加速度運動をしているときの等価重力であってもよく，たとえば，超新星爆発の星の内部で，化学組成の異なる物質の混合の際に重要な役割を果たしている．

　ケルビン–ヘルムホルツ不安定とレイリー–テイラー不安定は，線形では独立の不安定であり個別に議論することもできるが，ここでは少々煩雑にはなるが，両者の効果をまとめて不安定解析を行う．図 2.8 のように流体の上側の部分の密度を $\rho^{(1)}$, 速度を $U^{(1)}$, 下側の密度を $\rho^{(2)}$, 速度を $U^{(2)}$ としよう．重力 g は鉛直下方に働いており，また一様な磁場 B_0 が流れ方向に存在するとする．そして密度，速度および磁場の擾乱を以下のように仮定する．

$$\rho^{(i)} = \rho_0^{(i)} + \delta\rho^{(i)},$$

$$u_x^{(i)} = U^{(i)} + \delta u_x^{(i)},$$

$$u_y^{(i)} = \delta u_y^{(i)},$$

$$B_x = B_0 + \delta B_x,$$

$$B_y = \delta B_y.$$

ただし添字 $i = 1, 2$ は境界を挟んで上側および下側の領域をあらわす．ここでは簡単化のため流体は非圧縮 $\nabla \cdot \boldsymbol{U} = 0$ であると仮定し，連続の方程式，運動方程式，ファラデーの方程式および磁束の保存式を線形化して，

$$\frac{\partial}{\partial x} \delta u_x^{(i)} + \frac{\partial}{\partial y} \delta u_y^{(i)} = 0, \tag{2.63}$$

$$\left(\frac{\partial}{\partial t} + U^{(i)} \frac{\partial}{\partial x} \right) \delta \rho^{(i)} = -\delta u_y^{(i)} \frac{\partial}{\partial y} \rho_0^{(i)}, \tag{2.64}$$

$$\rho_0^{(i)} \left(\frac{\partial}{\partial t} + U^{(i)} \frac{\partial}{\partial x} \right) \delta u_x^{(i)} = -\rho_0^{(i)} \delta u_y^{(i)} \frac{\partial}{\partial y} U^{(i)} - \frac{\partial}{\partial x} \delta p^{(i)}, \tag{2.65}$$

$$\rho_0^{(i)} \left(\frac{\partial}{\partial t} + U^{(i)} \frac{\partial}{\partial x} \right) \delta u_y^{(i)} = -\frac{\partial}{\partial y} \delta p^{(i)}$$
$$+ \frac{B_0}{4\pi} \left(\frac{\partial}{\partial x} \delta B_y - \frac{\partial}{\partial y} \delta B_x \right) - g \delta \rho^{(i)}, \tag{2.66}$$

$$\left(\frac{\partial}{\partial t} + U^{(i)} \frac{\partial}{\partial x} \right) \delta B_x = B_0 \frac{\partial}{\partial x} \delta u_x^{(i)} + \delta B_y \frac{\partial}{\partial y} U^{(i)}, \tag{2.67}$$

$$\left(\frac{\partial}{\partial t} + U^{(i)} \frac{\partial}{\partial x} \right) \delta B_y = B_0 \frac{\partial}{\partial x} \delta u_y^{(i)}, \tag{2.68}$$

$$\frac{\partial}{\partial x} \delta B_x + \frac{\partial}{\partial y} \delta B_y = 0. \tag{2.69}$$

次に密度，速度，圧力，磁場の微小振動を $\exp\left[i(kx - \omega t)\right]$ の固有関数で展開する．前節の電磁流体（MHD）波動の解析で行ったのと同様である．その結果得られた式に対して，密度 $\delta\rho$, 圧力 δp, 速度の x 成分 δu_x および磁場の x および y 成分 $\delta B_x, \delta B_y$ を消去して，次のマスター方程式を得る．

$$\frac{\partial}{\partial y} \left[\rho_0^{(i)} (\omega - kU^{(i)}) \frac{\partial}{\partial y} \delta u_y^{(i)} + k\rho_0^{(i)} \frac{\partial}{\partial y} U^{(i)} \delta u_y^{(i)} \right] - \rho_0^{(i)} k^2 (\omega - kU^{(i)}) \delta u_y^{(i)}$$
$$= \frac{k^2 B_0^2}{4\pi} \left(\frac{\partial^2}{\partial y^2} - k^2 \right) \left(\frac{\delta u_y^{(i)}}{\omega - kU^{(i)}} \right) + \frac{k^2 g \delta u_y^{(i)}}{\omega - kU^{(i)}} \frac{\partial \rho_0^{(i)}}{\partial y}. \tag{2.70}$$

ここで境界面 $y \neq 0$ においては，

$$\left(\rho_0^{(i)}(\omega - kU^{(i)})^2 - \frac{k^2 B_0^2}{4\pi}\right)\left(\left(\frac{\partial^2}{\partial y^2} - k^2\right)\delta u_y^{(i)}\right) = 0. \tag{2.71}$$

そして境界面から遠ざかるにつれてゆらぎは小さくなると仮定できるので，$y \neq 0$ の領域で，

$$\delta u_y^{(i)} = A \exp(ky) + B \exp(-ky) \tag{2.72}$$

の形の解が求まる．$y > 0$ では $A = 0, B \neq 0$, $y < 0$ では $A \neq 0, B = 0$ をとる．

次に摂動により変形された境界面（渦面）の形を $Y = \eta(x,t)$ とすると，この境界面は流体とともに運動するので，

$$u_y^{(i)} = \left(\frac{\partial}{\partial t} + u_x^{(i)}\frac{\partial}{\partial x}\right)\eta. \tag{2.73}$$

線形化して，

$$\delta u_y^{(i)} = -i\left(\omega - kU^{(i)}\right)\eta. \tag{2.74}$$

よって $y = 0$ においては，上側と下側の比をとって，

$$\frac{\delta u_y^{(1)}}{\delta u_y^{(2)}} = \frac{\omega - kU^{(1)}}{\omega - kU^{(2)}} \tag{2.75}$$

が成り立っている．この境界条件を用いて，$y \neq 0$ での速度成分 $\delta u_y^{(i)}$ の解は，

$$\begin{aligned}
\delta u_y^{(1)} &= (\omega - kU^{(1)})\exp(-ky), \\
\delta u_y^{(2)} &= (\omega - kU^{(2)})\exp(+ky).
\end{aligned} \tag{2.76}$$

さてここでマスター方程式 (2.70) の境界 $y = 0$ での条件を見てみよう．まず境界面を挟んで，微小量 ε の積分を以下のように定義する，

$$\Delta_s(f) \equiv \lim_{\varepsilon \to 0}\int_{0-\varepsilon}^{0+\varepsilon}\frac{\partial}{\partial y}f(y)dy = f(+0) - f(-0). \tag{2.77}$$

そしてマスター方程式の両辺を y に関して $-\varepsilon$ から $+\varepsilon$ まで積分することにより，

$$\begin{aligned}
&\Delta_s\left(\rho_0^{(i)}(\omega - kU^{(i)})\frac{\partial}{\partial y}\delta u_y^{(i)}\right) \\
&= \frac{k^2 B_0^2}{4\pi}\Delta_s\left(\frac{1}{\omega - kU^{(i)}}\frac{\partial}{\partial y}\delta u_y^{(i)}\right) + k^2 g\frac{\delta u_y^{(i)}}{\omega - kU^{(i)}}\Delta_s(\rho_0^{(i)}).
\end{aligned} \tag{2.78}$$

ここに式（2.76）を代入して，次の分散式を得る，

$$\frac{\omega}{k} = (\alpha_1 U^{(1)} + \alpha_2 U^{(2)})$$
$$\pm \sqrt{V_A^2 - \alpha_1 \alpha_2 (U^{(1)} - U^{(2)})^2 - \frac{g}{k}(\alpha_1 - \alpha_2)}. \qquad (2.79)$$

ただし，$\alpha_i = \rho^{(i)}/(\rho^{(1)} + \rho^{(2)})$, $V_A^2 = B_0^2/2\pi(\rho^{(1)} + \rho^{(2)})$ とした．この分散式から，まず速度勾配がない $U^{(1)} = U^{(2)} = 0$ の場合，すなわちレイリー–テイラー不安定の場合を考えると，$g(\alpha_1 - \alpha_2)/k > V_A^2$ のときに，式（2.79）の平方根は虚数になるので不安定な成長するモードが現れる．最初に静水圧平衡，$\nabla p + \rho g = 0$，を満たしていても，重い流体が軽い流体の上に位置しているときには不安定になることがわかる．また磁場は安定化作用として働いている．

　次に速度勾配はあるが密度勾配がない $\rho^{(1)} = \rho^{(2)}$ のケルビン–ヘルムホルツ不安定の場合には，$(U^{(1)} - U^{(2)})^2 > 4V_A^2$ のときに，速度差によって不安定が成長することがわかる．このとき境界面で発達する波打ち現象は，位相速度 $(U^{(1)} + U^{(2)})/2$ で伝播する．この場合も有限の磁場が安定化に効いていることがわかる．

　レイリー–テイラー不安定もケルビン–ヘルムホルツ不安定も，磁場による安定化の効果は，磁気張力により境界面の波打ち現象が抑制されていることから来ている．これを見るために，式（2.66）におけるローレンツ力の代わりに表面張力の効果を入れて考えてみよう．

$$\rho_0^{(i)} \left(\frac{\partial}{\partial t} + U^{(i)} \frac{\partial}{\partial x} \right) \delta u_y^{(i)} = -\frac{\partial}{\partial y} \delta p^{(i)} + T_s \frac{\partial^2 \eta}{\partial x^2} \delta(y). \qquad (2.80)$$

ここで T_s は表面張力，$\delta(y)$ はデルタ関数であり，境界面で表面張力が作用していることを示している．この場合も同様に分散式を解くと簡単な計算後に，

$$\frac{\omega}{k} = (\alpha_1 U^{(1)} + \alpha_2 U^{(2)})$$
$$\pm \sqrt{\frac{kT_s}{\rho^{(1)} + \rho^{(2)}} - \alpha_1 \alpha_2 (U^{(1)} - U^{(2)})^2 - \frac{g}{k}(\alpha_1 - \alpha_2)} \qquad (2.81)$$

を得ることができる．2 種類の異なる媒質が接する表面で働く表面張力の効果は，常に不安定を抑制していることがわかる．2.2.4 節において，ローレンツ力には磁場の強度に比例した磁気圧と磁力線の曲率に比例した磁気張力があること

を述べたが，レイリー–テイラー不安定やケルビン–ヘルムホルツ不安定でも表面張力が磁力張力と同じような効果をもっており，磁場による等価表面張力は，$T_s \equiv B_0^2/2\pi k$ と表せることがわかる.

2.3.2 重力回転系での不安定: 磁気回転不安定

　中心天体のまわりに回転している回転重力系のもとでは，周辺の物質が円盤状になって回転する降着円盤が形成されていることが多い．そしてその物質が中心天体にゆっくりと落下することによって莫大な重力エネルギーを放出していることが知られている．物質を落下させるには，角運動量を外側へ輸送することが必要であるが，1991 年にバルバス（S.A. Balbus）とホーリ（J.F. Hawley）は，電磁波動を利用して角運動量を輸送するプラズマ不安定について精力的に研究を行った．この不安定は，1960 年前後にチャンドラセカール（S. Chandrasekhar）やベリコフ（E.P. Velikov）によって研究された不安定と基本的には同じものであったが，現在この重力回転系での磁場を介した不安定を，磁気回転不安定（Magneto–Rotational Instability, MRI）と呼んでいる.

　円柱座標 (r,ϕ,z) のもとで，z 軸のまわりを角速度 $\Omega(r)$ で回転している系を考え，平衡状態では重力と遠心力がつりあっている円筒状のプラズマを考える．背景磁場は ϕ–z 面に存在するとして $\boldsymbol{B} = (0, B_\phi, B_z)$ と仮定する．また波数ベクトルは z 軸に平行であるとして，1 次擾乱を $\exp(ikz - i\omega t)$ の固有関数で展開する．この局所近似の下で線形化された連続の方程式および運動方程式は次のようになる.

$$-\omega\frac{\delta\rho}{\rho} + k\delta u_z = 0, \tag{2.82}$$

$$-i\omega\delta u_r - 2\Omega\delta u_\phi - i\frac{kB_z}{4\pi\rho}\delta B_r = 0, \tag{2.83}$$

$$-i\omega\delta u_\phi + \frac{\kappa^2}{2\Omega}\delta u_r - i\frac{kB_z}{4\pi\rho}\delta B_\phi = 0, \tag{2.84}$$

$$-\omega\delta u_z + k\left(\frac{\delta p}{\rho} + \frac{B_\phi}{4\pi\rho}\delta B_\phi\right) = 0. \tag{2.85}$$

ここで $\kappa^2 \equiv (1/r^3)(d(r^4\Omega^2)/dr)$ はエピサイクリック周波数（epicyclic frequency）と呼ばれている．重力と遠心力が釣り合っている状態で微小振動を

与えたときの振動周期となっている.次にファラデーの方程式(誘導方程式)に関しても線形化すると,

$$-\omega\delta B_r = kB_z\delta u_r, \tag{2.86}$$

$$-i\omega\delta B_\phi = \delta B_r\frac{d\Omega}{d\ln r} + ik(B_z\delta u_\phi - B_\phi\delta u_z), \tag{2.87}$$

$$\delta B_z = 0. \tag{2.88}$$

状態方程式は,比熱比 $\gamma = 5/3$ の断熱近似をもちいて

$$\frac{\delta p}{p} = \frac{5}{3}\frac{\delta\rho}{\rho}. \tag{2.89}$$

さて以上の線形化された方程式から,もし $\Omega = 0$ であるときは,円柱座標での通常の MHD 波動を得ることができる.横波のアルベーン波動は,波数ベクトル $\boldsymbol{k}$ と背景磁場 $\boldsymbol{B}$ に垂直な r 成分から,

$$\omega^2 = k^2V_{Az}^2, \quad V_{Az}^2 \equiv \frac{B_z^2}{4\pi\rho}. \tag{2.90}$$

また z および ϕ 成分からは,速い磁気音波と遅い磁気音波の分散方程式が次の形で得られる,

$$\omega^4 - k^2\omega^2(C_s^2 + V_A^2) + k^4V_{Az}^2C_s^2 = 0, \quad V_A^2 \equiv \frac{B_z^2 + B_\phi^2}{4\pi\rho}. \tag{2.91}$$

次に $\Omega \neq 0$ であるが剛体回転している場合,すなわち $d\Omega/dr = 0$ の場合を考えよう.ここでは簡単のため磁場に平行な伝播だけを考えることにして,背景磁場の ϕ 成分を $B_\phi = 0$ とする.線形化された方程式を書き下すと,まず磁場方向については回転がない場合と同じで,

$$-\omega\frac{\delta\rho}{\rho} + k\delta u_z = 0, \tag{2.92}$$

$$-\omega\delta u_z + k\frac{\delta p}{\rho} = 0, \tag{2.93}$$

$$\frac{\delta p}{p} = \frac{5}{3}\frac{\delta\rho}{\rho}. \tag{2.94}$$

これは音波の分散方程式 $\omega^2 = k^2C_s^2$ を与える.磁場に垂直な成分については,運動方程式にコリオリ力が加わって,

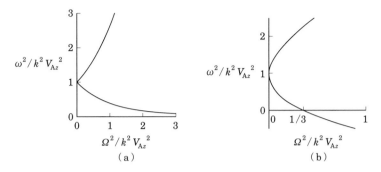

図 **2.9** 磁気回転不安定（MRI）(a) 剛体回転系，(b) ケプラー
回転系.

$$-i\omega\delta u_r - 2\Omega\delta u_\phi - i\frac{kB_z}{4\pi\rho}\delta B_r = 0, \tag{2.95}$$

$$-i\omega\delta u_\phi + 2\Omega\delta u_r - i\frac{kB_z}{4\pi\rho}\delta B_\phi = 0, \tag{2.96}$$

$$-\omega\delta B_r = kB_z\delta u_r, \tag{2.97}$$

$$-i\omega\delta B_\phi = ikB_z\delta u_\phi \tag{2.98}$$

となるが，回転がない場合の MHD 方程式と異なり，r 成分と ϕ 成分がコリオリ
力を介して結合していることがわかる．つまり横波のアルベーン波と縦波の磁気
音波は独立ではない．この場合の分散方程式は，

$$\omega^2 - k^2V_{Az}^2 = \pm\sqrt{4\Omega^2\omega^2} \tag{2.99}$$

となる．この解を，縦軸に $\omega^2/k^2V_{Az}^2$，横軸に $\Omega^2/k^2V_{Az}^2$ で図 2.9 (a) にプロッ
トすると，一方の解は $\Omega^2/k^2V_{Az}^2$ の増大に伴って ω^2 が増大しているが，もう一
方の解は ω^2 がゼロに漸近している．しかしどちらも常に $\omega^2 > 0$ であるので，
電磁流体波動は不安定になることはない．

　通常宇宙プラズマ中における磁気回転不安定では，磁気圧よりガス圧が優勢な
場合 $(V_A < C_s)$ を扱うので，位相速度の速いほうがアルベーン波，遅いほうが
遅い磁気音波の波に対応する．この分散に対して，r と ϕ 方向の速度場の比をと
ると，

$$\frac{i\delta u_r}{\delta u_\phi} = -\frac{2\Omega\omega}{\omega^2 - k^2V_{Az}^2} = \mp 1 \tag{2.100}$$

を得るが，速い位相速度を持つ波は回転方向と同じ右回りの円偏波であり，遅い位相速度の波が左回りの円偏波である.

　最後に，$\Omega \neq 0$ かつ $d\Omega/dr \neq 0$ の場合を考える. 磁場に垂直方向の線形化された方程式は，

$$-i\omega\delta u_r - 2\Omega\delta u_\phi - i\frac{kB_z}{4\pi\rho}\delta B_r = 0, \tag{2.101}$$

$$-i\omega\delta u_\phi + 2\left(\Omega + \frac{d\Omega}{d\ln r}\right)\delta u_r - i\frac{kB_z}{4\pi\rho}\delta B_\phi = 0, \tag{2.102}$$

$$-\omega\delta B_r = kB_z\delta u_r, \tag{2.103}$$

$$-i\omega\delta B_\phi = \delta B_r\frac{d\Omega}{d\ln r} + ikB_z\delta u_\phi \tag{2.104}$$

となり，分散方程式として，

$$\omega^2 - k^2 V_{Az}^2 = \pm\sqrt{4\Omega^2\omega^2 + (\omega^2 - k^2 V_{Az}^2)\frac{d\Omega^2}{d\ln r}}. \tag{2.105}$$

もしケプラー回転の場合は，$\dfrac{d\Omega^2}{d\ln r} = -3\Omega^2$ となり，この分散式は図 2.9（b）のようになる. よって遅い磁気音波の波動に対しては，ω^2 は $k^2 V_{Az}^2 = 3\Omega^2$ でゼロとなりそれよりも大きな $\Omega^2/k^2 V_{Az}^2$ では負となり，不安定になることがわかる. これが磁気回転不安定（MRI）と呼ばれるものであり，回転軸方向に存在する磁場のゆらぎを作り，降着円盤などにおける角運動量輸送を担う乱流場の起源になっている.

2.3.3　抵抗性不安定: 磁気リコネクション

　磁気リコネクションは，磁場のエネルギーをプラズマの運動エネルギーおよび熱エネルギーに変化させることができるメカニズムであり，太陽フレア，原始星フレア，地球の磁気嵐やサブストーム，パルサー磁気圏，銀河団などをはじめとして，磁場の極性が反転する磁場形状が存在するところではどこでも起きていると考えられる宇宙プラズマ中では大切な不安定である.

スイートーパーカーの磁気リコネクション

　電流シート近傍では，中心部分での磁場の拡散によって磁気圧が減り，そのため圧力平衡を満たすようにプラズマがゆっくり侵入していると考えられる. まず

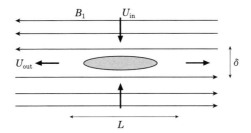

図 **2.10** スイート–パーカーの磁気リコネクション．電流層の
厚さ δ, リコネクションのサイズ L.

磁場拡散時間 τ は，磁場拡散を含んだファラデー方程式（2.14）より，ゆっく
りとしたプラズマ運動が無視できるとして，

$$\tau \sim \frac{4\pi\sigma\delta^2}{c^2}. \tag{2.106}$$

電流シートに向かって流れ込むプラズマ速度 U_{in} は，

$$U_{\mathrm{in}} \sim \frac{\delta}{\tau} = \frac{c^2\delta}{4\pi\sigma\delta^2} = \left(\frac{V_{\mathrm{A}}}{R_m}\right)\left(\frac{L}{\delta}\right). \tag{2.107}$$

ここでアルベーン速度 $V_{\mathrm{A}} = B_0/\sqrt{4\pi\rho}$, 磁場の拡散を特徴付ける無次元量であ
る磁気レイノルズ数 $R_m = 4\pi\sigma V_{\mathrm{A}} L/c^2$. プラズマは流入とともにジュール加熱
で高温になるが，外側の磁場の強い領域と圧力平衡にあることから，電流シート
でのガス圧 p_{ns} は，

$$p_{\mathrm{ns}} \sim \frac{B_0^2}{8\pi}. \tag{2.108}$$

またこのガス圧によりプラズマが中心部分から両側に加速されるとすると，流出
速度 U_{out} とガス圧 p_{ns} とには，

$$p_{\mathrm{ns}} \sim \frac{1}{2}\rho U_{\mathrm{out}}^2 \tag{2.109}$$

の関係が成り立つ．よって，

$$U_{\mathrm{out}} \sim \frac{B_0}{\sqrt{4\pi\rho}} = V_{\mathrm{A}}. \tag{2.110}$$

一方，連続の方程式より，流入する速度 U_{in} と流出速度 U_{out} には，それぞれ

のスケールサイズを L および δ と置くことにより,

$$LU_{\text{in}} = \delta U_{\text{out}}. \tag{2.111}$$

以上から,

$$U_{\text{in}} = \frac{V_A}{\sqrt{R_m}}, \quad \frac{\delta}{L} = \frac{1}{\sqrt{R_m}}. \tag{2.112}$$

この磁場の拡散およびプラズマ加速の理論は, スイート (Sweet) とパーカー (Parker) によって 1958 年ごろに太陽コロナの加熱を説明する目的で研究されたものであるが, プラズマ流入速度は磁気レイノルズ数の平方根の逆数に比例するので, 太陽コロナのような大きな磁気レイノルズ数の媒質中では, 十分な磁場のエネルギーを散逸できないとされている. 実際太陽コロナでの磁気レイノルズ数を, スピッツァ (Spitzer) の電気抵抗に従って見積もってみると, 10^{14} 以上にもなる.

　しかし高温希薄な無衝突プラズマ中での電気抵抗の起源は, スピッツァの電気抵抗ではなく次の二つの考え方がされている. 一つは, プラズマ中に励起された波動が電子を散乱することにより生じる異常電気抵抗であり, もう一つは, 有限質量の電子が電場によって加速されることで生じる電気抵抗であり, 慣性抵抗 (後述 2.5.6 節) と呼ばれているものである. これらの機構による磁気レイノルズ数の評価は簡単ではないが, およそ $R_m \sim 10^3$–10^6 ではないかと言われている.

ペチェックの磁気リコネクション

　百万度にも達する太陽コロナの加熱を説明するために, スイートとパーカーは磁気リコネクションモデルを考えたが, 彼らのモデルでは磁場の散逸が遅いので太陽フレアでの爆発的現象を説明することができなかった. もっと早く磁場のエネルギーを消失させて熱エネルギーに変換するためには, 何らかの別のメカニズムが必要である. ペチェック (Petschek) は, スイート‐パーカーのメカニズムに加えて衝撃波によるエネルギー変換を考えることで, 非常に短時間で磁場のエネルギーを散逸させるメカニズムを発見した. ペチェックのアイデアを図 2.11 に示す. 領域 I から磁場の極性が反転するプラズマシートに向かって流れ込むプラズマ速度は, 磁場に対してほとんど垂直方向になるので, 斜め伝搬のアフベーン波の位相速度に対して超音速になり得る. このことから, 領域 I と領域 II の

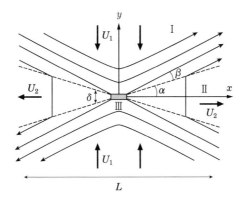

図 **2.11** ペチェックの磁気リコネクション. 実線が磁力線, 破線が衝撃波, 領域 III は磁場の拡散領域.

間に衝撃波ができると考えたのである.

それでは, ペチェックの考え方にしたがって速いリコネクションを考えてみよう. まず衝撃波領域について, 領域 I と領域 II の物理量を関係付けておく. 簡単のため非圧縮のプラズマを仮定し, 衝撃波を横切って密度は一定としておく. 衝撃波に垂直方向の速度成分 U_n と B_n は連続であり, これを

$$[U_n] = [B_n] = 0. \tag{2.113}$$

ここで記号 $[f] \equiv f_{\mathrm{I}} - f_{\mathrm{II}}$ と定義する. 横方向のストレスの釣合いから,

$$\rho U_n [U_t] = \frac{B_n}{4\pi}[B_t]. \tag{2.114}$$

また磁場フラックス一定 (または定常解における電場一定) の条件と式 (2.113) を用いることで,

$$U_n[B_t] = B_n[U_t]. \tag{2.115}$$

よって速度 U_n と磁場 B_n に対して次の関係式を得る,

$$\rho U_n^2 = \frac{B_n^2}{4\pi}. \tag{2.116}$$

次にプラズマが磁気中性面付近で加速されて流出していく領域 II での速度を考えよう. ここでは図 2.11 からわかるように, $B_{x2} = U_{y2} = 0$ が成り立っている. また衝撃波と x 軸がなす角度 α も衝撃波と磁力線がなす角度 β もどちらも小さ

いと仮定して，$B_{t2} \sim 0$ および $U_{t1} \sim 0$ とする．式 (2.115) と (2.116) より，

$$U_2 \sim U_{t2} \sim \frac{B_{t1}}{\sqrt{4\pi\rho}} \sim \frac{B_1}{\sqrt{4\pi\rho}} = V_A \tag{2.117}$$

を得る．流出速度がアルベーン速度になるのは，スイート–パーカーのリコネクションと同じである．

　今度は領域 I を考えよう．リコネクションの起きている領域で流れる電流はほとんど衝撃波面と X 点（磁場の拡散領域 III）に集中しており，領域 I においては rot$\boldsymbol{B}$ = 0 を満たしていると考えてよい．また衝撃波面 $\theta = \alpha$ における境界条件 B_y = 一定 を課すと，領域 I における磁場構造として，

$$B_x = B_1 - C_1 \ln\left(\frac{L}{r}\right), \tag{2.118}$$

$$B_y = C_1\left(\frac{\pi}{2} - \theta\right) \tag{2.119}$$

が得られる．C_1 は積分定数，$\theta > \alpha$，$L > r > \delta$．座標 (r, θ) は，原点からの距離 r と x 軸から反時計回りの角度 θ である．ペチェック解では，B_x は X 点に近づくにつれて急激に小さくなるが，これは X 点の磁場拡散から速い磁気音波の膨張波がまわりの空間に伝番していることを表している．

　以上の解をもとに領域 I と領域 III の境界条件（解の接続）を考える．ここでは対流（運動）電場 $U \times B/c$ と電気抵抗により生じている電場 $(c/4\pi\sigma)\mathrm{rot}B$ が同じ大きさの物理量になっていると考えられるので，領域 I と II の境界での速度と磁場を U_1^* および B_1^* として，

$$U_1^* B_1^* \sim \frac{c^2}{4\pi\sigma} \frac{B_1^*}{\delta} \tag{2.120}$$

を得る．スイート–パーカーのリコネクションと同様にリコネクションのスケール L で定義した磁気レイノルズ数を用いると，

$$\frac{L}{\delta} \sim \left(\frac{U_1^*}{V_A}\right) R_m \tag{2.121}$$

が得られる．磁場 B_1^* の値は，領域 I の磁場 B_1 のおよそ半分であると考えられるので，$B_1^* \sim B_1/2$ と置いて，式 (2.118) を用いると，

$$B_1^* \sim B_1 - C_1 \ln\left(\frac{U_1^*}{V_A} R_m\right) \sim \frac{B_1}{2}. \tag{2.122}$$

定常状態における電場一定の条件（磁気フラックス保存の条件）より，$U_1 B_1 = U_1^* B_1^* = U_2 B_2 \sim V_A C_1 \pi/2$ が成り立つ．よって領域 I でのプラズマの流入速度 U_1 は，

$$\frac{U_1}{V_A} \simeq \frac{\pi}{4 \ln \left(2 \dfrac{U_1}{V_A} R_m \right)}. \tag{2.123}$$

スイート–パーカーのリコネクションの場合は磁場フラックスの散逸が磁気レイノルズ数の平方根に依存していたのが，ペチェックのリコネクションは対数の依存性になるので，大きな磁気レイノルズ数でも流入速度が小さくなることは無く，比較的速い時間スケールで磁場を散逸できることがわかる．

2.3.4 温度異方性の不安定: ファイアホース不安定とミラー不安定

　これまでプラズマのガス圧力は等方的であるとしてきたが，磁場に平行方向と垂直方向では温度が異なることがありうる．何らかの原因で熱力学的平衡状態から外れた状態に置かれると，速やかにマクスウェル分布に緩和していくであろうと考えられるが，そのとき大雑把には，粒子の運動の緩和時間は，磁場に垂直方向はジャイロ周期，平行方向はプラズマ周期程度で運動が支配されているとみなせるので，ガス圧力も磁場に平行方向と垂直方向で異なることになる．いろいろなプラズマ不安定による加熱現象の結果，磁場に平行方向と垂直方向では温度が異なるプラズマが作られることはよくある．

　温度異方性を有するプラズマの圧力は，

$$\boldsymbol{p} = p_\perp (\boldsymbol{I} - \boldsymbol{bb}) + p_{//} \boldsymbol{bb} \tag{2.124}$$

と表せる．ここで $\boldsymbol{I}, \boldsymbol{b}$ はそれぞれ単位テンソルおよび単位磁場ベクトルである．電磁流体波動で行ったように運動方程式およびファラデーの方程式を線形化する．変位ベクトルを $d\boldsymbol{\xi}/dt = \delta \boldsymbol{U}$ とおいて，0 次の磁場の方向を z 軸方向，波数ベクトルを $\boldsymbol{k} = (k_x, 0, k_z)$ と仮定しよう．線形化された方程式は，

$$- \rho \omega^2 \boldsymbol{\xi} = - \nabla \cdot \delta \boldsymbol{p} - \frac{1}{4\pi} \nabla (\boldsymbol{B}_0 \cdot \delta \boldsymbol{B}) + \frac{1}{4\pi} (\boldsymbol{B}_0 \cdot \nabla) \delta \boldsymbol{B}, \tag{2.125}$$

$$\delta \boldsymbol{B} = i k_z \xi_x B_0 \boldsymbol{e}_x + i k_z \xi_y B_0 \boldsymbol{e}_y - i k_x \xi_x B_0 \boldsymbol{e}_z. \tag{2.126}$$

圧力テンソルの微小量変化は次のように与えられる．

$$\delta \boldsymbol{p} = \delta p_\perp \boldsymbol{I} + (\delta p_{/\!/} - \delta p_\perp)\boldsymbol{b}\boldsymbol{b} + (p_{/\!/} - p_\perp)(\delta \boldsymbol{b}\,\boldsymbol{b} + \boldsymbol{b}\,\delta \boldsymbol{b}). \qquad (2.127)$$

ここで磁場の 1 次微小量の絶対値 δB および単位ベクトル $\boldsymbol{b}$ の 1 次微小量変化は,

$$\delta B = -ik_x \xi_x B_0, \qquad (2.128)$$

$$\delta \boldsymbol{b} = ik_z \xi_x \boldsymbol{e}_x + ik_z \xi_y \boldsymbol{e}_y \qquad (2.129)$$

と表せることに注意して, 圧力テンソルの微小量を書き下すと,

$$\nabla \cdot \delta \boldsymbol{p} = (ik_x \delta p_\perp - (p_{/\!/} - p_\perp)k_z^2 \xi_x)\boldsymbol{e}_x$$
$$- ((p_{/\!/} - p_\perp)k_z^2 \xi_y)\boldsymbol{e}_y + (ik_z \delta p_{/\!/} - (p_{/\!/} - p_\perp)k_x k_z \xi_x)\boldsymbol{e}_z. \qquad (2.130)$$

以上より, 運動方程式の磁場成分を変位位置ベクトルで書き換えて,

$$\rho \omega^2 \xi_x = ik_x \delta p_\perp - k_z^2 (p_{/\!/} - p_\perp)\xi_x + (k_x^2 + k_z^2)(B_0^2/4\pi)\xi_x, \qquad (2.131)$$

$$\rho \omega^2 \xi_y = -k_z^2 (p_{/\!/} - p_\perp)\xi_y + k_z^2 (B_0^2/4\pi)\xi_y, \qquad (2.132)$$

$$\rho \omega^2 \xi_z = ik_z \delta p_{/\!/} - k_x k_z (p_{/\!/} - p_\perp)\xi_x. \qquad (2.133)$$

この方程式は, 等方温度の電磁流体方程式と同様に, 横波の ξ_y 成分と縦波の (ξ_x, ξ_z) とは独立である. まず横波の場合は,

$$\frac{\omega^2}{k_z^2} = \frac{1}{\rho}\left(\frac{B_0^2}{4\pi} - (p_{/\!/} - p_\perp)\right) \qquad (2.134)$$

を得るが, もし等方温度の場合は, 通常のアルベーン波の分散を与える. しかし, 磁場に平行方向の温度の方が垂直方向よりも高い場合は, 位相速度は通常のアルベーン波の位相速度 $V_{\mathrm{A}} = B_0/\sqrt{4\pi\rho}$ よりも遅くなる. 位相速度が減速されるのは, 横波のアルベーン波が磁気張力を復元力として伝わる波であったからだが, もし磁場に平行方向の圧力が高くなると, そのプラズマが曲がった磁力線に及ぼす遠心力のために, 磁気張力の復元力を弱めることからきている. もしさらに温度異方性が大きくなって,

$$p_{/\!/} - p_\perp > \frac{B_0^2}{4\pi} \qquad (2.135)$$

の条件が満たされる状況になるとアルベーン波はもはや伝播できず不安定になる. この不安定をファイアホース不安定 (fire-hose instability) と呼んでいる. ちょうど消火ホースが水圧によって蛇行するのにたとえることができる.

次に縦波の場合を考える．圧縮性の波であるので状態方程式を指定する必要があるが，ここでは等方温度のプラズマの状態方程式（2.17）ではなく，温度異方性のあるプラズマ中での状態方程式として，2重断熱定理（double adiabatic theory）を使うことにしよう．

$$\frac{D}{Dt}\left(\frac{p_\perp}{\rho B}\right) = 0, \tag{2.136}$$

$$\frac{D}{Dt}\left(\frac{p_{/\!/} B^2}{\rho^3}\right) = 0. \tag{2.137}$$

この式の物理的意味はプラズマの粒子運動に対する二つの断熱不変量を表している．第1および第2断熱不変量の周期運動は，それぞれ磁場に垂直方向のジャイロ運動，磁場に平行方向の磁束管に閉じ込められた粒子の往復運動をとる．そして，第1断熱不変量の軌道積分についてはジャイロ運動の円周をとって，周期運動に比べてゆっくりと変動する磁場に対して，次の量が保存される，

$$\oint v_\perp ds = v_\perp \frac{2\pi v_\perp}{\Omega_c} = \frac{2\pi m c v_\perp^2}{eB} \propto \frac{p_\perp}{\rho B} = \text{一定}.$$

第2断熱不変量の軌道積分は往復運動の距離を l とし，磁力線とプラズマの凍結で用いた式（2.25）の $BdS = $ 一定 と式（2.26）の $\rho dSdl = $ 一定 から $dl \propto B/\rho$ に留意して，

$$\oint v_{/\!/} dl \propto \sqrt{\frac{p_{/\!/}}{\rho}}\frac{B}{\rho} = \left(\frac{p_{/\!/} B^2}{\rho^3}\right)^{1/2} = \text{一定}$$

を得る．このような温度異方性を有するプラズマ状態方程式を用いて，非等方な圧力の1次変動は，

$$\frac{\delta p_\perp}{p_\perp} = \frac{\delta\rho}{\rho} + \frac{\delta B}{B_0} = -2ik_x\xi_x - ik_z\xi_z, \tag{2.138}$$

$$\frac{\delta p_{/\!/}}{p_{/\!/}} = \frac{3\delta\rho}{\rho} - \frac{2\delta B}{B_0} = -ik_x\xi_x - 3ik_z\xi_z. \tag{2.139}$$

以上より，温度異方性のあるプラズマ中での分散方程式は，ω^2 に対する2次方程式として

$$\left(\rho\omega^2 - \left((2k_x^2 + k_z^2)p_\perp + \frac{k^2 B_0^2}{4\pi} - k_z^2 p_{/\!/}\right)\right)(\rho\omega^2 - 3k_z^2 p_{/\!/}) = (k_x k_z p_\perp)^2 \tag{2.140}$$

を得る．もしここで等方温度のプラズマ $p_\perp = p_{/\!/} = p$ を仮定し，磁場に平行伝播
の波動（$k_x = 0, k_z \neq 0$）を考えると，$\omega^2/k_z^2 = V_{\mathrm{A}}^2$ のアルベーン波と $\omega^2/k_z^2 =$
$3p/\rho$ の音波の波動を得る．2 重断熱定理により磁力線方向のプラズマ圧縮膨張
を 1 次元的に仮定したので，自由度 $f = 1$，比熱比 $\gamma = (f+2)/f = 3$ の音波
に対応している．一方，磁場に垂直伝播の波動 ($k_x \neq 0, k_z = 0$) は，$\omega^2/k_x^2 =$
$V_{\mathrm{A}}^2 + 2p/\rho$ となり「速い磁気音波」に対応する波動を得る．磁場に垂直方向の
プラズマ圧縮膨張が 2 次元的であると仮定しているので，ガス圧の寄与からくる音
波の部分については，自由度 $f = 2$，比熱比 $\gamma = 2$ となっている．

　さて上記の分散式の ω^2 に対する判別式は常に正であるので，ω^2 は二つの実
根をもつ．しかしもし次の条件が満たされると，ω^2 の一つの解が負となりプラ
ズマ不安定となる．つまり速い磁気音波は温度異方性に対して安定であるが，遅
い磁気音波は不安定になることがある．不安定の条件は，

$$2k_x^2 \left(\frac{B_0^2}{8\pi} + p_\perp \left(1 - \frac{p_\perp}{6p_{/\!/}} \right) \right) + k_z^2 \left(\frac{B_0^2}{4\pi} + p_\perp - p_{/\!/} \right) < 0. \qquad (2.141)$$

いま $k_x = 0, k_z \neq 0$ の平行伝播のときを考えると，不安定の条件は，

$$p_{/\!/} - p_\perp > \frac{B_0^2}{4\pi} \qquad (2.142)$$

となり，横波の場合と同じファイアーホース不安定であることが確認できる．し
かし横波（非圧縮波）の場合と異なり，斜め伝播の成長率は横波の場合より小さ
く，不安定領域は平行伝播の方向に偏っている．

　次に $k_x \neq 0, k_z = 0$ の垂直伝播のときを考えると，不安定の条件は，

$$\frac{p_\perp^2}{6p_{/\!/}} > \frac{B_0^2}{8\pi} + p_\perp \qquad (2.143)$$

となりミラー不安定 (mirror instability) と呼ばれる．磁場に垂直方向の温度が
高くなるとあらわれる不安定で，プラズマの反磁性の性質から来ている．つまり
遅い磁気音波の場合，磁場の疎密に伴い現れる磁気ミラー力[*2]がプラズマを磁場
の弱い領域に運ぼうとする．一方磁場に平行方向に働くガス圧力で押し戻そうと

　[*2] 磁気ミラー力とは，磁力線が広がったり窄（すぼ）んだりしているところで荷電粒子に働くローレン
ツ力のことで，プラズマは磁場の強い領域から弱い領域へ働く力を受ける．

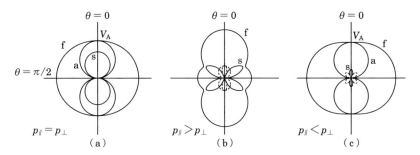

$\theta = 0$ $\qquad$ $\theta = 0$ $\qquad$ $\theta = 0$

$\theta = \pi/2$

$p_{/\!/} = p_\perp$ $\qquad$ $p_{/\!/} > p_\perp$ $\qquad$ $p_{/\!/} < p_\perp$

(a) $\qquad$ (b) $\qquad$ (c)

図 **2.12** 温度異方性のある場合のフリードリックスの位相極ダイアグラム．実線は $\omega^2 > 0$ の安定な波動伝播が存在できる領域で，破線は $\omega^2 < 0$ の不安定領域．縦軸が磁力線方向（$\theta = 0$），横軸が磁場に垂直方向（$\theta = \pi/2$）．（a）$p_{/\!/} = p_\perp$ の場合，（b）$p_{/\!/} > p_\perp$ のファイアーホース不安定の場合，(c) $p_{/\!/} < p_\perp$ のミラー不安定の場合．

しているが，磁場に垂直方向の圧力の方が高くなると磁気ミラー力が優勢になり不安定になる．

　温度の異方性がある場合のフリードリックスの位相極ダイアグラムの典型的な例を図 2.12 に示す．破線は ω^2 が負になった不安定領域であり，成長率 $\mathrm{Im}(\omega)/k$ を示してある．この図からもわかるように，ファイアーホース不安定は磁力線方向に伝わる遅い磁気音波とアルベーン波に対応し，ミラー不安定は，磁場に対して斜め方向に伝わる遅い磁気音波が担っていることがわかる．

　ここでは 2 重断熱定理を用いて温度異方性の問題を取り扱ったが，断熱不変量は，周期運動の 1 周期の間における物理量の変化が小さいことを要求するので，保存されないことが多い．ブラソフ方程式（後述）に基づく運動論的取り扱いでより厳密に解くと，ミラー不安定は，

$$\frac{p_\perp^2}{p_{/\!/}} > \frac{B_0^2}{8\pi} + p_\perp \tag{2.144}$$

となることがわかっている．係数の違いはあるが，2 重断熱定理でも温度異方性の電磁流体波動の基本性質は比較的よく表されている．

2.4　つぶつぶ粒子の運動から電磁流体方程式へ

　これまで電磁流体方程式を通常の流体方程式に電磁力を加えるという直観的導入により，その基本的性質を解説してきたが，ここではつぶつぶの荷電粒子から出発して，流体としてのプラズマの性質がどのようにして導かれるのかについて議論する．まず与えられた電磁場の下での荷電粒子の運動について解説し，その次に個々の粒子の運動を平均化して得られるブラソフ方程式から出発して電磁流体方程式を導くことにする．

2.4.1　粒子の運動

ジャイロ運動

　一様な磁場の下での粒子の運動を考えよう．粒子の運動方程式は，

$$m\frac{d\boldsymbol{v}}{dt} = \frac{e}{c}\boldsymbol{v} \times \boldsymbol{B}. \tag{2.145}$$

一様磁場 B_0 を z 軸にとると，粒子の運動は

$$\frac{d}{dt}\begin{pmatrix} v_x \\ v_y \\ v_z \end{pmatrix} = \frac{eB_0}{mc}\begin{pmatrix} v_y \\ -v_x \\ 0 \end{pmatrix}. \tag{2.146}$$

よって z 方向は等速直線運動 $v_z = $ 一定となる．他の成分はもう一度時間微分を取って，

$$\frac{d^2}{dt^2}\begin{pmatrix} v_x \\ v_y \end{pmatrix} = -\Omega_{\mathrm{c}}^2 \begin{pmatrix} v_x \\ v_y \end{pmatrix}. \tag{2.147}$$

ここでジャイロ周波数 $\Omega_{\mathrm{c}} = eB_0/mc$ と定義した．よって，

$$v_x = v_\perp \sin(\Omega_{\mathrm{c}} t + \phi_0),$$
$$v_y = v_\perp \cos(\Omega_{\mathrm{c}} t + \phi_0),$$
$$v_z = v_{/\!/}. \tag{2.148}$$

ϕ_0 は初期位相角，$v_\perp$ と $v_{/\!/}$ は磁場に垂直および平行方向の速度を表す定数である．また粒子の位置は，

$$x = -r_g \cos(\Omega_c t + \phi_0) + x_0,$$
$$y = r_g \sin(\Omega_c t + \phi_0) + y_0,$$
$$z = v_{/\!/} t + z_0. \tag{2.149}$$

$r_g = v_\perp/\Omega_c$ はジャイロ半径. さてイオンと電子のジャイロ運動を考えたとき, 電荷の符号が異なるため, イオンは磁場方向から見て時計回り（右回り）の円運動をし, 一方電子は反時計回り（左回り）の円運動をする. 粒子のジャイロ運動が作る電流は背景磁場 B_0 を弱める方向であり「反磁性」の性質を持っている.

$\boldsymbol{E} \times \boldsymbol{B}$ ドリフト

電場と磁場が存在する系での粒子の運動を考えよう. 粒子の運動方程式は,

$$m\frac{d\boldsymbol{v}}{dt} = e\left(\boldsymbol{E} + \frac{1}{c}\boldsymbol{v} \times \boldsymbol{B}\right). \tag{2.150}$$

一様磁場 $\boldsymbol{B} = B_0 \boldsymbol{e}_z$ とそれに直交する一様電場 $\boldsymbol{E} = E_0 \boldsymbol{e}_x$ の下での粒子の運動方程式は,

$$\frac{d}{dt}\begin{pmatrix} v_x \\ v_y \end{pmatrix} = \Omega_c \begin{pmatrix} v_y \\ -v_x \end{pmatrix} + \frac{e}{m}\begin{pmatrix} E_0 \\ 0 \end{pmatrix}. \tag{2.151}$$

z 方向は力が作用しないので等速直線運動である. 式 (2.151) を時間について微分して,

$$\frac{d^2}{dt^2}\begin{pmatrix} v_x \\ v_y \end{pmatrix} = -\Omega_c^2 \begin{pmatrix} v_x \\ v_y + c\dfrac{E_0}{B_0} \end{pmatrix}. \tag{2.152}$$

ここで y 方向に速度 cE_0/B_0 で運動する座標系に移る. すなわち $v_y^* = v_y + cE_0/B_0$ とおくと,

$$\frac{d^2}{dt^2}\begin{pmatrix} v_x \\ v_y^* \end{pmatrix} = -\Omega_c^2 \begin{pmatrix} v_x \\ v_y^* \end{pmatrix} \tag{2.153}$$

となり (v_x, v_y^*) の運動は, 式 (2.147) のジャイロ運動と同じになる. このような運動を一般化して, ベクトル表記をすると,

$$\boldsymbol{V}_E = c\frac{\boldsymbol{E}_0 \times \boldsymbol{B}_0}{B_0^2}. \tag{2.154}$$

これを $E \times B$ ドリフトと呼び，ドリフト速度の系に座標変換すると静止したプラズマ中でのジャイロ運動と同じになる．

　ここでは電場の力を考えたが，もっと一般の力 $\boldsymbol{F}$ が作用したときのドリフト速度は，

$$\boldsymbol{V}_F = c\frac{\boldsymbol{F} \times \boldsymbol{B}_0}{eB_0^2} \tag{2.155}$$

となる．$E \times B$ ドリフトでは電荷によらず同じ方向にドリフト運動するが，この場合は電荷の符号によりドリフト方向が反対になる．

分極ドリフト

　一様な磁場が z 軸方向にあり，時間変動する電場が y 軸方向に掛かっている状況において，荷電粒子の運動を調べてみる．粒子の運動方程式（2.150）の両辺に $\boldsymbol{B}$ を掛けて，

$$c\frac{m}{e}\frac{d\boldsymbol{v}}{dt} \times \frac{\boldsymbol{B}}{B^2} = c\frac{\boldsymbol{E} \times \boldsymbol{B}}{B^2} - \boldsymbol{v}_\perp. \tag{2.156}$$

ジャイロ周期での平均をとって，

$$\frac{cm}{eB^2}\left\langle \frac{d}{dt}(\boldsymbol{v} \times \boldsymbol{B}) \right\rangle = \left\langle c\frac{\boldsymbol{E} \times \boldsymbol{B}}{B^2} \right\rangle - \langle \boldsymbol{v}_\perp \rangle. \tag{2.157}$$

左辺の $v \times B$ に粒子の運動方程式（2.150）を代入して，

$$\langle \boldsymbol{v}_\perp \rangle = \left\langle c\frac{\boldsymbol{E} \times \boldsymbol{B}}{B^2} \right\rangle - \frac{cm}{eB^2}\left\langle \frac{d}{dt}\left(c\frac{m}{e}\frac{d}{dt}\boldsymbol{v} - c\boldsymbol{E}\right) \right\rangle. \tag{2.158}$$

電場の時間変化がジャイロ周期に比べて十分ゆっくりしていると仮定できるときは，

$$\langle \boldsymbol{v}_\perp \rangle = \boldsymbol{V}_E + \frac{c}{\Omega_\mathrm{c}B_0}\frac{\partial}{\partial t}\boldsymbol{E}_\perp \tag{2.159}$$

で与えられる．ここで右辺の第 2 項，

$$\boldsymbol{V}_\mathrm{p} = \frac{c}{\Omega_\mathrm{c}B_0}\frac{\partial}{\partial t}\boldsymbol{E}_\perp \tag{2.160}$$

を分極ドリフトと呼ぶ．

　2.3.3 節で導いたアルベーン波動において，波動を担う電流がこの分極ドリフ

トが担っていることを示そう. 分極ドリフトは, 分母のサイクロトロン周波数 Ω_c は, イオンと電子とで符号が反対であるので, ゆっくり変動する電場が加わるとイオンと電子は反対方向に運動し電流を作る. よって分極ドリフトが作る分極電流は,

$$\boldsymbol{J}_p = en(\boldsymbol{V}_{pi} - \boldsymbol{V}_{pe}) = \frac{nc^2(m_i + m_e)}{B^2}\frac{\partial}{\partial t}\boldsymbol{E} \tag{2.161}$$

となる. 分極電流をアンペールの方程式に代入して,

$$\mathrm{rot}\,\boldsymbol{B} = \frac{4\pi}{c}\boldsymbol{J} = c\frac{4\pi(m_i + m_e)n}{B^2}\frac{\partial}{\partial t}\boldsymbol{E} = \frac{c}{V_A^2}\frac{\partial}{\partial t}\boldsymbol{E}. \tag{2.162}$$

さらにファラデーの方程式を用いて電場を消去すると,

$$\frac{\partial^2}{\partial t^2}\boldsymbol{B} = -V_A^2\mathrm{rot}(\mathrm{rot}\,\boldsymbol{B}) = V_A^2\nabla^2\boldsymbol{B} \tag{2.163}$$

を得る. この波動方程式は, 電磁流体波動のところ (2.2.3 節) で解説したようにアルベーン波動を表している. このことから分極ドリフトによりアルベーン波動を維持する電流が作られていることがわかる.

2.4.2 粒子的描像からブラソフ方程式へ

ジャイロ平均した個々の粒子のドリフト運動の議論は, 与えられた電磁場の下で粒子がどのように輸送されるかを知る上で役立つ. しかし粒子の運動による電磁場への反作用が取り入れられていないので, ドリフト運動だけで構造全体にかかわる動力学を理解することは難しい. ここでは電磁場の反作用を含めるために, ミクロな情報を有した速度分布関数の取り扱いについて述べることにする.

まずつぶつぶの粒子の位相空間密度を表す分布関数 F_s を導入する.

$$F_s(\boldsymbol{x}, \boldsymbol{v}, t) = \sum_{j=1}^{N_s} F_{s,j} = \sum_{j=1}^{N_s} \delta(\boldsymbol{x} - \boldsymbol{x}_j(t))\delta(\boldsymbol{v} - \boldsymbol{v}_j(t)). \tag{2.164}$$

この 1 粒子分布関数は, ディラックの δ 関数 (デルタ関数) の集まりであり, 個々の粒子に対して平均化をしていないミクロな意味で厳密な分布関数である. このとき電荷密度および電流は次のように書き表すことができる,

$$\rho = \sum_s e_s \int d^3v F_s(\boldsymbol{x}, \boldsymbol{v}, t), \tag{2.165}$$

$$\boldsymbol{J} = \sum_s e_s \int d^3v \, \boldsymbol{v} F_s(\boldsymbol{x}, \boldsymbol{v}, t). \tag{2.166}$$

式 (2.164) を時間 t で微分して,

$$\frac{\partial F_s}{\partial t} = \sum_{j=1}^{N_s} \left(\frac{\partial F_{s,j}}{\partial \boldsymbol{x}_j} \cdot \frac{d\boldsymbol{x}_j}{dt} + \frac{\partial F_{s,j}}{\partial \boldsymbol{v}_j} \cdot \frac{d\boldsymbol{v}_j}{dt} \right). \tag{2.167}$$

ここで, $d\boldsymbol{x}_j/dt = \boldsymbol{v}_j$ および $m_s d\boldsymbol{v}_j/dt = e_s(\boldsymbol{E} + \boldsymbol{v}_j \times \boldsymbol{B}/c)$ を用いて,

$$\frac{\partial F_s}{\partial t} = \sum_{j=1}^{N_s} \left(\frac{\partial F_{s,j}}{\partial \boldsymbol{x}_j} \cdot \boldsymbol{v}_j + \frac{e_s}{m_s} \left(\boldsymbol{E} + \frac{\boldsymbol{v}_j}{c} \times \boldsymbol{B} \right) \cdot \frac{\partial F_{s,j}}{\partial \boldsymbol{v}_j} \right). \tag{2.168}$$

ここで,

$$\sum_{j=1}^{N_s} \frac{\partial F_{s,j}}{\partial \boldsymbol{x}_j} = -\frac{\partial F_s}{\partial \boldsymbol{x}}, \tag{2.169}$$

$$\sum_{j=1}^{N_s} \frac{\partial F_{s,j}}{\partial \boldsymbol{v}_j} = -\frac{\partial F_s}{\partial \boldsymbol{v}} \tag{2.170}$$

および δ 関数の性質を利用して,

$$\frac{\partial F_s}{\partial t} + \boldsymbol{v} \cdot \frac{\partial F_s}{\partial \boldsymbol{x}} + \frac{e_s}{m_s} \left(\boldsymbol{E} + \frac{\boldsymbol{v}}{c} \times \boldsymbol{B} \right) \cdot \frac{\partial F_s}{\partial \boldsymbol{v}} = 0 \tag{2.171}$$

を得る. この方程式はクリモントビッチ方程式（Klimontovich equation）と呼ばれている. この方程式にマクスウェル方程式を組み合わせれば, 個々のミクロな粒子に対する時間発展方程式が得られる. アンペールの方程式で必要な電流は式 (2.166) を使う. そのため N_s 個の粒子すべてに対して初期条件が与えられれば原理的に解くことができるが, 初期条件の莫大な情報を与えることも, またもしそれが可能であったとしても時間発展解で得られる結果も莫大であり, このような手続きは我々の理解から程遠い. 何らかの方法で 1 粒子分布関数を平均化した統計量を求めることで取り扱い可能な式にする必要がある. そこで 1 粒子分布関数をアンサンブル平均をとることにより, 平均化した分布関数 $\bar{F}_s$ を採用する.

$$\bar{F}_s \equiv \langle F_s \rangle_{\text{ensemble}}. \tag{2.172}$$

同様に, 電磁場についても興味ある周波数や空間スケールの変動を損なうことなく適当な平均化をしよう. この平均化により式 (2.171) は次の形に変形できる.

$$\frac{\partial \bar{F}_s}{\partial t} + \boldsymbol{v} \cdot \frac{\partial \bar{F}_s}{\partial \boldsymbol{x}} + \frac{e_s}{m_s} \left\langle \left(\boldsymbol{E} + \frac{\boldsymbol{v}}{c} \times \boldsymbol{B} \right) \cdot \frac{\partial F_s}{\partial \boldsymbol{v}} \right\rangle_{\text{ensemble}} = 0. \qquad (2.173)$$

しかし，式（2.173）の第3項は非線形項であり，アンサンブル平均をどのように行うかまだ厄介な問題が残っている．つまり，正確な電磁場は F_s に含まれる粒子の軌道に依存するので，電磁場と分布関数 F_s は独立ではない．つまり，

$$\left\langle \left(\boldsymbol{E} + \frac{\boldsymbol{v}}{c} \times \boldsymbol{B} \right) \cdot \frac{\partial F_s}{\partial \boldsymbol{v}} \right\rangle_{\text{ensemble}} \neq \overline{\left(\boldsymbol{E} + \frac{\boldsymbol{v}}{c} \times \boldsymbol{B} \right)} \cdot \frac{\partial \bar{F}_s}{\partial \boldsymbol{v}}. \qquad (2.174)$$

よって電磁場のアンサンブル平均と分布関数のアンサンブル平均を別々にほどこすことはできない．電磁場と分布関数の相関について，興味ある時間空間の現象に対して適当な近似を採用することになるが，その相関を $C_s(f)$ とあわすことにより，形式的に，

$$\left\langle \left(\boldsymbol{E} + \frac{\boldsymbol{v}}{c} \times \boldsymbol{B} \right) \cdot \frac{\partial F_s}{\partial \boldsymbol{v}} \right\rangle_{\text{ensemble}} = \left(\bar{\boldsymbol{E}} + \frac{\boldsymbol{v}}{c} \times \bar{\boldsymbol{B}} \right) \cdot \frac{\partial \bar{F}_s}{\partial \boldsymbol{v}} + C_s(f) \qquad (2.175)$$

と書き表すことができる．相関が現れるのは粒子間の距離が短い近接相互作用をするときであり，$C_s(f)$ を衝突項（衝突演算子）と呼ぶ．この衝突項には，ボルツマンの衝突モデル，クルックの衝突モデル，フォッカー–プランク衝突モデルなど，近似のレベルに応じていくつかの衝突モデルが議論される．しかし，プラズマパラメータの大きな場合（すなわち $N_D \gg 1$）は，デバイ遮蔽の効果のためにクーロン衝突による近接相互作用は無視できるので，通常のプラズマでは $C_s(f)$ 項を無視してよい．このとき $C_s(f)$ を無視した（2.175）式を（2.173）式に代入して，無衝突プラズマ系の基本方程式を得ることができ，これを「ブラソフ方程式」と呼んでいる．

2.4.3 ブラソフ方程式から流体方程式へ

2.4.2 節で議論したように，粒子間の2体相互作用が重要でない無衝突プラズマの性質を記述するのには，ブラソフ（A. Vlasov）によって提案された次の運動方程式を用いる．

$$\frac{\partial f}{\partial t} + \boldsymbol{v} \cdot \nabla f + \frac{e}{m} \left(\boldsymbol{E} + \frac{\boldsymbol{v}}{c} \times \boldsymbol{B} \right) \cdot \frac{\partial f}{\partial \boldsymbol{v}} = 0. \qquad (2.176)$$

ここで f は粒子の速度分布関数で，速度 $\boldsymbol{v}$ と空間 $\boldsymbol{x}$ での位相空間での粒子密度という意味を持ち，$f\,d\boldsymbol{x}\,d\boldsymbol{v}$ は，位置に関わる空間体積 $d\boldsymbol{x}$ と速度空間 $d\boldsymbol{v}$ の中

に存在する粒子の数に等しい.

　ある関数 $g(x,v,t)$ に対して, 分布関数で積分平均した物理量を以下のように定義する.

$$\langle g(x,t)\rangle = \frac{\int g(x,v,t)f(x,v,t)d^3v}{\int f(x,v,t)d^3v}. \tag{2.177}$$

ここでブラソフ方程式に, 関数 $g(x,v,t)$ を掛けたモーメントを考える.

$$\int g(v)\frac{\partial f}{\partial t}d^3v + \int g(v)(\boldsymbol{v}\cdot\nabla f)d^3v$$
$$+ \int g(v)\left(e/m\left(\boldsymbol{E}+\boldsymbol{v}\times\boldsymbol{B}/c\right)\cdot\frac{\partial f}{\partial \boldsymbol{v}}\right)d^3v = 0. \tag{2.178}$$

まず第 1 項は,

$$\int g\frac{\partial f}{\partial t}d^3v = \int \frac{\partial}{\partial t}(gf)d^3v - \int f\frac{\partial g}{\partial t}d^3v = \frac{\partial}{\partial t}(n\langle g\rangle) - n\left\langle\frac{\partial}{\partial t}g\right\rangle. \tag{2.179}$$

ただし,

$$n(x,t) \equiv \int f(x,v,t)d^3v. \tag{2.180}$$

次に第 2 項は,

$$\int gv_i\frac{\partial f}{\partial x_i}d^3v = \frac{\partial}{\partial x_i}(n\langle v_i g\rangle) - n\left\langle\frac{\partial}{\partial x_i}(v_i g)\right\rangle. \tag{2.181}$$

同様に第 3 項は, $\partial/\partial v$ と $\boldsymbol{v}\times\boldsymbol{B}$ が直交するのでローレンツ力 $\boldsymbol{F}=e(\boldsymbol{E}+\boldsymbol{v}\times\boldsymbol{B}/c)$ に対して $\partial F_i/\partial v_i = 0$ であることに注意して,

$$\int gF_i\frac{\partial f}{\partial v_i}d^3v = -n\left\langle\frac{\partial}{\partial v_i}(gF_i)\right\rangle = -n\left\langle F_i\frac{\partial}{\partial v_i}g\right\rangle. \tag{2.182}$$

以上を整理すると,

$$\frac{\partial}{\partial t}(n\langle g\rangle) - n\left\langle\frac{\partial}{\partial t}g\right\rangle + \frac{\partial}{\partial x_i}(n\langle v_i g\rangle) - n\left\langle\frac{\partial}{\partial x_i}(v_i g)\right\rangle - \frac{n}{m}\left\langle F_i\frac{\partial}{\partial v_i}g\right\rangle = 0. \tag{2.183}$$

　それでは以上の結果を用いて, $g(v)=1$ のときを考えてみると,

$$\frac{\partial}{\partial t}n + \frac{\partial}{\partial \boldsymbol{x}}(n\langle \boldsymbol{v}\rangle) = 0.$$

ここで $\langle \boldsymbol{v}\rangle = \boldsymbol{U}$ とおいて，次の連続の方程式を得る.

$$\frac{\partial}{\partial t}n + \frac{\partial}{\partial \boldsymbol{x}}(n\boldsymbol{U}) = 0. \tag{2.184}$$

次に $g(v) = m\boldsymbol{v}$ とおいて速度に対して 1 次のモーメントを考えてみる.

$$\frac{\partial}{\partial t}(nm\langle \boldsymbol{v}\rangle) + \frac{\partial}{\partial \boldsymbol{x}}(nm\langle \boldsymbol{v}\boldsymbol{v}\rangle) - n\langle \boldsymbol{F}\rangle = 0.$$

ここで速度 v は，平均速度 $\langle \boldsymbol{v}\rangle$ と熱速度 v_r に分けられて，

$$\boldsymbol{v} = \langle \boldsymbol{v}\rangle + \boldsymbol{v}_r.$$

ただし，$\langle \boldsymbol{v}_r\rangle = 0$ である.このことから，

$$\langle v_i v_j\rangle = \langle v_i\rangle\langle v_j\rangle + \langle v_{ri}v_{rj}\rangle = \langle v_i\rangle\langle v_j\rangle + \frac{1}{mn}p_{ij}.$$

また，

$$\langle \boldsymbol{F}\rangle = \frac{e}{n}\int\left(\boldsymbol{E} + \frac{1}{c}\boldsymbol{v}\times\boldsymbol{B}\right)f d^3 v = e\left(\boldsymbol{E} + \frac{1}{c}\boldsymbol{U}\times\boldsymbol{B}\right).$$

よって，

$$\frac{\partial}{\partial t}(nm\boldsymbol{U}) + \frac{\partial}{\partial \boldsymbol{x}}\left(nm\boldsymbol{U}\boldsymbol{U} + \boldsymbol{p}\right) - en\left(\boldsymbol{E} + \frac{1}{c}\boldsymbol{U}\times\boldsymbol{B}\right) = 0. \tag{2.185}$$

$\boldsymbol{p}$ は圧力テンソルを表す.圧力テンソルは分布関数が等方的であると，

$$p_{ij} = nm\langle v_{ri}^2\rangle\delta_{ij} = nm\frac{\langle v_r^2\rangle}{3}\delta_{ij} = p\delta_{ij}. \tag{2.186}$$

最後に $g(v) = \frac{1}{2}mv^2$ として 2 次のモーメントについて考える.

$$\frac{\partial}{\partial t}\left(\frac{nm}{2}\langle \boldsymbol{v}^2\rangle\right) + \frac{\partial}{\partial \boldsymbol{x}}\left(\frac{nm}{2}\langle \boldsymbol{v}\boldsymbol{v}^2\rangle\right) - n\langle e\boldsymbol{E}\cdot\boldsymbol{v}\rangle = 0,$$

$$\frac{mn}{2}\langle \boldsymbol{v}^2\rangle = \frac{mn}{2}\langle(\boldsymbol{U} + \boldsymbol{v}_r)(\boldsymbol{U} + \boldsymbol{v}_r)\rangle = \frac{mn}{2}\boldsymbol{U}^2 + \frac{3}{2}p,$$

$$\langle \boldsymbol{v}\boldsymbol{v}^2\rangle = \left(\langle \boldsymbol{v}\rangle^2 + 5\frac{p}{mn}\right)\langle \boldsymbol{v}\rangle + \langle \boldsymbol{v}_r v_r^2\rangle.$$

以上より，

$$\frac{\partial}{\partial t}\left(\frac{nm}{2}\boldsymbol{U}^2 + \frac{3}{2}p\right) + \frac{\partial}{\partial \boldsymbol{x}}\left(\left(\frac{mn}{2}\boldsymbol{U}^2 + \frac{5}{2}p\right)\boldsymbol{U} + \boldsymbol{q}\right) = en\boldsymbol{E}\cdot\boldsymbol{U}. \qquad (2.187)$$

ただし，

$$\boldsymbol{q} = \int \frac{m}{2}V_r^2\boldsymbol{V}_r f(\boldsymbol{x},\boldsymbol{v},t)d^3v$$

は熱フラックスであり，もし速度分布関数がマクスウェル分布であれば $\boldsymbol{q} = 0$ である．しかし，無衝突プラズマにおいてダイナミックに変動するプラズマ領域では，マクスウェル分布関数から外れた熱フラックスをもつ速度分布関数になっていることがよく見受けられる．また係数 3/2 および 5/2 は，比熱比 $\gamma = 5/3$ としたとき，それぞれ $1/(\gamma - 1)$ および $\gamma/(\gamma - 1)$ に対応している．

2.4.4　1 流体および 2 流体の電磁流体方程式

　1 流体の電磁流体力学では，プラズマの速度 v については，イオンと電子の速度を区別することなく使ってきた．そして速度 v は，質量が大きなイオンの速度であることを暗に仮定した．一方，ブラソフ方程式から速度に対するモーメントを取って得られた巨視的流体方程式では，電子とイオンのそれぞれの方程式が得られているので，この 2 流体方程式を出発点として，1 流体近似において電子とイオンの取り扱いがどのような近似でなされていたかを調べてみよう．

　ここではプラズマ周波数よりも十分ゆっくりした時間，またデバイ長に比べて十分大きな空間スケールを議論するので，プラズマの準中性条件を仮定して，電子とイオンの密度が等しい $n = n_\mathrm{i} = n_\mathrm{e}$ とする．また，電子とイオンの各々の成分における局所的熱力学平衡のマクスウェル分布関数の形成が，両者の熱エネルギー交換よりも速い時間スケールでおきることに着目して，電子とイオンの温度が異なっているとしておこう．2.4.3 節のブラソフ方程式から導いた巨視的流体方程式より，

$$m_\mathrm{i}n\frac{D}{Dt}\boldsymbol{U}_\mathrm{i} = -\nabla p_\mathrm{i} + en\boldsymbol{E} + \frac{en}{c}\boldsymbol{U}_\mathrm{i}\times\boldsymbol{B} + \frac{m_\mathrm{e}n}{\tau_\mathrm{e}}(\boldsymbol{U}_\mathrm{e}-\boldsymbol{U}_\mathrm{i}), \qquad (2.188)$$

$$m_\mathrm{e}n\frac{D}{Dt}\boldsymbol{U}_\mathrm{e} = -\nabla p_\mathrm{e} - en\boldsymbol{E} - \frac{en}{c}\boldsymbol{U}_\mathrm{e}\times\boldsymbol{B} - \frac{m_\mathrm{e}n}{\tau_\mathrm{e}}(\boldsymbol{U}_\mathrm{e}-\boldsymbol{U}_\mathrm{i}). \qquad (2.189)$$

ここでラグランジュ微分 D/Dt は $\partial/\partial t + (\boldsymbol{U}\cdot\nabla)$ を表す．右辺の最後の項がイオンと電子の衝突による運動量交換を表しており，τ_e は電子とイオンの平均衝

突時間である．2.4.3 節では衝突項 C_s のないブラソフ方程式から流体方程式を導出したが，衝突項が無視できない場合はモーメントをとった流体方程式に衝突による効果が現れる．ここでは詳細に立ち入ることをせず，イオンと電子との間の運動量交換という形式で衝突の効果を入れておく．

イオンと電子の運動方程式をそれぞれ加えると，

$$n\frac{\partial}{\partial t}(m_i\boldsymbol{U}_i + m_e\boldsymbol{U}_e) + n(m_i(\boldsymbol{U}_i\cdot\nabla)\boldsymbol{U}_i + m_e(\boldsymbol{U}_e\cdot\nabla)\boldsymbol{U}_e)$$
$$= -\nabla(p_i + p_e) + \frac{en}{c}(\boldsymbol{U}_i - \boldsymbol{U}_e)\times\boldsymbol{B}. \tag{2.190}$$

ここで，

$$\rho \equiv \rho_i + \rho_e = n(m_i + m_e), \tag{2.191}$$

$$\boldsymbol{U} \equiv \frac{m_i\boldsymbol{U}_i + m_e\boldsymbol{U}_e}{m_i + m_e}, \tag{2.192}$$

$$p \equiv p_i + p_e \tag{2.193}$$

と定義することにより，運動方程式は，

$$\rho\frac{D}{Dt}\boldsymbol{U} = -\nabla p + \frac{1}{c}\boldsymbol{J}\times\boldsymbol{B} - \frac{m_i m_e \rho}{e^2 n^2(m_i + m_e)^2}(\boldsymbol{J}\cdot\nabla)\boldsymbol{J}. \tag{2.194}$$

右辺の第 3 項は，左辺の項に比べて，$O(m_e/m_i)$ の大きさであり，この項を無視することにより通常の 1 流体の運動方程式を得る．

電子の運動方程式から，同じ近似で $O(m_e/m_i)$ の程度の項を無視することにより，

$$\boldsymbol{E} = -\frac{1}{c}\boldsymbol{U}_i\times\boldsymbol{B} - \frac{1}{en}\nabla p_e + \frac{1}{enc}\boldsymbol{J}\times\boldsymbol{B} + \frac{1}{\sigma}\boldsymbol{J} \tag{2.195}$$

の形に書き直すことができる．これは，電場と電流の依存関係を表す一般化されたオームの法則（generalized Ohm's law）と呼ばれる．ここで $\sigma = e^2 n\tau_e/m_e$ は電気伝導度である．1 流体のオームの法則（2.13）と比べると，電子とイオンの運動の違いは，オームの法則の追加項に現れていることがわかる．

追加項の $\boldsymbol{J}\times\boldsymbol{B}$ はホール項と呼ばれるが，この項の大きさを評価することにより 1 流体電磁力学の近似について考えてみよう．式（2.195）の右辺の第 1 項と第 3 項の比をとると，

$$\frac{J \times B/enc}{U \times B/c} \sim \frac{cB}{4\pi enLU} \sim \left(\frac{V_{\mathrm{A}}^2}{U^2}\right)\left(\frac{U}{L\Omega_{\mathrm{ci}}}\right). \tag{2.196}$$

ここで L は特徴的な空間スケール，Ω_{ci} はイオンのジャイロ周波数であり，アルベーン速度程度の波動で支配される電磁流体では，$O(V_{\mathrm{A}}^2/U^2) \sim 1$ である．ホール項は，アルベーン速度とイオンジャイロ周波数で決まるジャイロ半径と特徴的な空間スケール L との比程度の大きさであることがわかる．多くの場合ジャイロ半径は特徴的な空間スケールに比べて小さいので，ホール項が無視できることがわかる．同様に，もう一つの電子圧力による電場の項も評価してみると，

$$\frac{\nabla p_{\mathrm{e}}/en}{U \times B/c} \sim \frac{cT_{\mathrm{e}}}{eLUB} \sim \left(\frac{T_{\mathrm{e}}}{m_{\mathrm{i}}U^2}\right)\left(\frac{U}{L\Omega_{\mathrm{ci}}}\right). \tag{2.197}$$

ガス圧と磁気圧が同程度であり，さらに電子温度 T_{e} がイオン温度と同程度のときは，$O(T_{\mathrm{e}}/m_{\mathrm{i}}U^2) \sim 1$ としてよい．この場合，電子圧力によって支えられる電場の運動電場 $(U \times B/c)$ に対する大きさは，ジャイロ半径と空間スケールの比の程度の大きさであることがわかる．このようにして一般化されたオームの法則の追加項は，イオンのジャイロ半径が特徴的な空間スケールよりも十分小さいとき無視することができ，1 流体の通常のオームの法則と同じになる．

　連続の式に関しては，イオンおよび電子に対してそれぞれ次の連続の方程式が成り立つ．

$$\frac{\partial}{\partial t}\rho_{\mathrm{i}} + \nabla \cdot (\rho_{\mathrm{i}}U_{\mathrm{i}}) = 0, \tag{2.198}$$

$$\frac{\partial}{\partial t}\rho_{\mathrm{e}} + \nabla \cdot (\rho_{\mathrm{e}}U_{\mathrm{e}}) = 0. \tag{2.199}$$

これも二つの方程式を足し合わせると，次の 1 流体の連続の方程式が得られる．

$$\frac{\partial}{\partial t}\rho + \nabla \cdot (\rho U) = 0. \tag{2.200}$$

　これらにマクスウェル方程式を加えることで，一流体の電磁流体力学の基礎方程式が得られる．

　さてここでプラズマ準中性により運動方程式に電場の力が無視できたことについて述べておこう．運動方程式における電場の項においてイオンと電子の密度の小さな違いも考慮すると，

$$\rho \frac{D}{Dt}\boldsymbol{U} = -\nabla p + e(n_\mathrm{i} - n_\mathrm{e})\boldsymbol{E} + \frac{1}{c}\boldsymbol{J} \times \boldsymbol{B}. \tag{2.201}$$

ここでイオンと電子の密度の差は，ポアソン方程式より，

$$\frac{n_\mathrm{i} - n_\mathrm{e}}{n} \sim \frac{\mathrm{div}E}{4\pi en} \sim \left(\frac{V_\mathrm{A}^2}{c^2}\right)\left(\frac{U}{L\varOmega_\mathrm{i}}\right). \tag{2.202}$$

ただし電場 $E \sim UB/c$ を用いた．MHD 現象で扱うアルベーン速度は光速に比べて十分小さく，現象の空間スケールもイオンのジャイロ半径に比べて小さいので，プラズマ準中性の条件が十分良い近似で成り立っていることがわかる．この評価を運動方程式に現れた電場の力とローレンツ力に用いると，

$$\frac{e(n_\mathrm{i} - n_\mathrm{e})E}{j \times B/c} \sim \left(\frac{U^2}{c^2}\right) \tag{2.203}$$

となり，電場の力がローレンツ力に比べて無視できることがわかる．

2.4.5 ホール効果

　取り扱う空間スケールがイオンのジャイロ半径程度になってくると，オームの方程式においてホール項や電子圧力勾配の項が重要になってくることを知ったが，電子とイオンの違いはどのような形で現れるのだろうか．また実際ジャイロ半径と空間スケールが同程度になるのはどのような状況であろうか．たとえば，地球磁気圏におけるプラズマシートには，温度にして数百万度から 1 千万度程度の高温プラズマが閉じ込められている領域が存在しており，そこで磁気リコネクションがおきてオーロラやサブストームなどの現象を引き起こすと考えられている．そのプラズマシートの厚さは静穏時において地球半径程度以上であることが知られているが，オーロラやサブストーム現象がおきる直前では，イオンのジャイロ半径程度まで薄くなることが最近の衛星観測によりわかってきている．また惑星間空間で観測される衝撃波においても，上流から下流へと急激に物理量が変化する衝撃波面の厚みは，およそイオンのジャイロ半径程度であることが知られている．このようなスケールにおいては，一般化されたオームの法則を取り入れることがしばしば重要になってくる．

　それでは一般化されたオームの法則を用いた電磁流体波動を考察しよう．ホール項の役割を理解するために磁場に平行伝播の横波を考えよう．ファラデーの法

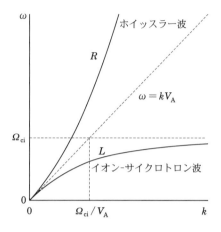

図 **2.13** ホイッスラー波動とイオン–サイクロトロン波動の分散.

則は,

$$\frac{1}{c}\frac{\partial}{\partial t}\boldsymbol{B} = -\mathrm{rot}\boldsymbol{E} = \mathrm{rot}\left(\frac{\boldsymbol{U}\times\boldsymbol{B}}{c} + \frac{\nabla p_{\mathrm{e}}}{en} - \frac{1}{enc}\boldsymbol{j}\times\boldsymbol{B}\right). \tag{2.204}$$

背景磁場 B_0 および波数ベクトル k はともに z 軸方向とする. 物理量の 1 次攪乱は $\exp(ikz - i\omega t)$ で表すことにより,

$$\begin{aligned}
-i\omega\delta B_x &= ik_z B_0 \delta u_x - \frac{k_z^2 c}{4\pi e n_0} B_0 \delta B_y, \\
-i\omega\delta B_y &= ik_z B_0 \delta u_y + \frac{k_z^2 c}{4\pi e n_0} B_0 \delta B_x.
\end{aligned} \tag{2.205}$$

運動方程式に対する攪乱は,1 流体 MHD の線形解析で用いた式 (2.45) をそのまま使うことができる. この二つの方程式から速度攪乱を消去して,

$$\begin{pmatrix} i(\omega^2 - k_z^2 V_{\mathrm{A}}^2) & \dfrac{\omega}{\Omega_{\mathrm{ci}}}k_z^2 V_{\mathrm{A}}^2 \\ \dfrac{\omega}{\Omega_{\mathrm{ci}}}k_z^2 V_{\mathrm{A}}^2 & i(\omega^2 - k_z^2 V_{\mathrm{A}}^2) \end{pmatrix} \begin{pmatrix} \delta B_x \\ \delta B_y \end{pmatrix} = 0. \tag{2.206}$$

イオンのジャイロ周波数 Ω_{ci} 程度の変動も考慮した電磁流体波動の分散は,

$$\omega^2 = \left(1 \pm \frac{\omega}{\Omega_{\mathrm{ci}}}\right) k_z^2 V_{\mathrm{A}}^2 \tag{2.207}$$

で与えられる. ω に対する k の依存性は図 2.13 に示してある. 1 流体の電磁流

体では二つの分枝が縮退しており，位相速度は波数および周波数に対して一定で
あったが，周波数がイオンジャイロ周波数近くになると位相速度が波数と周波
数に対して一定ではなく「分散性」が現れてくる．分散が現れる特徴的な波数
は $\Omega_{\mathrm{ci}}/V_{\mathrm{A}}$ であり，アルベーン速度に対するイオンのジャイロ半径程度である．
ジャイロ運動が波動変動に追従できなくなり，イオンが磁場の影響を感じなく
なって非磁化しはじめたことに対応することがわかる．

　二つの分散に対応する固有ベクトルは，固有値 $\omega^2 = (1 + \omega/\Omega_{\mathrm{ci}})k_z^2 V_{\mathrm{A}}^2$ に対す
る固有ベクトルについては $(\delta B_x, \delta B_y) = (1, +i)$，また $\omega^2 = (1 - \omega/\Omega_{\mathrm{ci}})k_z^2 V_{\mathrm{A}}^2$
に対しては，$(\delta B_x, \delta B_y) = (1, -i)$ で与えられる．前者は z 方向の背景磁場に
対して右回りの偏波を持ち，ホイッスラー波（whistler wave）と呼ばれる．こ
の波動はイオンジャイロ周波数より高周波では，$\omega/\Omega_{\mathrm{ci}} \simeq (V_{\mathrm{A}}/\Omega_{\mathrm{ci}})^2 k_z^2$ となり，
k_z の2乗に比例して増大していることがわかる．一方後者の波動は，短波長に
なるとイオンのジャイロ周波数に漸近する左回り偏波の波であり，イオン–サイ
クロトロン波 (ion–cyclotron wave) と呼ばれている．どちらも低周波 $\omega \ll \Omega_{\mathrm{ci}}$
ではアルベーン波と呼ばれていたものである．

　ところで上記では平行伝播の横波を考えたので電子のガス圧 p_{e} は関与しな
かったが，この項が大切な役割を果たすことがしばしばある．その一つが磁場の
生成の役割である．1流体近似の電磁流体では，電場が速度と磁場のベクトル
積となっているので，磁場がゼロの状態から磁場が生成されることはない．し
かしながら2流体近似では，電場が電子の圧力勾配と比例する項が付加されて
いるので，ベクトルの回転（rot）を取ったときに有限の値をもてば，磁場がゼ
ロの状態から有限の磁場を作ることができる．もし電子のガス圧が密度の関数
（barytropic）であるときはベクトルの回転を取ると消えるが，一般にはガス圧
と密度勾配が平行でないので，

$$\mathrm{rot}\left(\frac{\nabla p_{\mathrm{e}}}{en}\right) = \frac{\nabla p_{\mathrm{e}} \times \nabla n}{n^2 e} \tag{2.208}$$

となり，ファラデーの法則に代入することにより，電子圧力の項から有限の磁場
が生成できることがわかる．

　たとえば，星のまわりのプラズマが静水圧平行を満たしていたとすると，円筒
座標系で，

$$\frac{\nabla p}{\rho} = \nabla \Phi + r\Omega^2(r,z)\boldsymbol{e}_r.$$

ここで Φ は重力ポテンシャル，Ω は自転角速度である．全圧力 p は電子圧力 p_e と比例していると仮定し，さらに角速度 Ω が z の関数であると，$\nabla p/\rho$ は有限のベクトルの回転を持つので，トロイダル成分の磁場が生成される．この効果は1950 年にビアマン（Biermann）により，星からの熱エネルギーを利用したダイナモ過程[*3]として提唱され，ビアマン・バッテリー効果と呼ばれている．別の例として，有限の衝撃波の下流には，まわりのプラズマとの間で温度勾配を作るので，ビアマン・バッテリー効果が働くという考えも出されており，宇宙での種磁場を作る起源としても興味深い．

2.5　プラズマの波動と運動論

　これまで特徴的な速度が光速 c に比べて十分遅く，また特徴的な空間スケールがイオンのジャイロ半径に比べて十分大きな低周波の現象に焦点を絞って解説してきた．電磁流体の枠組みは，宇宙でのプラズマを記述するのにもっとも簡便な方法であり，電磁流体理論により観測される多くのプラズマ動力学の現象を理解することに成功している．

　プラズマは正の荷電粒子（イオン）と負の荷電粒子（電子）から構成されているが，1 流体の電磁流体方程式では，たとえば，速度 U がイオンの速度から来ているのか電子の寄与かについて明確な区別をしてこなかった．電子質量はイオン質量に比べて非常に小さいので，プラズマ速度というときにはイオンの速度だと暗黙に仮定していた．そしてプラズマ準中性の条件 $n_e = n_i$ が満たされるように，慣性質量の小さい電子は電場に即座に反応してイオンにくっついて運動していると考えていた．しかし，イオンのジャイロ半径程度の空間スケールやジャイロ周期程度の高い周波数の現象になってホール項が効き始めると，1 流体の電磁流体近似が破綻することを知った．このことからさらに周波数が上がると電子とイオンの運動の違いを積極的に取り入れた 2 流体の枠組みでプラズマ波動を考える必要がある．

[*3] 地球や太陽磁場をはじめとして，天体や宇宙での磁場の形成や維持機構をダイナモと呼ぶ．

　2流体の電磁流体を用いればより正確なプラズマの記述ができるが，それでも記述できない大切なプラズマ現象もいろいろな場面で現れている．たとえば，電磁流体の枠組みでは自己無撞着に決めることができない流体粘性や電気抵抗，熱伝導といった輸送係数についての物理であり，輸送係数を決めるのは，高周波のさまざまな波動励起とその波動を介した選択的な電子やイオンとの運動量やエネルギー交換などである．この場合は少々煩雑で厄介な運動論の取り扱いが必要になってくる．ここではランダウ減衰と呼ばれる波との共鳴粒子の相互作用について解説する．

2.5.1　冷たいプラズマ中での波動

　プラズマ中での熱速度が，さまざまな波動の伝播速度に比べて遅い場合は，ガスの圧力を無視した近似を使うことができ，このようなプラズマを「冷たいプラズマ」と呼ぶ．冷たいプラズマ中では，同じ電荷と質量をもつ粒子は，電磁場の変化に対して，すべて同じ運動をする．冷たいプラズマ中での線形波動についてみてみよう．

　最初にプラズマが静止していたとして，流体の運動方程式を線形化すると，

$$m_j \frac{\partial \delta \boldsymbol{U}_j}{\partial t} = e_j \left(\delta \boldsymbol{E} + \frac{1}{c} \delta \boldsymbol{U}_j \times \boldsymbol{B}_0 \right). \tag{2.209}$$

$j = \mathrm{i, e}$ はイオンおよび電子を表す．マクスウェルの方程式から，

$$\nabla \times \delta \boldsymbol{B} = ik \times \delta \boldsymbol{B} = 4\pi \frac{\delta \boldsymbol{j}}{c} - i\frac{\omega}{c} \delta \boldsymbol{E} = -i\frac{\omega}{c} \boldsymbol{\varepsilon} \cdot \delta \boldsymbol{E} \tag{2.210}$$

および

$$\nabla \times \delta \boldsymbol{E} = ik \times \delta \boldsymbol{E} = i\frac{\omega}{c} \delta \boldsymbol{B} \tag{2.211}$$

の関係式を得る．

　また電流の1次変動については，イオンと電子の速度差から，

$$\delta \boldsymbol{j} = en_0(\delta \boldsymbol{U}_\mathrm{i} - \delta \boldsymbol{U}_\mathrm{e}) \tag{2.212}$$

で与えられる．

　一般性を失うことなく背景磁場 $\boldsymbol{B}_0$ が z 軸に平行であるとして，式（2.209），（2.210），（2.212）より誘電率テンソルは，

$$\varepsilon = \begin{pmatrix} S & -iD & 0 \\ iD & S & 0 \\ 0 & 0 & P \end{pmatrix} \tag{2.213}$$

で与えられる. ここで,

$$S = 1 - \frac{\omega_{\mathrm{pi}}^2}{\omega^2 - \Omega_{\mathrm{ci}}^2} - \frac{\omega_{\mathrm{pe}}^2}{\omega^2 - \Omega_{\mathrm{ce}}^2}, \tag{2.214}$$

$$D = \frac{\Omega_{\mathrm{ci}}}{\omega} \frac{\omega_{\mathrm{pi}}^2}{\omega^2 - \Omega_{\mathrm{ci}}^2} - \frac{\Omega_{\mathrm{ce}}}{\omega} \frac{\omega_{\mathrm{pe}}^2}{\omega^2 - \Omega_{\mathrm{ce}}^2}, \tag{2.215}$$

$$P = 1 - \frac{\omega_{\mathrm{pi}}^2}{\omega^2} - \frac{\omega_{\mathrm{pe}}^2}{\omega^2}. \tag{2.216}$$

そしてプラズマ周波数 $\omega_{\mathrm{p}j}^2 = 4\pi n_0 e^2 / m_j$, ジャイロ周波数 $\Omega_{\mathrm{c}j} = eB_0 / m_j c$ で定義される.

また, 式 (2.210) および (2.211) を用いて電場だけの関係式を求めると,

$$\boldsymbol{k} \times (\boldsymbol{k} \times \delta\boldsymbol{E}) + \frac{\omega^2}{c^2} \varepsilon \cdot \delta\boldsymbol{E} = 0. \tag{2.217}$$

以上より, 誘電率テンソルをもちいて成分を書くと,

$$\begin{pmatrix} (S - N^2 \cos^2\theta) & -iD & N^2 \sin\theta\cos\theta \\ iD & S - N^2 & 0 \\ N^2 \sin\theta\cos\theta & 0 & P - N^2 \sin\theta \end{pmatrix} \begin{pmatrix} \delta E_x \\ \delta E_y \\ \delta E_z \end{pmatrix} = 0. \tag{2.218}$$

ここで屈折率 $N = kc/\omega$, θ は z 軸に平行な背景磁場 $\boldsymbol{B}_0$ と波数ベクトル $\boldsymbol{k}$ となす角度であり, 座標系は, 図 2.3 と同じ座標系を用いている. この分散方程式は冷たいプラズマのさまざまな波動を記述している.

ここでは簡単化のため平行伝播 $\theta = 0$ の場合について考えてみよう. 式 (2.218) において $\theta = 0$ とおくと,

$$\begin{vmatrix} S - N^2 & -iD \\ iD & S - N^2 \end{vmatrix} = 0, \quad P = 0 \tag{2.219}$$

を得る. まず $P = 0$ からは縦波の分散が得られて,

$$\omega^2 = \omega_{\mathrm{pe}}^2 + \omega_{\mathrm{pi}}^2 \simeq \omega_{\mathrm{pe}}^2. \tag{2.220}$$

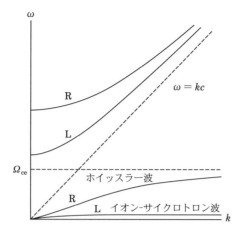

図 **2.14** 平行伝播の電磁波の分散.

これはラングミュアによって発見されたプラズマ振動を表している．次に式
(2.219) のもう一方の分散式が表す横波について見てみよう．

$$\left(S - \frac{k^2 c^2}{\omega^2} - D\right)\left(S - \frac{k^2 c^2}{\omega^2} + D\right) = 0. \tag{2.221}$$

これから次の二つの分散が得られる．

$$\frac{k^2 c^2}{\omega^2} = 1 - \frac{\omega_{\rm pi}^2}{\omega(\omega \pm \Omega_{\rm ci})} - \frac{\omega_{\rm pe}^2}{\omega(\omega \mp \Omega_{\rm ce})}. \tag{2.222}$$

図 2.14 にはその分散曲線を示してある．符号が上のものが右回り偏波の電磁波
（R–mode），下のものが左回り偏波の電磁波（L–mode）に対応する．プラズマ
の存在により高周波側の二つの電磁波については，位相速度 ω/k は常に真空中
の光速よりも速くなっている．

低周波の波動に対しては，位相速度が光速よりも遅くなっており，$\omega \ll \Omega_{\rm ce}$
の極限では，

$$\frac{k^2 c^2}{\omega^2} = 1 - \frac{c^2}{V_{\rm A}^2} \frac{\Omega_{\rm ci}}{\omega - \Omega_{\rm ci}} \tag{2.223}$$

となり，もし $V_{\rm A} \ll c$ の極限では，

$$\frac{\omega^2}{k^2 V_{\mathrm{A}}^2} = 1 \pm \frac{\omega}{\Omega_{\mathrm{ci}}} \tag{2.224}$$

を得る．これは一般化されたオームの方程式を用いて得られた右偏波のホイッスラー波と左偏波のイオン–サイクロトロン波（アルベーン波）であり，2.4 節で述べたものと同じである．もしプラズマ密度が小さくなって，$V_{\mathrm{A}} \equiv B/\sqrt{4\pi\rho}$ が光速 c よりも大きな値になると，これらの低周波の位相速度は光速に漸近する．

一方，式（2.222）における高周波に対して，$\omega \gg \Omega_{\mathrm{ci}}$ の極限では，

$$\frac{k^2 c^2}{\omega^2} = 1 - \frac{\omega_{\mathrm{pe}}^2}{\omega(\omega \mp \Omega_{\mathrm{ce}})}. \tag{2.225}$$

この分散式は，$k = 0$ において有限の周波数（カットオフ周波数）をもつが，分母の正負の符号に対応する右偏波および左偏波の波動のカットオフ周波数は，

$$\omega_{\mathrm{R}} = \frac{\Omega_{\mathrm{ce}}}{2} + \sqrt{\left(\frac{\Omega_{\mathrm{ce}}}{2}\right)^2 + \omega_{\mathrm{pe}}^2}, \tag{2.226}$$

$$\omega_{\mathrm{L}} = -\frac{\Omega_{\mathrm{ce}}}{2} + \sqrt{\left(\frac{\Omega_{\mathrm{ce}}}{2}\right)^2 + \omega_{\mathrm{pe}}^2} \tag{2.227}$$

で与えられる．また宇宙空間において，多くの領域では電子のジャイロ周波数 Ω_{ce} よりも電子プラズマ周波数 ω_{pe} は大きいので，高周波の $\omega \gg \Omega_{\mathrm{ce}}$ の領域では，

$$\omega^2 = \omega_{\mathrm{pe}}^2 + k^2 c^2 \tag{2.228}$$

となり，カットオフ周波数はプラズマ周波数程度となる．カットオフ周波数近傍では位相速度は光速 c に比べて非常に大きくなり，一方短波長側では位相速度が光速に漸近することがわかる．

このことからある電磁波が，図 2.15 のように，密度の濃い領域に向かって伝播してきたとき，その周波数がプラズマ周波数になると，位相速度が大きくなり電磁波の波面の向きが変わり，密度の濃い領域に伝播することができずに反射されることがわかる．また $\omega \ll \omega_{\mathrm{pe}}$ では，波数 $k = i\omega_{\mathrm{pe}}/c$ は虚数になり，電磁波の侵入できる深さは，c/ω_{pe} 程度になる．このスケールを電子スキン長（electron skin depth）と呼ぶ．たとえば，地球上層大気には，窒素や酸素など

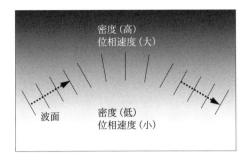

図 **2.15** 電磁波の反射.

の分子や原子が太陽紫外線により電離された，プラズマの密度の高い電離層が存在し，高度 $500\,\mathrm{km}$ のあたりで最大密度は $n = 10^{5-6}\,\mathrm{cm}^{-3}$ に達している．この密度に対応するプラズマ周波数は $\omega_{\mathrm{pe}} = 3\text{–}9\,\mathrm{MHz}$ であるので，地上から宇宙に向かって数 MHz 以下の電磁波を放射すると電離層で反射される．同様に宇宙からやってくる数 MHz 以下の電磁波も地上で観測することができない．

2.5.2 プラズマ分散とファラデー回転

プラズマ分散を利用して宇宙空間のプラズマ密度および磁場の強度を測ることができる．プラズマ中の電磁波の位相速度には分散性（周波数依存性）があるが，同時に波の情報を伝える群速度も周波数依存性がある．式（2.228）より群速度は，

$$v_{\mathrm{g}} \equiv \frac{\partial \omega}{\partial k} = c\sqrt{1 - \frac{\omega_{\mathrm{pe}}^2}{\omega^2}} \approx c\left(1 - \frac{\omega_{\mathrm{pe}}^2}{2\omega^2}\right) \tag{2.229}$$

で与えられる．このことからある天体で発せられた電磁波のパルスの観測者への到達時間 t_{p} は，天体までの距離を L として，

$$t_{\mathrm{p}} = \int_0^L \frac{ds}{v_{\mathrm{g}}} \approx \frac{L}{c} + \frac{1}{2c}\int_0^L \frac{\omega_{\mathrm{pe}}^2}{\omega^2}ds = \frac{L}{c} + \frac{2\pi e^2}{m_{\mathrm{e}}c\omega^2}\int_0^L n_{\mathrm{e}}ds. \tag{2.230}$$

最後の第 2 項が，プラズマの存在により伝播速度が遅くなったことからくるパルス到達の遅延を表しており，

$$\Delta t_{\mathrm{p}} = \frac{2\pi e^2}{m_{\mathrm{e}}c\omega^2}(\mathrm{DM}) = 0.05\left(\frac{L}{1\,\mathrm{pc}}\right)\left(\frac{n_{\mathrm{e}}}{1\,\mathrm{cm}^{-3}}\right)\left(\frac{\lambda}{1\,\mathrm{m}}\right)^2 \mathrm{sec}. \tag{2.231}$$

ここで λ は電磁波の波長，n_e はプラズマ密度，（DM）は dispersion measure の略であり，

$$(\text{DM}) \equiv \int_0^L n_e ds \qquad (2.232)$$

で定義される．この原理は，たとえばパルサーまでの距離を求めるのに使われる．

さて電磁波の伝播は磁場にも影響されるので，磁場も天体プラズマ観測に重要な手がかりを与える．電磁波の位相速度は，サイクロトロン周波数による依存性の項まで含めると，式（2.225）より，

$$\frac{k^2 c^2}{\omega^2} = 1 - \frac{\omega_{\text{pe}}^2}{\omega(\omega \mp \Omega_{\text{ce}})} \approx 1 - \frac{\omega_{\text{pe}}^2}{\omega^2} \pm \frac{\Omega_{\text{ce}}\omega_{\text{pe}}^2}{\omega^3} \qquad (2.233)$$

が得られるが，右回りと左回り偏波との分散関係の違いにより，同じ周波数を持つ波が同じ距離を伝播しても，波長がわずかに異なるので偏波の回転角度の違いが生じる．ある天体から出発した線形偏波の波は，観測点までの距離を L とすると，天体での偏波角に対して $\Delta\theta$ 回転することになる．

$$\Delta\theta = \frac{(k_{\text{L}} - k_{\text{R}})L}{2} = \frac{2\pi e^3}{m_{\text{e}}^2 c^2 \omega^2} \int_0^L n_e B_{/\!/} ds = (\text{RM})\lambda^2$$

$$= 0.81 \left(\frac{n_e}{1\,\text{cm}^{-3}}\right)\left(\frac{B_{/\!/}}{1\,\mu\text{G}}\right)\left(\frac{L}{1\,\text{pc}}\right)\left(\frac{\lambda}{1\,\text{m}}\right)^2 \text{rad.} \qquad (2.234)$$

この関係式がファラデー回転（Faraday rotation）と呼ばれており，観測された波長の 2 乗と偏波角は比例関係を示す．（RM）は rotation measure の略で，

$$(\text{RM}) \equiv \frac{e^3}{2\pi m_{\text{e}}^2 c^4} \int_0^L n_e B_{/\!/} ds \qquad (2.235)$$

で定義される．この RM と DM とあわせることにより視線方向の磁場強度を求めることができる．

2.5.3　有限温度のプラズマ中での波動

有限温度のプラズマ中の波動は，冷たいプラズマ中での議論の際に無視したガス圧力の項を考慮して同様な解析を行うことにより求めることができる．ここでは具体的に式（2.209）の運動方程式に圧力項を加えて，高周波のプラズマ振動の分散を考えてみよう．プラズマ振動に対してイオンの運動はゆっくりしている

ので，イオンは静止していると近似してよい．運動方程式に，冷たいプラズマで
は無視した圧力項を付け加えて，

$$m_{\mathrm{e}}\frac{\partial}{\partial t}\delta U_{\mathrm{e}} = -e\delta E - \frac{1}{n_0}\nabla\delta p_{\mathrm{e}}. \tag{2.236}$$

この式に，冷たいプラズマ中での波動でも用いた式（2.210）および（2.212）を
代入して，

$$\omega^2 = \omega_{\mathrm{pe}}^2 + \frac{\gamma_{\mathrm{e}}k_{\mathrm{B}}T_{\mathrm{e}}}{m_{\mathrm{e}}}k^2 \tag{2.237}$$

を得る．ここで電子の圧力 δp_{e} は，断熱的に変化すると仮定して $\gamma_{\mathrm{e}}k_{\mathrm{B}}T_{\mathrm{e}}\delta n_{\mathrm{e}}$ と
置いた．γ_{e} および k_{B} は電子の比熱比およびボルツマン定数である．1 次元方向
の振動を考えているので，自由度 $f = 1$，比熱比 $\gamma_{\mathrm{e}} = (f+2)/f = 3$ と置くと，
右辺の第 2 項の k^2 の係数は，$3v_{\mathrm{e}}^2/2$ となる．ただし，$v_{\mathrm{e}} = \sqrt{2k_{\mathrm{B}}T_{\mathrm{e}}/m_{\mathrm{e}}}$．分散
式（2.237）は，運動方程式（2.236）に連続の式とポアソン方程式を用いて解析
しても同じ結果を得ることができる．

　このようにして他のプラズマ波動についてもガス圧効果の効くプラズマ波動に
ついて議論することができる．しかしこのような取り扱いにはいくらか注意を要
する．プラズマ波動の位相速度と熱速度が同程度になると，粒子と波動との相互
作用という無衝突プラズマ特有の性質が現れてくるからである．これを明らかに
するために，ブラソフ方程式から平均化して作った運動方程式をもとに分散関係
式を導くのではなく，直接ブラソフ方程式に戻って議論してみよう．

　線形化したブラソフ方程式において 1 次までの項を拾い出すと，

$$\frac{\partial f_1}{\partial t} + \boldsymbol{v}\cdot\nabla f_1 = \frac{e}{m}\boldsymbol{E}_1\cdot\nabla_v f_0. \tag{2.238}$$

一方，線形化したポアソン方程式より，速度分布関数と静電場の関係を求めると，

$$\nabla\cdot\boldsymbol{E}_1 = 4\pi e(n_{\mathrm{i}} - n_{\mathrm{e}}) = -4\pi n_1 e = -4\pi e\int f_1 dv. \tag{2.239}$$

1 次変化量に対しては，$\exp(ikx - i\omega t)$ の依存性を仮定して展開すると，

$$(-i\omega + ikv)f_1 = \frac{eE_1}{m}\frac{\partial f_0}{\partial v}, \tag{2.240}$$

$$ikE_1 = -4\pi e\int f_1 dv. \tag{2.241}$$

よって上記方程式を連立させて，ω と k に対する次の分散方程式を得る.

$$\varepsilon(k,\omega) \equiv 1 + \frac{4\pi e^2}{km}\int \frac{\partial f_0/\partial v}{\omega - kv}dv = 0. \tag{2.242}$$

この式における ε はプラズマの誘電率である. さて，この方程式は被積分関数の分母に特異点があり，波の位相速度 ω/k が粒子の運動速度 v と同程度になると特異点の近傍の取り扱いが重要になる. これは粒子と波との相互作用が，$\omega - kv \sim 0$ で強くなることを示している.

もしプラズマが十分冷たく，波の位相速度 ω/k よりも熱速度 $v_{\rm e}$ が十分遅い場合は，

$$\frac{1}{\omega - kv} \approx \frac{1}{\omega}\left(1 + \frac{kv}{\omega} + \frac{k^2v^2}{\omega^2} + \frac{k^3v^3}{\omega^3}\right) \tag{2.243}$$

のように展開できる. この近似の下で式（2.242）を部分積分して解くと，

$$1 - \frac{4\pi e^2}{km}\int\left(\frac{k}{\omega^2} + \frac{3k^3v^2}{\omega^4}\right)f_0 dv$$
$$= 1 - \frac{4\pi ne^2}{m}\left(\frac{1}{\omega^2} + \frac{3k^2v_{\rm e}^2}{2\omega^4}\right) = 0. \tag{2.244}$$

ここで熱速度 $v_{\rm e} = \sqrt{2k_{\rm B}T/m}$. 上記の方程式を ω でまとめることにより同じ近似で，

$$\omega^2 = \omega_{\rm pe}^2 + \frac{3}{2}k^2v_{\rm e}^2 \tag{2.245}$$

のプラズマ波動に対する分散方程式を得る. これが流体方程式から得た分散式（2.237）と同じ結果であることが確認できる.

波の位相速度 ω/k がプラズマの熱速度と同程度になってくると，上記のような近似は成り立たず，線形化されたブラソフ方程式に現れた特異点 $(\omega - kv)$ について適切な取り扱いをする必要がある. 特異点近傍の積分を厳密に解くことを提唱したのがランダウ（L.D. Landau）であり，この波と粒子の間の相互作用をランダウ共鳴と呼んでいる.

ランダウの取り扱いに従って特異点近傍の積分を考えてみよう. まず初期値問題として取り扱う. つまり時刻 $t < 0$ では乱れがなく $t = 0$ に外から力が加わって，有限の振幅 $E(x,0)$ と分布関数に最初の乱れ $g(v)$ が励起されたとする. こ

の擾乱は時間とともに必ずしも急速に減衰しないので，フーリエ（Fourier）の方法ではなくラプラス（Laplace）変換を用いることが必要である．ラプラス変換を次のように定義しておく，

$$\tilde{f}(v,p) = \int_0^\infty e^{-pt} f(v,t) dt,$$

$$\tilde{E}(k,p) = \int_0^\infty e^{-pt} E(k,t) dt.$$

式（2.238）において，空間に対してフーリエ変換を施し，次に時間に対してラプラス変換を行うと，

$$\tilde{f}(v,p) = \frac{ig(v)}{ip-kv} + \frac{i}{ip-kv}\frac{e}{m}\frac{\partial f_0}{\partial v}\tilde{E}(k,p). \tag{2.246}$$

この式をポアソン方程式（2.241）に代入すると，

$$\tilde{E}(k,p) = -i\frac{4\pi e}{k\varepsilon(k,ip)}\int\frac{g(v)}{ip-kv}dv. \tag{2.247}$$

ここで，ε は

$$\varepsilon(k,ip) \equiv 1 + \frac{4\pi e^2}{km}\int\frac{\partial f_0/\partial v}{ip-kv}dv = 0. \tag{2.248}$$

このようにして $\tilde{E}(k,p)$ が求まると，$E(k,t)$ は逆ラプラス変換を行うことにより，

$$E(k,t) = \frac{1}{2\pi i}\int_{\sigma-i\infty}^{\sigma+i\infty}\tilde{E}(k,p)e^{pt}dp \tag{2.249}$$

として解くことができる．ここで積分路は，図 2.16 の（a）に示したように，すべての特異点が左側に来るように，p の虚軸に平行にとる．このようにして電場の時間発展を記述することができるが，しかしこの積分はこのままでは取り扱いが困難である．指数関数の寄与のため，各々の p に対して時間的に発散するような形を有している．もちろんすべて積分を行えば適当に積分寄与が相殺して発散しないことになっているはずである．この点を改良するために，コーシー（Cauchy）の定理を用いて p 平面での積分路を図 2.16 の（a）から（b）のように変更する．この結果，特異点を除いた p の虚軸に平行な部分の積分路は，$\mathrm{Re}(p) < 0$ であるので減衰することになる．よってこの積分は特異点のまわりの

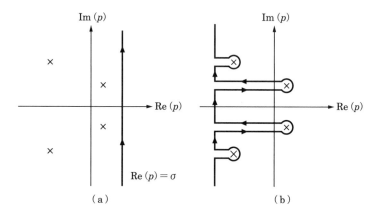

図 **2.16**　p 平面でのランダウの積分路.

積分で決まり，留数の定理により，

$$E(k,t) = \sum_j R_j e^{p_j t}. \tag{2.250}$$

ここで，

$$R_j = \lim_{p \to p_j} (p - p_j) E(k,p) \tag{2.251}$$

は $E(k,p)$ の点 p_j における留数である．このようにして，一般に $g(v)$ には特異性がないと考えられるので，t が大きいときの積分の漸近形は $\varepsilon(k,ip) = 0$ に決まることになる．この解を $ip_k = \omega_k$ とすると，$E(k,t) \propto e^{-i\omega_k t}$ となり，通常我々の予想する結果を得ることになる．

　さてここで留数 R_j を求めるときに必要になる $\varepsilon(k,ip) = 0$ に含まれている速度 v の積分について考えてみよう．p に関するラプラス変換において元の積分路は $\mathrm{Re}(p) > 0$ にあったので，式 (2.248) の積分における積分路と極 $v = ip/k$ との関係は図 2.17 の (a) のようになり，極は実軸より上側に存在していることになる．もし，$\mathrm{Re}(p) \to 0$ となると極は実軸上近傍に位置するようになるが，そのときの v の積分路は解析接続により，図 2.17 の (b) のように極 $v = ip/k = \omega/k$ の下側を通るように回避することが必要である．このことから，$\mathrm{Im}(\omega) \ll \mathrm{Re}(\omega)$ のときの積分は，

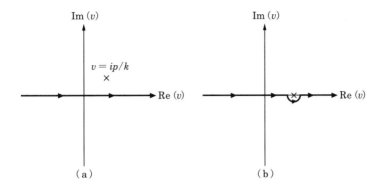

図 **2.17** v 平面でのランダウの積分路.

$$\int_{-\infty}^{\infty} \frac{\partial f_0/\partial v}{ip - kv} dv = P \int_{-\infty}^{\infty} \frac{\partial f_0/\partial v}{ip - kv} dv - i\frac{\pi}{k}\left(\frac{\partial f_0}{\partial v}\right)_{v=ip/k}. \tag{2.252}$$

ここで第 1 項の P は主値を表し，第 2 項の極の迂回の仕方の規則はランダウの規則と呼ばれている．p を変数 $\omega = ip$ で書き換えて，誘電率は，

$$\begin{aligned}
\varepsilon &= 1 + \frac{4\pi e^2}{km}P\int_{-\infty}^{\infty}\frac{\partial f_0/\partial v}{\omega - kv}dv - i\frac{4\pi e^2}{km}\frac{\pi}{k}\left(\frac{\partial f_0}{\partial v}\right)_{v=\omega/k} \\
&= 1 + \frac{4\pi e^2}{km}\int_{-\infty}^{\infty}\frac{\partial f_0/\partial v}{\omega - kv + i0}dv. \tag{2.253}
\end{aligned}$$

ランダウの積分規則は分母に $+i0$ を加えた形式もよく使われる．ε に虚部が存在することがランダウ減衰に対応しており，無衝突プラズマ中での粒子とプラズマの相互作用による大切な性質を示している．この項の大きさは，波の位相速度と等しい共鳴粒子の速度 $v = \omega/k$ での導関数 $\partial f_0/\partial v$ に比例する．

電子が温度 T のマクスウェル分布（Maxwell distribution）をしているとき，プラズマ振動に対する分散を求めてみよう．式 (2.253) の f_0 は，速度空間を積分して 1 次元の分布関数としているので，

$$f_0(v) = n\left(\frac{m}{2\pi k_{\mathrm{B}}T}\right)^{1/2}\exp\left(\frac{-mv^2}{2k_{\mathrm{B}}T}\right)$$

$$n = \int f_0(v)dv$$

であることに注意して，誘電率 $\varepsilon(k,\omega) = \varepsilon_r(k,\omega) + i\varepsilon_i(k,\omega)$ を求めると，

$$\varepsilon_r(k,\omega) = 1 - \frac{\omega_{\mathrm{pe}}^2}{\omega^2} - \frac{3k^2 v_{\mathrm{e}}^2 \omega_{\mathrm{pe}}^2}{2\omega^4},$$
$$\varepsilon_i(k,\omega) = 2\sqrt{\pi}\,\frac{\omega_{\mathrm{pe}}^2}{k^3}\frac{\omega}{v_{\mathrm{e}}^3}\exp\left(-\frac{\omega^2}{k^2 v_{\mathrm{e}}^2}\right). \tag{2.254}$$

ここで $\omega = \omega_r + i\omega_i,\ \omega_i \ll \omega_r$ として $\varepsilon(k,\omega)$ をテーラー展開すると,

$$\varepsilon(k,\omega) \simeq \varepsilon_r(k,\omega_r) + i\omega_i \frac{\partial}{\partial \omega_r}\varepsilon_r(k,\omega_r) + i\varepsilon_i(k,\omega_r). \tag{2.255}$$

よって, $\varepsilon(k,\omega) = 0$ の解は,

$$\varepsilon_r(k,\omega_r) = 0, \quad \omega_i = -\varepsilon_i(k,\omega_r)\Big/\frac{\partial}{\partial \omega_r}\varepsilon_r(k,\omega_r) \tag{2.256}$$

で与えられる. プラズマ振動に対する周波数 ω の実部は,

$$\omega_r^2 = \omega_{\mathrm{pe}}^2 + \frac{3k_{\mathrm{B}}T}{m}k^2 \tag{2.257}$$

減衰率に対応する虚部は,

$$\omega_i = -\sqrt{\frac{\pi}{8}}\frac{\omega_{\mathrm{pe}}}{(k\lambda_{\mathrm{De}})^3}\exp\left(-\frac{1}{2(k\lambda_{\mathrm{De}})^2}\right) \quad (k\lambda_{\mathrm{De}} \ll 1) \tag{2.258}$$

となる. ここで $\lambda_{\mathrm{De}} = \sqrt{k_{\mathrm{B}}T/4\pi n e^2} = v_{\mathrm{e}}/\sqrt{2}\omega_{\mathrm{pe}}$. 実部の解は, 流体近似で求めた式 (2.237) およびブラソフ方程式で熱速度を位相速度に対して無視した解 (2.245) と一致する. しかし運動論的取り扱いでは虚数部分が存在し, 波の減衰という無衝突プラズマ独特の特徴が現れる.

　電子が温度 T のマクスウェル分布をしているときの誘電率は, 次のようにプラズマ分散関数 Z を用いて, $\mathrm{Im}(\omega) \ll \mathrm{Re}(\omega)$ 以外の場合も含めたより一般的な形式で表すと便利である.

$$\varepsilon = 1 + \frac{1}{k^2\lambda_D^2}\left(1 + \xi_{\mathrm{e}}Z(\xi_{\mathrm{e}})\right). \tag{2.259}$$

ここで $\xi_{\mathrm{e}} = \omega/kv_{\mathrm{e}}, v_{\mathrm{e}} = \sqrt{2k_{\mathrm{B}}T/m}$. またプラズマ分散関数 Z は,

$$Z(\xi) = \frac{1}{\sqrt{\pi}}\int_{-\infty}^{+\infty}\frac{\exp(-x^2)dx}{x-\xi} \tag{2.260}$$

で定義される. ただし, $\mathrm{Im}(\xi) > 0$. ここで式の変形,

$$\frac{1}{\sqrt{\pi}} \int \frac{x \exp(-x^2)}{x - \xi} dx = \frac{1}{\sqrt{\pi}} \int \left(1 + \frac{\xi}{x - \xi}\right) \exp(-x^2) dx = 1 + \xi Z(\xi)$$

に注意されたい. $Z(\xi)$ の級数展開は,

$$Z(\xi) = i\sqrt{\pi} \exp(-\xi^2) - 2\xi \left(1 - \frac{2\xi^2}{3} + \frac{4\xi^4}{15} - \cdots\right).$$

$Z(\xi)$ の漸近展開は,

$$Z(\xi) = i\sqrt{\pi}\sigma \exp(-\xi^2) - \frac{1}{\xi}\left(1 + \frac{1}{2\xi^2} + \frac{3}{4\xi^4} + \cdots\right),$$

$$\sigma = \begin{cases} 0 & \text{Im}\,(\xi) > 0 \\ 1 & \text{Im}\,(\xi) = 0 \\ 2 & \text{Im}\,(\xi) < 0 \end{cases}$$

となる. またプラズマ分散関数 Z は, 微分方程式 $dZ/d\xi + 2\xi Z + 2 = 0$ を満たすため,

$$Z(\xi) = 2i \exp(-\xi^2) \int_{-\infty}^{i\xi} \exp(-x^2) dx \tag{2.261}$$

と表すこともでき, 数値計算によりプラズマ不安定を議論する際には便利な表式である.

式 (2.259) では高周波のプラズマ振動 (ラングミュアー波動) を議論していたのでイオンから来る寄与は無視していたが, イオンの寄与も考慮した静電波に対する誘電率は,

$$\varepsilon = 1 + \frac{1}{k^2 \lambda_{De}^2}\left(1 + \xi_e Z(\xi_e)\right) + \frac{1}{k^2 \lambda_{Di}^2}\left(1 + \xi_i Z(\xi_i)\right) \tag{2.262}$$

ただし, $\lambda_{Dj} = \sqrt{k_B T_j / 4\pi n e^2} = v_j / \sqrt{2}\,\omega_{pj}$ ($j = $ i (イオン) または e (電子)). そして, $\varepsilon = 0$ が厳密な運動論における静電波の分散方程式を与える.

2.5.4 ランダウ減衰

無衝突プラズマのブラソフ方程式では, 波動の位相速度 ω/k と粒子の速度 v が近づくと, 波動と粒子のランダウ共鳴がおき, 波の減衰成長は, 波動の位相速度における速度分布関数の傾きによって決まることが導かれた. 速度分布関数

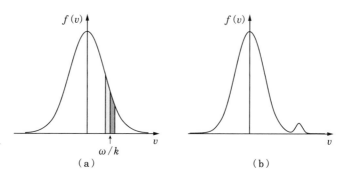

図 2.18　(a) ランダウ共鳴粒子とランダウ減衰，(b) ビーム
不安定.

の傾きによって波の減衰成長が支配される理由は，次のように説明できる．図
2.18 (a) からわかるように，まず共鳴粒子の速度近傍 $v_{\mathrm{res}} = \omega/k$ での分布関数
を見てみると，$v > v_{\mathrm{res}}$ の領域の粒子数と $v < v_{\mathrm{res}}$ の粒子数は分布関数の傾き
できまる．次にそれぞれの粒子群の波と粒子の運動エネルギーの増減を見てみる
と，$v > v_{\mathrm{res}}$ の粒子群は，正弦的に振動する波動との位相により加速されるもの
と減速されるものがあるが，着目している波の速度に近くなる粒子群のほうが波
とのエネルギー交換率がよい．つまり $v = v_{\mathrm{res}}$ に向かって減速される粒子群が
波とのエネルギー交換率がよい．そのため $v > v_{\mathrm{res}}$ の粒子群は全体として波と
の共鳴により運動エネルギーが減ることになるが，一方波のエネルギーは増える
ことになる．同様に，$v < v_{\mathrm{res}}$ の粒子群は運動エネルギーが増えて波のエネル
ギーは減ることになる．もし $v > v_{\mathrm{res}}$ と $v < v_{\mathrm{res}}$ の共鳴粒子の数が同じであれ
ばエネルギーの利得はないが，図 2.18 (a) では，$v < v_{\mathrm{res}}$ のが粒子数が多いの
で波が減衰することになる．以上のようにして，速度分布関数の傾きに応じて粒
子と波とのエネルギー交換が決まることがわかる．

2.5.5　プラズマ運動論とビーム不安定

　2.5.4 節のランダウ共鳴からわかるように，速度分布関数の傾きが正になると，
すなわち $\partial f_0/\partial v > 0$ となると，粒子の運動エネルギーから波動のエネルギーに
変換されて，波の振幅の増大がみられる．たとえば，図 2.18 (b) のように主成
分のマクスウェル速度分布関数に加えて速度 u_{b} をもった別のビーム成分が存在

する系では，ビーム成分における $\partial f_0/\partial v > 0$ の領域におけるランダウ共鳴により波の成長が起こりえる．このような状況として次の速度分布関数，

$$f_0(v) = n_0 \left(\frac{m}{2\pi k_{\mathrm{B}}T}\right)^{1/2} \exp\left(\frac{-mv^2}{2k_{\mathrm{B}}T}\right)$$
$$+ n_{\mathrm{b}} \left(\frac{m}{2\pi k_{\mathrm{B}}T_{\mathrm{b}}}\right)^{1/2} \exp\left(\frac{-m(v-u_{\mathrm{b}})^2}{2k_{\mathrm{B}}T_{\mathrm{b}}}\right) \tag{2.263}$$

を考えてみよう．右辺の第2項がビーム成分を表しており，分布関数は全体として速度 u_{b} で流れている．

この2成分の速度分布関数に対する誘電率 ε の実部 ε_r と虚部 ε_i は，式（2.253）から式（2.254）を求めるのと同様の方法で

$$\varepsilon_r(k,\omega) = 1 - \frac{\omega_{\mathrm{pe}}^2}{\omega^2} - \frac{\omega_{\mathrm{peb}}^2}{(\omega - ku_{\mathrm{b}})^2}, \tag{2.264}$$

$$\varepsilon_i(k,\omega) = 2\sqrt{\pi}\, \frac{\omega_{\mathrm{pe}}^2}{k^3}\frac{\omega}{v_{\mathrm{e}}^3} \exp\left(-\frac{\omega^2}{k^2 v_{\mathrm{e}}^2}\right)$$
$$+ 2\sqrt{\pi}\, \frac{\omega_{\mathrm{pb}}^2}{k^3}\frac{\omega - ku_{\mathrm{b}}}{v_{\mathrm{eb}}^3} \exp\left(-\frac{(\omega - ku_{\mathrm{b}})^2}{k^2 v_{\mathrm{eb}}^2}\right). \tag{2.265}$$

ただし，簡単化のため，ε_r で熱速度を考慮したことによる項は無視した．弱いビームの場合（$n_{\mathrm{b}} \ll n_0$），周波数 ω_r は，$\omega_i \ll \omega_r$ の近似のもとで式（2.256）の関係式を使って $\varepsilon_r(k,\omega) = 0$ を解くことにより，$\omega_r \sim \omega_{\mathrm{pe}}$，また線形成長率は，

$$\omega_i = -\frac{\sqrt{\pi}\omega_r^4}{k^3 v_{\mathrm{e}}^3} \exp\left(-\frac{\omega_r^2}{k^2 v_{\mathrm{e}}^2}\right) - \frac{\sqrt{\pi}\omega_r^3 n_{\mathrm{b}}(\omega_r - ku_{\mathrm{b}})}{k^3 v_{\mathrm{eb}}^3 n_0} \exp\left(-\frac{(\omega_r - ku_{\mathrm{b}})^2}{k^2 v_{\mathrm{eb}}^2}\right) \tag{2.266}$$

となる．不安定になるのは，ビーム成分の速度分布関数の傾き $\partial f/\partial v$ が正になる領域，つまり $u_{\mathrm{b}} - v_{\mathrm{eb}} < \omega_r/k < u_{\mathrm{b}}$ の領域であり，式（2.266）第2項が最大になるのは，$(\omega_r - ku_{\mathrm{b}})/(kv_{\mathrm{eb}}) = -1/\sqrt{2}$ のとき．よって最大成長率は，

$$\omega_i \sim \left(\frac{\pi}{2e}\right)^{1/2} \left(\frac{n_{\mathrm{b}}}{n_0}\right) \left(\frac{u_{\mathrm{b}}}{v_{\mathrm{eb}}}\right)^2 \omega_{\mathrm{pe}} \tag{2.267}$$

となることがわかる．ただし $e = \exp(1)$．この不安定をビーム不安定（bump–on–tail 不安定（BTI））と呼ぶ．

上記ではビーム温度 v_{eb} が有限である場合を考えたが，もしビームの温度が非

常に冷たく，式 (2.265) において，$\omega - ku_\mathrm{b} \gg kv_\mathrm{eb}$ が成り立つときは，ビーム成分の ε_i への寄与は無視できる．このときは分布関数の勾配に起因する不安定ではなく，「流体不安定」が主要な役割を果たす．そのときの不安定性は

$$\varepsilon(k,\omega) = 1 - \frac{\omega_\mathrm{pe}^2}{\omega^2} - \frac{\omega_\mathrm{peb}^2}{(\omega - ku_\mathrm{b})^2} = 0 \tag{2.268}$$

を解くことにより，$k < (\omega_\mathrm{pe}/u_\mathrm{b}) \left[1 + (\omega_\mathrm{peb}/\omega_\mathrm{pe})^{2/3}\right]^{3/2}$ の長波長領域で不安定になるモードがあることがわかる．弱いビームの条件（$n_\mathrm{b} \ll n_0$）の下で最大成長率 ω_i は

$$\omega_i \sim \frac{\sqrt{3}}{2^{4/3}} \left(\frac{n_\mathrm{b}}{n_0}\right)^{1/3} \omega_\mathrm{pe} \tag{2.269}$$

で与えられる．またこの流体不安定となる条件，$\omega - ku_\mathrm{b} \gg kv_\mathrm{eb}$ を書き換えると，$\omega - ku_\mathrm{b} \sim (n_\mathrm{b}/n_0)^{1/3}\omega_\mathrm{pe}$ および $ku_\mathrm{b} \sim \omega_\mathrm{pe}$ の評価を用いることにより

$$\left(\frac{n_\mathrm{b}}{n_0}\right)^{1/3} \gg \frac{v_\mathrm{eb}}{u_\mathrm{b}} \tag{2.270}$$

と表すことができる．一方，有限温度でランダウ共鳴型の不安定になる条件は，$(n_\mathrm{b}/n_0)^{1/3} < v_\mathrm{eb}/u_\mathrm{b}$ である．

2.5.6　無衝突磁気リコネクション

　ランダウ共鳴の応用として無衝突磁気リコネクションについて述べておこう．2.3.3 節で述べたように磁気リコネクションには X 点で有限の電気抵抗が必要であり，リコネクションは，磁場の散逸により磁力線の繋ぎ換えを介してダイナミックなプラズマシートの構造変化を引き起こす．通常は磁気中性面での電気抵抗の起源は，磁気中性面を流れる強い電流により電磁波動が励起され，その波動によって電子が散乱されることにより維持されていると考えている．しかし無衝突プラズマ中では，ミクロなプラズマ不安定で励起された，電子を散乱する電磁波動だけではなく，リコネクションと同じ大きさのスケールで励起された電場を介したランダウ共鳴による電気抵抗も考えられる．ここではランダウ共鳴型の電気抵抗で不安定になる無衝突リコネクションについて解説する．

　無衝突リコネクションは，2.3.3 節で述べた X 型の磁力線の構造に対しても考

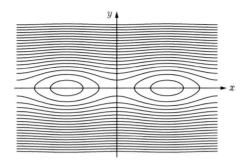

図 2.19 磁気リコネクション（ティアリング・モード）の磁力線.

えることができるが，ここでは線形不安定を記述するのに都合がよい，図 2.19 のような周期的な磁気島の構造変化を生ずるティアリング・モード（tearing mode）不安定を考えよう．このようなプラズマシートの形状を導くティアリング・モードでは，スイート–パーカーのリコネクションやペチェックのリコネクションの X 点近傍と同じような機構が働いているとみなしてよい．

無衝突リコネクション（無衝突ティアリング・モード）の線形不安定性を議論するために，まずプラズマシートの平衡解を述べておこう．平衡状態におけるプラズマシートでは，磁気中性面でのガス圧力がまわりの磁場の圧力と釣り合っている．そのようなプラズマシートの平衡解としてハリス解（Harris solution）が知られており，イオンおよび電子のハリス解の速度分布関数 f_{0j} $(j = \mathrm{i}, \mathrm{e})$ は，速度分布関数の中心を電流方向に速度 u_j だけシフトした次のドリフト・マクスウェル分布で表される．

$$f_{0j}(y, \boldsymbol{v}) = n(y) \left(\frac{m_j}{2\pi k_\mathrm{B} T_j} \right)^{3/2} \exp \left(-\frac{m_j}{2k_\mathrm{B} T_j} (v_x^2 + v_y^2 + (v_z - u_j)^2) \right).$$

$$(2.271)$$

exp の内の速度 z 成分の u_j は，プラズマ全体がドリフト速度 u_j で流れていることを示している．そしてハリス解における極性が反転する磁場構造，圧力平衡を満たす密度分布などのマクロな物理量については，

$$B_x(y) = B_0 \tanh \left(\frac{y}{\lambda} \right), \quad n_0 k_\mathrm{B}(T_\mathrm{i} + T_\mathrm{e}) = \frac{B_0^2}{8\pi},$$

$$n(y) = n_0 \cosh^{-2}\left(\frac{y}{\lambda}\right), \quad u_j = \frac{2ck_{\mathrm{B}}T_j}{e_j B_0 \lambda} = \frac{r_{Lj}}{\lambda} v_j$$

と表せることが知られている. 磁場は初期状態では, x 方向成分だけを持つ座標 y の関数であり, 特徴的なプラズマシートの厚さは λ である. 磁気中性面でプラズマ密度は最大になり. またハリス解における温度 T_j とドリフト速度 u_j は y 座標によらず一定であり, ガス圧力は磁気中性面で最大となっている.

次に 1 次擾乱を議論するために, ブラソフ方程式を 1 次変動 f_1 が初期平衡解の f_0 より小さいとして線形化すると,

$$\left(\frac{\partial}{\partial t} + \boldsymbol{v}\cdot\frac{\partial}{\partial \boldsymbol{x}} + \frac{e}{mc}(\boldsymbol{v}\times\boldsymbol{B}_0)\cdot\frac{\partial}{\partial \boldsymbol{v}}\right) f_1 = -\frac{e}{m}\left(\boldsymbol{E}_1 + \frac{\boldsymbol{v}\times\boldsymbol{B}_1}{c}\right)\cdot\frac{\partial}{\partial \boldsymbol{v}} f_0. \tag{2.272}$$

ここで, 電場および磁場をベクトルポテンシャル $\boldsymbol{A}$ およびスカラーポテンシャル ϕ を用いて表そう.

$$\boldsymbol{E} = -\nabla\phi - \frac{1}{c}\frac{\partial}{\partial t}\boldsymbol{A}, \quad \boldsymbol{B} = \mathrm{rot}\,\boldsymbol{A}.$$

まずハリス平衡解に対するリコネクションにおいては, 静電ポテンシャル ϕ は準中性の条件よりほぼゼロであるとしてよい. またベクトルポテンシャル A_x, A_y についても, 2 次元リコネクションの主要電場である A_z に比べて無視できると仮定してよい. よって $A_{1z}(x,y,t) \propto \tilde{A}_{1z}(y)\exp(ikx - i\omega t)$ と展開して,

$$\left(\frac{\partial}{\partial t} + \boldsymbol{v}\cdot\frac{\partial}{\partial \boldsymbol{x}} + \frac{e}{mc}(\boldsymbol{v}\times\boldsymbol{B}_0)\cdot\frac{\partial}{\partial \boldsymbol{v}}\right) f_{1j}$$
$$= \frac{e_j f_{0j}}{ck_{\mathrm{B}}T_j}\left(\left(\frac{\partial}{\partial t} + \boldsymbol{v}\cdot\nabla\right)u_j A_{1z} - \frac{\partial}{\partial t}(v_z A_{1z})\right). \tag{2.273}$$

この両辺を 0 次の乱されてない粒子の軌道に沿って時間積分すると,

$$f_{1j} = \frac{e_j f_{0j}}{ck_{\mathrm{B}}T_j}\left(u_j A_{1z} + i\omega \int_{-\infty}^{t}(v_z A_{1z})dt'\right)$$
$$= \frac{e_j f_{0j}}{ck_{\mathrm{B}}T_j}\left(u_j A_{1z} + i\omega \int_{-\infty}^{t} v_z(t')\tilde{A}_{1z}(y')e^{ikx' - i\omega t'}dt'\right). \tag{2.274}$$

時間積分が現れない右辺の第 1 項は, プラズマシートを ∇B ドリフトや $E \times B$ ドリフトしている粒子の断熱的な運動による寄与である. 一方第 2 項は非断

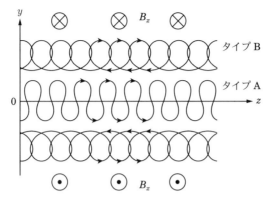

図 2.20　磁気中性面近傍での電子の運動．（タイプ A）$+z$ 方向に向かうメアンダリング運動，（タイプ B）$-z$ 方向に運動する ∇B ドリフト．

熱的な運動による時間積分を含み，粒子がリコネクション電場 E_{1z} の方向に運動することによる寄与であり，電場と粒子のランダウ共鳴過程を表している．共鳴過程は，図 2.20 の磁気中性面付近の蛇行運動（メアンダリング運動）をする粒子の寄与によると考えてよい．メアンダリング運動をする粒子の範囲は，磁気中性面からの距離 l_j とそこでの磁場強度に対するジャイロ半径 $v_j/\Omega_{\mathrm{c}j}(l_j/\lambda)$ とが同程度になるとして与えることができる．よって共鳴領域の幅 l_j は，

$$l_j = \sqrt{r_{Lj}\lambda}, \quad r_{Lj} = \frac{v_j}{\Omega_{\mathrm{c}j}} \tag{2.275}$$

で与えられる．そして，ベクトルポテンシャルは磁気中性面でほぼ一定であると仮定して，$\tilde{A}_{1z}(y') \sim \tilde{A}_{1z}(y)$．また，ランダウ共鳴で粒子が速度を獲得するのはおもに z 成分であるので，$v_z(t') \sim v_z(t)$ としてよい．以上より，速度分布関数の 1 次変動量は，$x' = x + v_x(t'-t)$ とおいて，

$$\begin{aligned}
f_{1j} &= \frac{e_j f_{0j}}{ck_{\mathrm{B}}T_j}\left(u_j A_{1z} + i\omega \int_{-\infty}^{t} v_z(t')\tilde{A}_{1z}(y)e^{ikx-i\omega t}e^{i(kv_x-\omega)(t'-t)}dt'\right) \\
&= \frac{e_j f_{0j}}{ck_{\mathrm{B}}T_j}\left(u_j A_{1z} + i\omega v_z(t)\tilde{A}_{1z}(y)e^{ikx-i\omega t}\int_{-\infty}^{0} e^{i(kv_x-\omega)\tau}d\tau\right) \\
&= \frac{e_j f_{0j}}{ck_{\mathrm{B}}T_j}\left(u_j A_{1z} - \frac{\omega}{\omega-kv_x+i0}v_z A_{1z}H(l_j)\right). \tag{2.276}
\end{aligned}$$

ここで右辺第 2 項の $+i0$ はランダウの規則に従って積分の迂回路を取ることを意味している. また $H(l_j)$ はヘビサイド関数で,

$$H(l_j) = \begin{cases} 1 & |y| \leqq l_j \\ 0 & |y| > l_j. \end{cases} \tag{2.277}$$

1 次変動の分布関数をマクスウェル方程式に代入して,

$$\nabla^2 A_{1z} = -\frac{4\pi}{c} \sum_{\mathrm{i,e}} \int e_j \boldsymbol{v} f_{1j} d\boldsymbol{v}. \tag{2.278}$$

さらに右辺の速度空間の積分を実行すると,

$$\frac{d^2}{dy^2}\tilde{A}_{1z} - \left(k^2 - \frac{2}{\lambda^2}\cosh^{-2}\left(\frac{y}{\lambda}\right) - \sum_{\mathrm{i,e}} V_{1j} \right) \tilde{A}_{1z} = 0. \tag{2.279}$$

ただし, 共鳴粒子からの寄与を表す関数 V_{1j} は,

$$V_{1j} = \frac{\omega_{\mathrm{p}j}^2}{c^2} \frac{\omega}{kv_j} Z\left(\frac{\omega}{kv_j}\right) H(l_j).$$

Z はプラズマ Z 関数を表す.

最後に, 式 (2.279) を解いて線形成長率を求めておこう. 共鳴粒子の効果が効かない $|y| > l_j$ の外部解は, $|y| \to \infty$ で $\tilde{A}_{1z} \to 0$ の境界条件の下で,

$$\tilde{A}_{1z}^{ex}(y) = \tilde{A}_{1z}(0)\left(1 \pm \frac{\tanh(y/\lambda)}{k\lambda} \right)\exp(\mp ky). \tag{2.280}$$

共鳴粒子の効果 V_{1j} が優勢な $|y| < l_j$ の内部解は, V_{1j} の電子の寄与がイオンよりも大きいことに注意し,

$$\tilde{A}_{1z}^{\mathrm{in}}(y) = \tilde{A}_{1z}(0)\cosh\left(\sqrt{V_{1\mathrm{e}}}y\right). \tag{2.281}$$

電子の共鳴効果がイオンより効くのは, 慣性質量の軽い電子は, 電場によって即座に加速されるのでランダウ共鳴効果が強いことによる. 内部解と外部解の接続の条件, つまり対数微分の連続の条件,

$$\frac{d\log\tilde{A}_{1z}^{\mathrm{in}}}{dy} = \frac{d\log\tilde{A}_{1z}^{\mathrm{ex}}}{dy} \tag{2.282}$$

より, $\omega/kv_\mathrm{e} \ll 1$ の近似の下で解くと, 線形成長率は,

$$\frac{\text{Im}(\omega)}{kv_e} \sim \frac{1}{\sqrt{\pi}} \left(\frac{r_{Le}}{\lambda}\right)^{3/2} \left(1 + \frac{T_i}{T_e}\right) \left(\frac{1 - k^2\lambda^2}{k\lambda}\right) \tag{2.283}$$

を得る．リコネクションは $k\lambda < 1$ で不安定になり，プラズマシートの厚さに比べて長波長のモードであることがわかる．

　無衝突リコネクションのメカニズムの電気抵抗の役割を直観的に理解するために，式 (2.276) の右辺の第 2 項の磁気中性面付近でのランダウ共鳴によって作られる電流 J_{res} を評価してみよう．

$$J_{\text{res}} = -\sum_{i,e} \int e_j \boldsymbol{v} \frac{e_j f_{0j}}{ck_B T_j} \frac{\omega}{\omega - kv_x + i0} v_z A_{1z} d\boldsymbol{v}$$
$$\sim \frac{ne^2}{m_e} \frac{1}{kv_e} E_{1z} \tag{2.284}$$

となり，オームの法則 $J = \sigma E$ と比較すると，無衝突リコネクションの実効的電気伝導度は，

$$\sigma \sim \frac{ne^2}{m_e} \frac{1}{kv_e}$$

と表せる．古典的な電気伝導度は，衝突周波数 ν_c を用いて $\sigma = \omega_{pe}^2/\nu_c$ で与えられるので，無衝突リコネクションの実効的衝突周波数 ν_c は，

$$\nu_c \sim kv_e \tag{2.285}$$

であったことになる．これは特徴的熱速度 v_e を持つ電子が，x 方向にリコネクションの一波長程度を横切る時間に対応し，リコネクションのサイズと同じ大きさの電場と粒子の運動によるランダウ共鳴が，無衝突リコネクションの電気抵抗の起源であったことがわかる．また電子の熱速度が大きなプラズマの方が等価電気伝導度は小さくなり，実際に線形成長率の式 (2.283) からもわかるように，ティアリング・モードの成長が早くなることがわかる．ランダウ共鳴型の電気抵抗は，有限の質量をもった粒子が有限時間のあいだリコネクション電場からエネルギーを獲得することで抵抗を維持しており，慣性抵抗とも呼ばれている．

第**3**章

放射の生成と散乱過程の基礎

　天体物理学の大きな特徴は，例外的な場合を除いて地上で実験ができずかつ現場に行って資料を収集することもできないことである．したがって，天体からの電磁波を観測して天体の物理状態を探るという研究手法がとられることになる．このような研究を遂行するためには，どのような物理過程を経てどのような特徴の電磁波が放出されるかを観測者は知らなければならない．そこで，この章では，電磁波の生成と散乱過程の基礎を学ぶ[*1]．

3.1　フーリエ変換の基礎

　ここで取り扱う現象は，線形の場合に限っている．線形現象の特徴は重ね合わせの原理が適用できることである．そのような場合には，物理量をさまざまな周波数の波に分解して取り扱うフーリエ変換の手法が有効である．そこで本題に入る前にフーリエ変換の基礎についてまず復習することにする．

3.1.1　デルタ関数

　本題に入る前にデルタ（δ）関数とシンク（sinc）関数についてまとめる．δ関数とは次の性質を満たす関数のことである．

[*1] 本書では，radiation の訳として放射を用いる．

$$\int_{-\infty}^{\infty} \delta(x)dx = 1, \tag{3.1}$$

$$\int_{-\infty}^{\infty} f(x)\delta(x)dx = f(0). \tag{3.2}$$

この関数は次のような振る舞いをする.

$$\delta(x) \begin{cases} = \infty & (x = 0) \\ = 0 & (x \neq 0). \end{cases} \tag{3.3}$$

さて δ 関数は以下のように波の重ね合わせで表される.

$$\delta(x) = \frac{1}{2\pi} \int_{-\infty}^{\infty} dk e^{ikx}. \tag{3.4}$$

この式の物理的意味を理解しておくことは実用上非常に重要である. そこで式 (3.4) の右辺でデルタ関数が表せることを以下で証明しよう.

$$I(k_0, x) \equiv \frac{1}{2\pi} \int_{-k_0}^{k_0} dk e^{ikx}$$

で定義される関数 $I(k_0, x)$ を定義する. 式 (3.4) の右辺は $\lim_{k_0 \to \infty} I(k_0, x)$ で表される. $I(k_0, x)$ は,

$$\mathrm{sinc}\, X \equiv \frac{\sin X}{X}$$

で定義されるシンク関数（sinc function）を用いて以下のように書ける.

$$I(k_0, x) = \frac{k_0}{\pi} \mathrm{sinc}\, k_0 x.$$

シンク関数は以下の特徴を持つ.

$$\mathrm{sinc}\, 0 = 1,$$

$$\int_{-\infty}^{\infty} dX \frac{\sin X}{X} = \pi.$$

図 3.1 にこの関数の振る舞いを示した. この関数は, 原点で最大値をとり減衰振動する. 二つ目のピークの値は最大値の約 1/8 と小さく第ゼロ近似では, 原点を中心とした一つ目の山に関数値が集中していると考えてよい. この一つ目の山

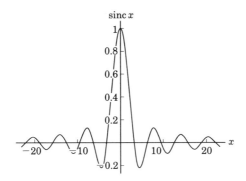

図 **3.1** シンク関数（sinc function）の振る舞い.

の広がりを特徴付ける量として半値幅を定義する．半値幅とは，関数値がピーク値の半分になるところの間隔である．英語で Full Width at Half Maximum といい FWHM という略号がしばしば使われる．シンク関数の FWHM は，約 1.207π である．

式（3.4）の右辺が，δ 関数の性質（式（3.2））を満たすことを示そう．

$$A = \int_{-\infty}^{\infty} dx f(x) \lim_{k_0 \to \infty} I(k_0, x)$$

と置く．$I(k_0, x)$ が有限の値を持つ範囲は，$x = 0$ を中心とした大体幅 π/k_0 の範囲である．したがって，k_0 を無限大に近づけると原点のまわりの非常に狭い範囲でのみ有限の値を持つことになる．このような狭い範囲では，関数 $f(x)$ の値が $f(0)$ のままほぼ一定と見なせる．したがって，A は以下のように近似的に計算できる．

$$A \longrightarrow \int_{-\infty}^{\infty} dx f(0) \lim_{k_0 \to \infty} I(k_0, x) = f(0) \frac{1}{\pi} \int_{-\infty}^{\infty} dX \frac{\sin X}{X} = f(0).$$

デルタ関数の性質（式（3.1））が満たされることは，シンク関数の積分の性質から自明であろう．以上でデルタ関数が式（3.4）のような波の重ね合わせで表現できることが証明された．

次に

$$\delta(x) = \frac{1}{2\pi} \int_{-\infty}^{\infty} dk e^{ikx}$$

の物理的解釈を述べる.

$$\frac{1}{2\pi}\int_{-\infty}^{\infty}dk\,e^{ikx} = \frac{1}{2\pi}\int_{-\infty}^{\infty}dk\,(\cos kx + i\sin kx)$$

と書ける. 虚数部は奇関数 $f(-x) = -f(x)$ だから $-\infty \sim +\infty$ の積分はゼロである. 実数部は偶関数 $f(-x) = f(x)$ である. 実数部の積分は, $x = 0$ で位相が揃った $-\infty \sim +\infty$ のすべての波数 k のコサイン（余弦）波を $dk/2\pi$ の同じ重みで重ね合わせるという意味である. 原点では, すべての波数の波の位相が揃っているので強め合って振幅無限大になる. 一方, $x \neq 0$ では $0 \sim 2\pi$ の間のさまざまな位相の波が同じ割合で存在し, 重ね合わさりお互い打ち消しあって振幅がゼロになる.

3.1.2　フーリエ変換

　ある時間 t の関数 $E(t)$ および空間 x の関数 $E(x)$ のフーリエ変換（Fourier transformation）は以下のように定義される.

$$\hat{E}(\omega) = \frac{1}{2\pi}\int_{-\infty}^{\infty}E(t)e^{i\omega t}dt, \quad \hat{E}(k) = \frac{1}{2\pi}\int_{-\infty}^{\infty}E(x)e^{-ikx}dx.$$

指数の肩が, 時間変数 t と空間変数 x で符号が異なるのは, 波の進行方向, すなわち位相一定面の進む向きと波数ベクトル k の符号が一致するようにするためである. $\hat{E}(\omega), \hat{E}(k)$ は一般に複素数であり, 以下ではフーリエ変換係数あるいは単にフーリエ係数と呼ぶ. フーリエ係数の絶対値の 2 乗は関数のフーリエスペクトルあるいは単にスペクトルと呼ばれる. 空間が 3 次元の場合は波数ベクトルは 3 次元ベクトル $\boldsymbol{k}$ となり, 指数の肩は $-i\boldsymbol{k}\cdot\boldsymbol{x}$ となり, 積分は $d^3\boldsymbol{x}$ という 3 次元微小体積要素による積分となる. フーリエ係数 $\hat{E}(\omega)$ は, $E(t)$ という波を構成する波のうち, 角周波数 ω を持つ波の振幅が $|\hat{E}(\omega)|$ で $t = 0$ での位相が $\arg\hat{E}(\omega)$ であることを表す.

　フーリエ係数から元の関数は以下のようにしてもとまる.

$$E(t) = \int_{-\infty}^{\infty}\hat{E}(\omega)e^{-i\omega t}d\omega, \quad E(x) = \int_{-\infty}^{\infty}\hat{E}(k)e^{ikx}dk.$$

これをフーリエ逆変換と呼ぶ. 3.1.1 節で述べたデルタ関数のフーリエ係数は周波数あるいは波数によらず $1/2\pi$ で一定である. 以後, 式（3.4）をデルタ関数

のフーリエ積分表示と呼ぶことにする.

　直接測定可能な物理量はすべて実数，たとえば $E^*(t) = E(t)$（ここで $E^*(t)$ は関数 $E(t)$ の複素共役）であるという条件からフーリエ係数について重要な条件が課せられる．この条件を実条件（reality condition）と呼ぶ．フーリエ変換の定義式の複素共役をとり，実条件を用いると以下の式を得る.

$$\hat{E}^*(\omega) = \frac{1}{2\pi} \int_{-\infty}^{\infty} E(t)e^{-i\omega t}dt = \frac{1}{2\pi} \int_{-\infty}^{\infty} E(t)e^{i(-\omega)t}dt = \hat{E}(-\omega).$$

これから負の周波数のフーリエ係数は，対応する正の周波数のフーリエ係数の複素共役と等しい．したがって，$\hat{E}(\omega)$ は，$\omega \geqq 0$ の領域だけを測定すれば十分である．波数についても同様のことが言えるが，波数の正負は波の進行方向を表しているので正負の区別を残しておく必要がある.

3.1.3　たたみ込み定理

　この章では，たたみ込み定理（convolution theorem）を紹介する.

$$f * K(t) \equiv \int_{-\infty}^{\infty} f(t')K(t-t')dt' \tag{3.5}$$

で定義される計算が，関数 $f(t)$ とたたみ込み核 $K(t)$（convolution kernel）のたたみ込み（convolution）と呼ばれる操作である.

　たたみ込みの物理的内容の理解を助けるために図 3.2 に示したような核を例として考える．関数 $f(t)$ は，時刻 t に学習している内容を表すものとしよう．たたみ込みの結果は現在の学力を表すと考えることができる．核の値がゼロである $t' > t$ からの寄与はない．これは現在の学力は，今より以前に学習した事柄の蓄

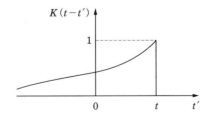

図 **3.2**　たたみ込み核の例.

積から成り立っていることを表している．因果律（causality）を満たした核は必ずこの条件を満たさなければならない．過去 t' に学んだ内容は割合 $K(t - t')$ で現在の学力に反映される．過去から現在までに学習した事柄が「核」で表される割合で積み重なって現在の学力を形作っているのである．一度学んだ事は二度と忘れないという人の「核」は，過去に向かって常に 1 をとるものである．デルタ関数的核の場合，現在学習していることがそのまま現在の学力とイコールである．非常にわかり易いが以前に学んだことは一切蓄積になっていないという点で学習者としては少々問題である．

　たたみ込み定理は，

$$\int_{-\infty}^{\infty} f(t')K(t - t')dt' = 2\pi \int_{-\infty}^{\infty} \hat{f}(\omega)\hat{K}(\omega)e^{-i\omega t}d\omega \tag{3.6}$$

と書き表される．この定理は，関数と核のそれぞれのフーリエ積分表示をたたみ込みの式に代入することで簡単に証明することができる．

3.1.4　ウイナー–キンチーの定理およびパーシバルの公式

　ウイナー–キンチー（Wiener–Khintchine）の定理は以下のものである．

$$\int_{-\infty}^{\infty} f(t')f(t' + t)dt' = 2\pi \int_{-\infty}^{\infty} |\hat{f}(\omega)|^2 e^{-i\omega t}d\omega. \tag{3.7}$$

ここで $f(t)$ は任意の実関数である．左辺は t だけ時間がずれた自分自身との相関の時間平均であり，自己相関と呼ばれる．自己相関は，ある時刻の自分とそれから時間 t 後の自分に一定の関係があるときのみ有限の値を持つ．このようなとき現在の自分と時間 t 後の自分には相関があるという．右辺は，関数 $f(t)$ のスペクトルのフーリエ変換である．したがってこの定理は，自己相関はスペクトルのフーリエ積分に等しいということを言っている．この定理からいろいろな時間間隔 t について自己相関を測定し，それをフーリエ逆変換してやれば，スペクトルが求まることがわかる．これを利用して光のスペクトルを測定する装置がフーリエ分光器であり，広帯域遠赤外分光装置として現在も広く用いられている．

　以下の公式は，パーシバル（Parseval）の公式と呼ばれる．

$$\frac{1}{2\pi} \int_{-\infty}^{\infty} f(t')^2 dt' = \int_{-\infty}^{\infty} |\hat{f}(\omega)|^2 d\omega. \tag{3.8}$$

ウイナー–キンチーの公式で $t = 0$ とした特殊な場合と解釈することもできる．

3.1.5 観測の不確定性原理

フーリエ係数 $\hat{E}(\omega)$ を実際の観測から求める操作について考える．当然のことながら人が測定可能な時間は有限な時間間隔に限られる．わかり易い例として $-T_0/2 < t < T_0/2$ の間のみ $E(t)$ の測定が行われた場合を考える．この時間外では測定結果がないので $E(t) = 0$ としなければならない．観測を行った期間でのみフーリエ変換を行った結果を $\hat{E}_{T_0}(\omega)$ と定義する．

$$\hat{E}_{T_0}(\omega) = \frac{1}{2\pi} \int_{-\frac{T_0}{2}}^{\frac{T_0}{2}} dt\, E(t) e^{i\omega t}.$$

これは，次のような表記もできる．

$$\hat{E}_{T_0}(\omega) = \frac{1}{2\pi} \int_{-\infty}^{\infty} dt\, W(t) E(t) e^{i\omega t}.$$

ここで

$$W(t) \begin{cases} = 1 & \left(-\dfrac{T_0}{2} \leqq t \leqq \dfrac{T_0}{2}\right) \\ = 0 & （その他） \end{cases}$$

は，窓関数（window function）と呼ばれる関数の一種で上記の場合はトップハット型窓関数（top-hat window function）と呼ばれる．窓関数を使った表記をよくみるとたたみ込み定理を用いることができることがわかる．ただし，t と ω の関係が入れ替わっている．そこでたたみ込み定理を $dt/2\pi \to d\omega$ の対応関係に注意して用いると

$$\hat{E}_{T_0}(\omega) = \int_{-\infty}^{\infty} d\omega'\, \hat{E}(\omega') \hat{W}(\omega - \omega'),$$

$$\hat{W}(\omega) = \frac{1}{2\pi} \int_{-\frac{T_0}{2}}^{\frac{T_0}{2}} e^{i\omega t} dt = \frac{T_0}{2\pi} \frac{1}{\left(\dfrac{\omega T_0}{2}\right)} \sin\frac{\omega T_0}{2}$$

が得られる．積分の中に現れる窓関数のフーリエ係数 $\hat{W}(\omega - \omega')$ は $\omega' = \omega$ でピークを持ちそのまわりに $\Delta\omega \sim 2\pi/T_0$ 程度の広がりを持った関数である．$\hat{E}_{T_0}$ は，真のフーリエ係数 $\hat{E}$ とこの関数のたたみ込みであるから，真のフーリエ係数に比べて値がなまり

$$\Delta\omega \sim \frac{2\pi}{T_0}$$

程度の周波数分布の不定性が現れる．上記の計算過程から明らかなように観測時間 T_0 に得た情報をすべて足しあげてスペクトルを得ている．したがって，観測時刻は $\Delta t \sim T_0$ 程度不定である．

以上から周波数の不定性と観測時刻の不定性を掛け合わせると以下の関係が得られる．

$$\Delta\omega\Delta t \sim 2\pi.$$

ここまで述べた周波数分布および観測時刻の不確定さは原理的なものであり，人為的に導入される測定誤差等により観測量の不確定さはこれらより必ず大きくなる．したがって，観測時刻の不確定さと周波数分布の不確定さには，

$$\Delta\omega\Delta t \geqq 2\pi \tag{3.9}$$

なる関係が必ず存在することになる．これを**観測の不確定性原理**と呼ぶ．ここでは時間と周波数の場合を例に取ったが，空間の位置と波数の関係でも同様のことが導ける．3 次元空間の場合，各位置座標と波数成分の間に独立な三つの不確定性関係が成り立つ．導出過程を振り返れば明らかなように，これは波の性質から導かれたものである．波の重ね合わせで表される現象には必ずこの不確定性原理が現れる．上記不確定性関係の式に $\hbar$ を掛ければそのまま量子力学の基本原理であるハイゼンベルグ（Heisenberg）の不確定性原理となる．量子力学の本質が，すべての物質が粒子性とともに波動性を持つことであるいういうこととハイゼンベルグの不確定性原理が密接に関連していることが理解できるであろう．

以下，観測の不確定性原理を波の重ね合わせを使って物理的に説明する．$E(t) = \cos\omega_0 t$ の波が $-\Delta t/2 < t < \Delta t/2$ の間のみ存在する場合を例として考える．ただし，$2\pi/\Delta t \ll \omega_0$ とし，$\omega > 0$ の領域のみ考える．フーリエ係数は，

$$\hat{E}(\omega) \sim \frac{1}{2\pi}\frac{\sin(\omega - \omega_0)\dfrac{\Delta t}{2}}{\omega - \omega_0}.$$

この結果から周波数分布は $\omega = \omega_0$ を中心とした $\Delta\omega = 2\pi/\Delta t$ 程度の広がりを持っていることがわかる．波が存在している間は $\omega = \omega_0$ の単色の波のみだが

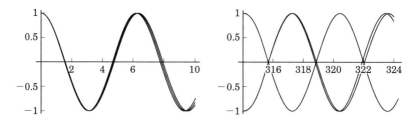

図 **3.3**　$\omega = 1, \omega = 1.01, \omega = 0.99$ の正弦波の比較. 左図に示したように $t = 0$ 近辺では三つの波の位相はほとんど揃っており合成波はあたかも単色波のように振る舞う. しかし, $t = 2\pi/\Delta\omega = \pi$ 経過すると右図に示したように三つの波の位相が $0 \sim 2\pi$ の間にばらけてしまい, 周波数が異なることが顕著に現れる.

フーリエ係数を見ると $\omega \neq \omega_0$ のさまざまな周波数の波が存在しているのは何故だろうか. この理由を考察するために, 周波数分布が $\omega_0 - \frac{1}{2}\Delta\omega < \omega < \omega_0 + \frac{1}{2}\Delta\omega$ の範囲でのみある一定値を取るトップハット型に分布している場合を考える. この方が考え易い.

　$\Delta\omega \ll \omega_0$ でかつ初期位相がすべての周波数でゼロであれば, $t = 0$ の周辺ではすべての波の位相がほとんどそろっていて見かけ上 $\omega = \omega_0$ の単色波のように振る舞う. 時間が経つと徐々に周波数の違いによる位相の差が現れる. お互いが打ち消しあい重ね合わせた結果の振幅がゼロになるのは, すべての周波数の波の位相差が 0 から 2π の範囲に分布したときである. そこでちょうど $t = \Delta t/2$ でもっとも周波数の大きな波と小さな波の位相差が 2π になったとする. すると

$$\left(\omega_0 + \frac{1}{2}\Delta\omega\right)\frac{\Delta t}{2} - \left(\omega_0 - \frac{1}{2}\Delta\omega\right)\frac{\Delta t}{2} = 2\pi,$$

$$\Delta\omega\Delta t = 4\pi$$

を得る. この結果は, $\Delta t \sim 4\pi/\Delta\omega$ 程度が波の継続時間であり, それ以降は含まれる波がお互い打ち消しあい振幅が減少してしまうことを示している. 言い方を変えると $t = 0$ の近辺では, すべての含まれる波の位相差が無視しえるほど小さいので重ね合わせでできた波があたかも単色のように振る舞う. しかし, 時間が経つと微妙な位相差が目立ち始め $t \sim 2\pi/\Delta\omega$ 後には, 位相差が $0 \sim 2\pi$ の間

に一様に分布してしまい，互いに打ち消しあって重ね合わせた波の振幅がゼロになってしまうのである．厳密には，この場合 $t = \Delta t/2$ でちょうどすべての波が打ち消し合い振幅がゼロになるが，それ以降は重ね合わせた結果の波の振幅が再び有限となる．

重ね合わせで得られる波の時間変化の様子はシンク関数となる．$E(t) = \cos\omega_0 t$ の波が $-\Delta t/2 < t < \Delta t/2$ の間にのみ存在する場合は，ここでの例の時間と周波数の関係を逆にしたケースと考えればよい．

3.2 電磁波の基本的性質

この節では電磁波の基本的性質についてまとめる．

3.2.1 単位系

天体物理学の研究の現場では，CGS ガウス単位系を用いることが多い．そこでここでは，CGS ガウス単位系を用いる．電場 $\boldsymbol{E}$, 磁場 $\boldsymbol{B}$ は，電荷 $-e$ を持つ電子に働く力として以下のように定義される．

$$\boldsymbol{F} = -e\left(\boldsymbol{E} + \frac{\boldsymbol{v}}{c} \times \boldsymbol{B}\right). \tag{3.10}$$

ここで $\boldsymbol{v}$ は粒子の速度，$c = 2.998 \times 10^{10}\,\mathrm{cm\,s^{-1}}$ は真空中の光の速さである．右辺で表される電磁場による力をローレンツ力と呼ぶ．すべての巨視的な物質の電荷は，素電荷 $e = 1.602 \times 10^{-19}\,\mathrm{C}$ の整数倍であることが非常に高い精度で確かめられている．

上記のローレンツ力の表式では，CGS ガウス単位系を用いている．以下に MKSA から CGS ガウス単位系へ変換を行うための対応関係をまとめる．ここで ε_0, μ_0 は MKSA 単位系での真空の誘電率，透磁率である．

$$\text{MKSA} \longrightarrow \text{CGS ガウス},$$

$$cB \longrightarrow B,$$

$$\varepsilon_0 \longrightarrow \frac{1}{4\pi},$$

$$\mu_0 \longrightarrow \frac{4\pi}{c^2},$$

$$1\,\mathrm{C} = 3 \times 10^9\,\mathrm{esu}.$$

電荷を C や esu で表す代わりに以下の量を用いることが多い.

$$\alpha \equiv \frac{e^2}{\hbar c} = \frac{1}{137}, \quad \hbar c = 197\,\mathrm{MeV\,fm}.$$

α は微細構造定数と呼ばれる量であり MKSA では $\alpha = e^2/(4\pi\varepsilon_0 \hbar c)$ である. $1\,\mathrm{fm}$（フェルミ）$= 10^{-13}\,\mathrm{cm}$ はおよそ原子核の大きさを表す長さの単位である. $\hbar$ はプランク（M. Planck）定数 $h = 6.62 \times 10^{-27}\,\mathrm{erg\,s}$ を 2π で割った定数である. $1\,\mathrm{MeV} = 10^6\,\mathrm{eV}$ はエネルギーの単位で, $1\,\mathrm{eV}$ とは電荷 e の粒子に $1\,\mathrm{V}$ の電圧を掛けたときの位置エネルギーである.

3.2.2 マクスウェル方程式

真空中のマクスウェル（J.C. Maxwell）方程式を以下にまとめる.

$$\mathrm{div}\,\boldsymbol{E}(\boldsymbol{x}, t) = 4\pi\rho(\boldsymbol{x}, t), \tag{3.11}$$

$$\mathrm{div}\,\boldsymbol{B} = 0, \tag{3.12}$$

$$\mathrm{rot}\,\boldsymbol{E} = -\frac{1}{c}\frac{\partial \boldsymbol{B}}{\partial t}, \tag{3.13}$$

$$\mathrm{rot}\,\boldsymbol{B} = \frac{4\pi}{c}\boldsymbol{j} + \frac{1}{c}\frac{\partial \boldsymbol{E}}{\partial t}. \tag{3.14}$$

上から順にガウス（K. Gauss）の法則, 磁気単極子が存在しないという条件, ファラデー（M. Faraday）の電磁誘導の法則, アンペール（A. Ampère）–マクスウェルの法則である. アンペール–マクスウェルの法則中の最後の項はマクスウェルの変位電流と呼ばれるもので, 電荷保存則を保証するためにマクスウェルが付け加えた項である. マクウェルの理論は, 以下の節で述べるように電磁波の存在を予言する. 電磁波の存在が, ヘルツ（H. Hertz）によって 1888 年に発見されその正しさが立証されている.

3.2.3 電磁場のエネルギー・運動量

電磁場のエネルギーや運動量は, 場と荷電粒子系の相互作用を通して全系のエネルギー, 運動量の保存から定義するのが自然なやり方である. まず電磁場のエネルギー密度, エネルギーフラックスを定義する.

　電磁場の値の変化が顕著に現れるスケールを系の典型的スケール L とする. 電子の個数密度を n とすると平均電子間隔は $n^{-1/3}$ である. 十分多数の電子を含む微小体積 ΔV を $n^{-1/3} \ll \Delta V^{1/3} \ll L$ を満たすように取る. 電子系の電荷密度, 電流密度は以下の平均操作で定義する.

$$\rho = \frac{1}{\Delta V} \sum_i q_i, \quad \boldsymbol{j} = \frac{1}{\Delta V} \sum_i q_i \boldsymbol{v}_i.$$

ここで q_i, $\boldsymbol{v}_i$ は体積 ΔV 内の i 番目の粒子の電荷, 速度であり, 和はこの体積内のすべての粒子について行う. 式 (3.10) から非相対論的運動をする i 番目の粒子に電磁場が及ぼす仕事率は以下のように求まる.

$$\frac{d}{dt}\left(\frac{1}{2}m\boldsymbol{v}_i^2\right) = \boldsymbol{v}_i \cdot \boldsymbol{F}_i = q_i \boldsymbol{v}_i \cdot \boldsymbol{E}_i.$$

磁場は仕事をせず粒子のエネルギーの増減に関与するのは電場のみである. 粒子系の運動エネルギー密度を $K \equiv (1/\Delta V) \sum_i (1/2)m\boldsymbol{v}_i^2$ で定義する. 微小体積内の電子系に場がする仕事率の単位体積あたりの値は

$$\frac{dK}{dt} = \frac{1}{\Delta V} \sum_i q_i \boldsymbol{v}_i \cdot \boldsymbol{E}_i = \boldsymbol{j} \cdot \boldsymbol{E}$$

で与えられる. ここで, $\Delta V^{1/3} \ll L$ から微小体積内では電場の変化が無視できることを利用して各粒子の位置での電場 $\boldsymbol{E}_i$ を領域内の代表点における電場 $\boldsymbol{E}$ に置き換えて和の外に出した. 式 (3.14) と電場の内積から $\boldsymbol{j} \cdot \boldsymbol{E}$ を変形すると, 電磁場と粒子系合わせた全系のエネルギー保存を表す式として以下を得る.

$$\frac{dK}{dt} + \frac{\partial U_{場}}{\partial t} = -\boldsymbol{\nabla} \cdot \boldsymbol{S}, \tag{3.15}$$

$$U_{場} \equiv \frac{1}{8\pi}\left(E^2 + B^2\right), \tag{3.16}$$

$$\boldsymbol{S} \equiv \frac{c}{4\pi} \boldsymbol{E} \times \boldsymbol{B}. \tag{3.17}$$

この式から $U_{場}$ と $\boldsymbol{S}$ はそれぞれ電磁場のエネルギー密度, エネルギーフラックスと解釈することの妥当性が理解できる. $\boldsymbol{S}$ はポインティングベクトル (Poynting vector) と呼ばれる.

　次に電磁場の運動量について考える. 粒子系の単位体積当たりの運動量を $\boldsymbol{p}$ とする. 粒子の運動方程式を微小体積 ΔV 内の粒子で平均すると以下の式を得る.

$$\frac{d\boldsymbol{p}}{dt} = \rho\boldsymbol{E} + \frac{\boldsymbol{j}}{c} \times \boldsymbol{B}.$$

マクスウェル方程式を用いて変形すると粒子系の運動量密度の j 成分の発展方程式として以下の式を得る.

$$\frac{dp_j}{dt} + \frac{\partial}{\partial t}g_j = -\mathrm{div}\boldsymbol{M}_j,$$

$$\boldsymbol{M}_j \equiv (M_{jx}, M_{jy}, M_{jz}),$$

$$M_{ji} \equiv -\frac{1}{4\pi}\left(E_j E_i - \frac{1}{2}E^2\delta_{ji} + B_j B_i - \frac{1}{2}B^2\delta_{ji}\right),$$

$$\boldsymbol{g} \equiv \frac{1}{4\pi}\frac{1}{c}(\boldsymbol{E} \times \boldsymbol{B}).$$

ここで δ_{ji} はクロネッカーのデルタである. この式から $\boldsymbol{g}$ を電磁場の運動量密度ベクトル, $\boldsymbol{M}_j$ を電磁場の運動量の j 成分のフラックスと解釈することが妥当であることが理解できる. この式は, 電子系と電磁場を含めた全系の運動量保存則を表す微分形の方程式である. ここで $-M_{ji}$ を ji 成分とする 3×3 の行列はマクスウェルの応力テンソルである. 運動量フラックスベクトルは系の運動量が減る方向が正である. 一方, 応力は外から仕事をして系の運動量を増やす方向が正であることを考えると符号が互いに逆であることが理解できるであろう.

3.2.4 電磁ポテンシャル

マクスウェル方程式は二つのグループに分けることができる. 一つのグループは, 式 (3.11) と式 (3.14) で電荷密度分布や電流密度分布という外的要因を含む方程式群である. もう一つのグループは, 式 (3.12) と式 (3.13) である. これらは, 電場・磁場のみを方程式の中に含み外的要因に依存しない. 後者のグループを内部方程式 (internal equations) と呼ぶ. 内部方程式を用いると電場・磁場をスカラーポテンシャル (scalar potential) ϕ とベクトルポテンシャル (vector potential) $\boldsymbol{A}$ で書き表すことができる. スカラー・ベクトルポテンシャルをまとめて電磁ポテンシャルと呼ぶ.

式 (3.12) より

$$\boldsymbol{B} = \boldsymbol{\nabla} \times \boldsymbol{A}. \tag{3.18}$$

この式をもう一つの内部方程式である式 (3.13) に代入すると

$$\boldsymbol{\nabla} \times \left(\boldsymbol{E} + \frac{1}{c} \frac{\partial \boldsymbol{A}}{\partial t} \right) = 0.$$

よって電場は電磁ポテンシャルを用いて以下のように表すことができる.

$$\boldsymbol{E} = -\boldsymbol{\nabla}\phi - \frac{1}{c} \frac{\partial \boldsymbol{A}}{\partial t}. \tag{3.19}$$

電磁ポテンシャルは $(\phi, \boldsymbol{A})$ という組でローレンツ変換に対して 4 元ベクトルとして振る舞う. スカラー・ベクトルという呼称は,3 次元の空間座標回転に対する変換性がそれぞれスカラー・ベクトルであることからくる.

残りの二つのマクスウェル方程式から電磁ポテンシャルを求める方程式を得ることができる. 式 (3.11) から

$$\nabla^2 \phi - \frac{1}{c^2} \frac{\partial^2 \phi}{\partial t^2} + \frac{1}{c} \frac{\partial}{\partial t} \left(\boldsymbol{\nabla} \cdot \boldsymbol{A} + \frac{1}{c} \frac{\partial \phi}{\partial t} \right) = -4\pi \rho_{\mathrm{e}}. \tag{3.20}$$

式 (3.14) から

$$\nabla^2 \boldsymbol{A} - \frac{1}{c^2} \frac{\partial^2 \boldsymbol{A}}{\partial t^2} - \boldsymbol{\nabla} \left(\boldsymbol{\nabla} \cdot \boldsymbol{A} + \frac{1}{c} \frac{\partial}{\partial t} \phi \right) = -\frac{4\pi}{c} \boldsymbol{j} \tag{3.21}$$

がもとまる.

3.2.5 ゲージ変換

古典電磁気学では電磁ポテンシャルは計算を楽にするための便宜上のものであり物理的実体がある物理量とは考えない. それらから導出される電場・磁場が同一の物でありさえすれば,どんな物でもよい. このことから電磁ポテンシャルには以下に示すような不定性がある. スカラー関数の勾配の回転が恒等的にゼロであることから,

$$\boldsymbol{A}' = \boldsymbol{A} + \boldsymbol{\nabla}\psi$$

なる新たなベクトルポテンシャル $\boldsymbol{A}'$ から得られる磁場は, $\boldsymbol{A}$ から得られる磁場と等しい. このとき

$$\phi' = \phi - \frac{1}{c} \frac{\partial \psi}{\partial t}$$

なる変換により新たなスカラーポテンシャル ϕ' を定義し,$(\phi', \boldsymbol{A}')$ により導かれる電場を計算すると $(\phi, \boldsymbol{A})$ から計算される電場と等しいことが容易に示せる. 以

上のことは，電磁ポテンシャルには以下のような不定性があることを示している．

$$\boldsymbol{A}' = \boldsymbol{A} + \boldsymbol{\nabla}\psi, \quad \phi' = \phi - \frac{1}{c}\frac{\partial\psi}{\partial t}.$$

上記のような電磁ポテンシャルの変換をゲージ変換（gauge transformation）と呼ぶ．これまでのことは以下のように言い換えることができる．電磁ポテンシャルの選び方にはゲージ変換の自由度分の不定性がある．あるいは，マックウェル方程式はゲージ不変（gauge invariant）である．特定の電磁ポテンシャルを選ぶことをゲージを選ぶという．

3.2.6 遅延ポテンシャル

電磁波の放射を調べる上でもっとも便利なゲージの選び方は電磁ポテンシャルが，ローレンツ条件

$$\boldsymbol{\nabla}\cdot\boldsymbol{A}' + \frac{1}{c}\frac{\partial\phi'}{\partial t} = 0$$

を満たすようにする選び方である．このゲージをローレンツゲージと呼ぶ．任意の電磁ポテンシャルに対して

$$\boldsymbol{\nabla}\cdot\boldsymbol{A} + \frac{1}{c}\frac{\partial\phi}{\partial t} + \nabla^2\psi - \frac{1}{c^2}\frac{\partial^2\psi}{\partial t^2} = 0$$

を満たすように関数 ψ を選ぶことができる．この ψ を用いてゲージ変換により $(\phi', \boldsymbol{A}')$ に移るとその先の電磁ポテンシャルはローレンツゲージを満たすことは容易に示される．すなわち必ずローレンツゲージを選択することができる．

以下ローレンツゲージが選ばれているとして話を進める．したがって，電磁ポテンシャルは，次の条件を満たす．

$$\boldsymbol{\nabla}\cdot\boldsymbol{A} + \frac{1}{c}\frac{\partial\phi}{\partial t} = 0. \tag{3.22}$$

この場合，電荷・電流分布が与えられたとき電磁ポテンシャルを決める方程式は以下のようになる．

$$\Box\phi = -4\pi\rho_{\mathrm{e}}, \tag{3.23}$$

$$\Box\boldsymbol{A} = -\frac{4\pi}{c}\boldsymbol{j}_{\mathrm{e}}, \tag{3.24}$$

$$\Box \equiv \nabla^2 - \frac{\partial^2}{c^2 \partial t^2}. \tag{3.25}$$

最後の式はダランベルシアン（D'Alembertian）と呼ばれる演算子の定義式である．物理的に意味のあるこれらの方程式の解は，遅延ポテンシャル（retarded potential）と呼ばれており，以下の式で表される．

$$\phi(\boldsymbol{r}, t) = \int \frac{[\rho_{\mathrm{e}}] d^3 \boldsymbol{r}'}{|\boldsymbol{r} - \boldsymbol{r}'|}, \tag{3.26}$$

$$\boldsymbol{A}(\boldsymbol{r}, t) = \frac{1}{c} \int \frac{[\boldsymbol{j}_{\mathrm{e}}] d^3 \boldsymbol{r}'}{|\boldsymbol{r} - \boldsymbol{r}'|}. \tag{3.27}$$

ここで [ ] は，[ ] 内の物理量 Q を遅延時間（retarded time）$t_{\mathrm{ret}} = t - \frac{1}{c}|\boldsymbol{r} - \boldsymbol{r}'|$ の値で評価せよ，ということを表す．

$$[Q] \equiv Q\left(\boldsymbol{r}', t - \frac{1}{c}|\boldsymbol{r} - \boldsymbol{r}'|\right).$$

遅延ポテンシャルが上記の式で与えられることを，以下スカラーポテンシャルを例にとって順を追って示そう．以下の方程式を満たす関数をグリーン関数（The Green's function）と呼ぶ．

$$\Box G(\boldsymbol{r} - \boldsymbol{r}', t - t') = -\delta^3(\boldsymbol{r} - \boldsymbol{r}')\delta(t - t'). \tag{3.28}$$

ここで $\delta^3(\boldsymbol{r} - \boldsymbol{r}') \equiv \delta(x - x')\delta(y - y')\delta(z - z')$ は 3 次元の δ 関数である．ローレンツゲージにおけるスカラーポテンシャルを満たす方程式との比較より，グリーン関数は次のようにいえる．すなわち，時刻 $t = t'$ のときのみ座標 $\boldsymbol{r} = \boldsymbol{r}'$ に $\frac{1}{4\pi}$ の大きさの電荷が存在したことの影響が，任意の時刻 t，場所 $\boldsymbol{r}$ のスカラーポテンシャルにどのように現れるかを表した関数であると解釈することができる．グリーン関数のこの性質から伝達関数（propagator）とも呼ばれる．グリーン関数を用いてスカラーポテンシャルは以下のように表される．

$$\phi(\boldsymbol{r}, t) = 4\pi \int G(\boldsymbol{r} - \boldsymbol{r}', t - t')\rho_{\mathrm{e}}(\boldsymbol{r}', t') d^3 \boldsymbol{r}' dt'. \tag{3.29}$$

この式が成り立つことは両辺に $\Box$ を作用することで容易に示すことができる．式（3.29）は，スカラーポテンシャルはグリーン関数と電荷密度分布の全時空点でのたたみ込みで与えられることを示している．ある時刻 t' から $t' + dt'$ の間に

点 r' のまわりの微小体積 d^3r' に存在する電荷 $\rho_e(r',t')d^3r'$ の点 r の時刻 t における スカラーポテンシャルへの寄与は、$\{4\pi G(r-r',t-t')dt'\}\rho_e(r',t')d^3r'$ で与えられる。スカラーポテンシャルの満たす方程式は線形なので、すべての時間・空間に存在する電荷分布の影響の重ね合わせによってスカラーポテンシャルが得られる。したがって、これを r', t' について積分したものとしてスカラーポテンシャルが表せるのである。

以下式（3.28）の解のうち、物理的に意味のあるグリーン関数を求める。物理的に意味のあるものは、結果が原因より必ず後に起こるものである。グリーン関数の定義より、原因は $t = t'$ で起こるとしているので、その結果であるグリーン関数は $t \geqq t'$ でのみ有限の値を持ち $t < t'$ ではゼロでなければならない。このときのグリーン関数を遅延グリーン関数（retarded Green's function）と呼ぶ。したがって遅延グリーン関数は以下の遅延条件を満たさなければならない。

$$G_{\text{ret}}(r-r',t-t') \qquad \begin{cases} = 0 & (t < t') \\ \neq 0 & (t \geqq t') \end{cases} \qquad (3.30)$$

以下簡単のために $t' = 0$, $r' = 0$ とする。式（3.28）の両辺にグリーン関数とデルタ関数のフーリエ積分表示を代入することでグリーン関数のフーリエ積分表示 $\hat{G}(\omega, k)$ が以下のように求まる。

$$\hat{G}(\omega, k) = -\frac{c^2}{(2\pi)^4}\frac{1}{\omega^2 - k^2c^2}.$$

したがって、グリーン関数は以下の積分を実行すれば求まる。

$$G(r,t) = -\frac{c^2}{(2\pi)^4}\int d\omega \int d^3k \frac{1}{\omega^2 - k^2c^2}e^{-i\omega t + ik\cdot r}.$$

まず ω による積分を実行する。被積分関数をみると明らかなように $\omega = \pm kc$ で極を持つ。複素 ω 平面上で図 3.4 に示したように積分路を取って、この極を上に避けることで遅延条件を満たすことができる。求めるグリーン関数は、極を除く実軸上の積分に積分路 $C_{+\delta}$ 上の二つの値を足したものとして求まる。複素平面内で積分路を閉じさせるために付け加えた積分路 $C_\pm$ は、$|\omega| \to \infty$ の極限で積分値がゼロになるという条件から、$t > 0$ では積分路 C_- を $t < 0$ では積分路 C_+ を取らなければならない。したがって、$t < 0$ のときは全積分路に囲まれた

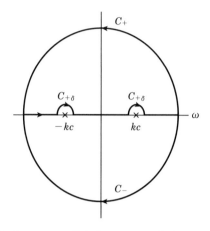

図 **3.4**　遅延グリーン関数を求めるための複素 ω 平面内での積分路.

領域内で被積分関数は正則でありコーシーの積分定理より全積分がゼロとなる. すなわち $G = 0$ となり遅延条件が満たされる. 一方, $t > 0$ のときは積分路内に極が含まれるため積分が有限な値を持つ. ここから先は単純な計算を行うだけで以下の結果を得る.

$$G_{\mathrm{ret}}(\boldsymbol{r}, t) = \begin{cases} \dfrac{1}{4\pi} \dfrac{\delta\left(t - \dfrac{|\boldsymbol{r}|}{c}\right)}{|\boldsymbol{r}|} & (t \geqq 0) \\ 0 & (t < 0). \end{cases} \tag{3.31}$$

時刻が正のときのグリーン関数は, 原点に $1/4\pi$ の電荷が存在するときのクーロンポテンシャルにデルタ関数が掛かった形になっている. デルタ関数の性質から $r = ct$ の球面上でのみ値を持つことになる. これは時刻ゼロに座標原点に電荷が存在したという情報が光速 c で等方的に伝搬して行くことを示している. この結果を式 (3.29) に代入することで遅延ポテンシャルの式 (3.26) が得られることを示すことは容易である. ベクトルポテンシャルについても同様である.

3.2.7　リエナー–ビーヒェルトポテンシャル

一つの運動する荷電粒子による電磁ポテンシャルを求める. 電荷 q の粒子が $\boldsymbol{r} = \boldsymbol{r}_0(t)$ の軌跡に沿って運動しているとする. 速度は $\boldsymbol{u}(t) = \dot{\boldsymbol{r}}_0(t)$ である. 電

荷密度, 電流密度は以下のように与えられる.

$$\rho_e(\boldsymbol{r}, t) = q\delta^3(\boldsymbol{r} - \boldsymbol{r}_0(t)), \quad \boldsymbol{j}_e(\boldsymbol{r}, t) = q\boldsymbol{u}(t)\delta^3(\boldsymbol{r} - \boldsymbol{r}_0(t)).$$

以下, スカラーポテンシャルについて考える. 遅延ポテンシャルは, 式 (3.29) に式 (3.30), (3.31) と上記の電荷分布を代入することで, 以下のように与えられる.

$$\phi(\boldsymbol{r}, t) = \int d^3\boldsymbol{r}' \int dt' \frac{\delta\left(t - t' - \frac{|\boldsymbol{r} - \boldsymbol{r}'|}{c}\right)}{|\boldsymbol{r} - \boldsymbol{r}'|} q\delta^3(\boldsymbol{r}' - \boldsymbol{r}_0(t'))$$
$$= q \int dt' \frac{1}{|\boldsymbol{r} - \boldsymbol{r}_0(t')|} \delta\left(t - t' - \frac{|\boldsymbol{r} - \boldsymbol{r}_0(t')|}{c}\right).$$

以下, t' についての積分を考える. 時刻 t' の荷電粒子と観測者の相対ベクトルを以下のように定義する.

$$\boldsymbol{R}(t') \equiv \boldsymbol{r} - \boldsymbol{r}_0(t'), \quad R(t') \equiv |\boldsymbol{R}(t')|.$$

荷電粒子を t' に出発した光が観測者に届く時刻の時間原点を t だけずらした時刻を $t'' = t' - t + R(t')/c$ と定義して, 積分変数の変換をする. $R^2(t') = \boldsymbol{R}(t') \cdot \boldsymbol{R}(t')$, $\boldsymbol{u}(t') = \dot{\boldsymbol{r}}_0(t') = -\dot{\boldsymbol{R}}(t')$ に注意して $R^2(t')$ を t' で微分すると

$$2R(t')\dot{R}(t') = 2\boldsymbol{R}(t') \cdot \dot{\boldsymbol{R}}(t') = -2\boldsymbol{R}(t') \cdot \boldsymbol{u}(t').$$

ここで時刻 t' の荷電粒子から観測者の方向を向いた単位ベクトル $\boldsymbol{n}$ と, 光速で規格化した粒子の速度 $\boldsymbol{\beta}$ を以下の式で定義する.

$$\boldsymbol{n}(t') \equiv \frac{\boldsymbol{R}(t')}{R(t')}, \quad \boldsymbol{\beta}(t') \equiv \frac{\boldsymbol{u}(t')}{c}.$$

以上から dt'' は以下のように書ける.

$$dt'' = (1 - \boldsymbol{n}(t') \cdot \boldsymbol{\beta}(t'))dt'.$$

t' に荷電粒子を出て観測者に向かった光が観測者に届く時刻と, $t' + dt'$ に出た光が観測者に届く時刻の差が dt'' である. この結果は, ドップラー効果を表している. 粒子の速度は光速を超えないので $dt' > 0$ のとき $dt'' > 0$ が保証されている. このことは t'' が t' の単調関数であることを示している. したがって, 積分範囲も t' が $-\infty \sim \infty$ のとき t'' も $-\infty \sim \infty$ である. また, $t'' = 0$ を満たす t'

も一意に決まる.

ここまでの結果を用いて遅延ポテンシャルを書き下すと以下のようになる.

$$\phi(\boldsymbol{r}, t) = q \int \frac{1}{\kappa(t')R(t')} \delta(t'') dt'' = \frac{q}{\kappa(t_{\rm ret})R(t_{\rm ret})} = \left[\frac{q}{\kappa R}\right],$$

$$\boldsymbol{A}(\boldsymbol{r}, t) = \left[\frac{q\boldsymbol{\beta}}{\kappa R}\right],$$

$$\kappa(t') \equiv 1 - \boldsymbol{n}(t') \cdot \boldsymbol{\beta}(t'). \tag{3.32}$$

ここで $t_{\rm ret}$ は以下の式で定義される遅延時間である.

$$t_{\rm ret} = t - \frac{R(t_{\rm ret})}{c}.$$

この式で与えられる電磁ポテンシャルはリエナー–ビーヒェルトポテンシャル
(The Liénard–Wiechart potentials) と呼ばれる.

3.2.8 速度場・放射場

この節では,運動する点電荷 q のつくる電場・磁場を導出する.これには,
3.2.7 節で求めたリエナー–ビーヒェルトポテンシャルを式 (3.18),式 (3.19)
に代入すればよい.観測者の時間 t, 空間座標 $\boldsymbol{r}$ での偏微分の計算は,$t, \boldsymbol{r}$ の変
化に伴うその時空点での電磁ポテンシャルの生成に関与している電荷の時空点の
変化も考慮して行わなければいけないため単純ではない.以下では,遅延時間を
$t' = t_{\rm ret}$ と置き,この計算について解説する.

まず,観測者の時間による偏微分について考える.当たり前であるが,$\partial/\partial t$
とは,観測者の座標 $\boldsymbol{r}$ を固定して観測者の時間 t のみ変化させたときの物理量の
変化を計算せよ,という意味である.微分される関数は $\boldsymbol{\beta}(t')$ と $R(t')\kappa(t') =$
$|\boldsymbol{r} - \boldsymbol{r}_0(t')| - (\boldsymbol{r} - \boldsymbol{r}_0(t')) \cdot \boldsymbol{\beta}(t')$ である.これらは t を顕わに含まず,t の変化
に伴う t' の変化を通して t に依存する.そこで t の偏微分から t' の偏微分への
変換を行う.時空図に t の変化に伴う荷電粒子の位置の変化と t' の変化の様子
を表した(図 3.5).簡単のため,系は空間 1 次元とした.観測者は座標 x の
位置に静止している.時刻 t の観測者の事象 A と微小時間 dt 後の観測者の事
象 B とでそれぞれ観測した電磁ポテンシャルの差分をとり dt で割る操作が,t
による偏微分である.3.2.6 節で求めたグリーン関数の性質から,ある時空点

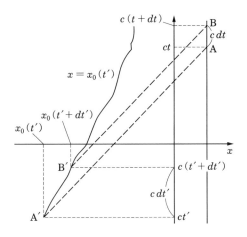

図 **3.5** 静止した観測者の時間偏微分.

に存在した点電荷が電磁場へ与える影響は光速 c で等方的に伝播していく. し
たがって, 事象 A, B で観測される電磁場は, それぞれ事象 A′, B′ にいた電荷
によって生成されたものである. 事象 A と A′ の時刻の関係は, $t = t' + |\boldsymbol{r} - \boldsymbol{r}_0(t')|/c$ で与えられる. 同様に事象 B と B′ の時刻の関係は $t + dt = t' + dt' + |\boldsymbol{r} - \boldsymbol{r}_0(t' + dt')|/c$ である. この二つの事象の間での観測者から粒子までの距離
の変化量は, この間の粒子の運動により粒子が観測者に近づいた距離に等しいの
で, $|\boldsymbol{r} - \boldsymbol{r}_0(t' + dt')| - |\boldsymbol{r} - \boldsymbol{r}_0(t')| = -\boldsymbol{u}(t') \cdot \boldsymbol{n}(t')dt'$ と与えられる. 以上から
dt と dt' の関係は以下のように計算できる.

$$dt = dt'(1 - \beta(t') \cdot \boldsymbol{n}(t')).$$

したがって偏微分の変換式として以下の関係を得る.

$$\frac{\partial}{\partial t} = \frac{1}{\kappa(t')} \frac{\partial}{\partial t'}. \tag{3.33}$$

次に ∇ について考える. この演算は, 事象 A にいる観測者と同時刻 t で微小
距離 $\Delta \boldsymbol{r}$ 離れた事象 C にいる観測者でそれぞれ測定した電磁ポテンシャルの勾
配を求めることに対応する. ここでも簡単のために空間 1 次元系として時空図を
示した (図 3.6). 事象 C で観測される電磁場は事象 C′ にいた電荷によって生
成されたものである. 事象 A と C で観測が行われる時刻は同じ t であるが, そ

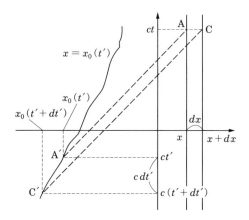

図 **3.6**　観測者の空間座標による偏微分.

れぞれで観測される電磁場が生成された時刻・場所は異なることがわかる．事象 C の観測者から事象 C′ の粒子までの距離と事象 A の観測者から事象 A′ の粒子までの距離の差は，dt' 間の粒子の運動により粒子が観測者に近づいた分短くなった距離と C が A より dr だけ離れていることから $dr \cdot n$ だけ元々離れている効果の足し合わせである．したがって，$|r + dr - r_0(t' + dt')| - |r - r_0(t')| = dr \cdot n - u(t') \cdot n(t')dt'$ である．先ほどと同様に事象 A と A′ および C と C′ のそれぞれの時間の関係を与える方程式の差を取りこの関係式を代入すると，以下のように dt' と dr の関係式を得る．

$$dt' = -\left(\frac{dr \cdot n}{c} - \frac{u \cdot n}{c}dt'\right), \quad \frac{\partial t'}{\partial r} = -\frac{1}{\kappa(t')c}n.$$

したがって r の偏微分から t' の偏微分への変換は

$$\frac{\partial}{\partial r} = \frac{\partial t'}{\partial r}\frac{\partial}{\partial t'} = -\frac{n}{c\kappa(t')}\frac{\partial}{\partial t'} \tag{3.34}$$

で与えられる．微分される関数の一つ $R(t')\kappa(t')$ は，陽に観測者の位置 r に依存する．したがって，r による偏微分は，式（3.34）で与えられる r の変化に伴う遅延時間の変化による寄与に，遅延時間 t' を固定して r で偏微分する操作が付け加わる．以上より r による偏微分は以下のように求まる．

$$\boldsymbol{\nabla} = \left(\frac{\partial}{\partial \boldsymbol{r}}\right)_{\boldsymbol{r}_0} - \frac{\boldsymbol{n}(t')}{c\kappa(t')}\frac{\partial}{\partial t'}. \tag{3.35}$$

もう一つの微分される関数である $\beta(t')$ は，陽に $\boldsymbol{r}$ に依存しないため $\boldsymbol{\nabla}$ の操作では t' の微分のみが残る.

以上の結果を用いて，リエナー–ビーヒェルトポテンシャルの時間・空間微分を行って電場・磁場を求める. 以下の計算を先に行っておくと見通しがよい.

$$\frac{\partial R(t')\kappa(t')}{\partial t} = -\frac{c}{\kappa(t')}\boldsymbol{n}(t')\cdot\boldsymbol{\beta}(t') + \frac{c}{\kappa(t')}\beta(t')^2 - \frac{R(t')}{\kappa(t')}\boldsymbol{n}(t')\cdot\dot{\boldsymbol{\beta}}(t'),$$

$$\boldsymbol{\nabla}R(t')\kappa(t') = \boldsymbol{n}(t') - \boldsymbol{\beta}(t') + \frac{\boldsymbol{n}(t')}{\kappa(t')}(\boldsymbol{n}(t')\cdot\boldsymbol{\beta}(t')) - \beta(t')^2\frac{\boldsymbol{n}(t')}{\kappa(t')}$$
$$+ \frac{R(t')}{c\kappa(t')}\boldsymbol{n}(t')(\boldsymbol{n}(t')\cdot\dot{\boldsymbol{\beta}}(t')).$$

あとは，ベクトル解析の公式 $\boldsymbol{A}\times(\boldsymbol{B}\times\boldsymbol{C}) = \boldsymbol{B}(\boldsymbol{A}\cdot\boldsymbol{C}) - \boldsymbol{C}(\boldsymbol{A}\cdot\boldsymbol{B})$, 同一のベクトル同士の外積はゼロであることをうまく用いることで電場, 磁場が得られる. 読者各自で面倒がらずぜひ試みられよ. 結果は以下のようになる.

$$\boldsymbol{E}(\boldsymbol{r},t) = q\left[\frac{(\boldsymbol{n}-\boldsymbol{\beta})(1-\beta^2)}{\kappa^3 R^2}\right] + \frac{q}{c}\left[\frac{\boldsymbol{n}\times\{(\boldsymbol{n}-\boldsymbol{\beta})\times\dot{\boldsymbol{\beta}}\}}{\kappa^3 R}\right], \tag{3.36}$$

$$\boldsymbol{B}(\boldsymbol{r},t) = [\boldsymbol{n}\times\boldsymbol{E}(\boldsymbol{r},t)]. \tag{3.37}$$

(3.36) 式の第 1 項は速度場, 第 2 項は放射場と呼ばれる. 速度場の特徴を以下にまとめる.

(1) 電荷が負のときの電場ベクトルの方向は，電荷が遅延時間における速度で等速直線運動していたときの観測時と同時刻に電荷が存在する方向を指す. 電荷が正のときは逆向き.

(2) 強度は距離の 2 乗に反比例して減少する.

(3) 電荷が静止しているとき，電場はクーロンの法則と一致し，磁場はゼロになる.

3.2.9 放射場の基本的性質

次に放射場の特徴をまとめる.

(1) 電荷が加速度を持つときのみ存在する.

（2）　強度は，距離に反比例する．

（3）　電場，磁場の向きは $n(t_{\text{ret}})$ と直交し，右手系をつくる．電場，磁場の振幅の大きさは同じ．伝搬方向は $n(t_{\text{ret}})$ である．

（4）　粒子の速度ベクトルが加速度ベクトルと n が作る平面内にあるとき，あるいは粒子の速度が非相対論的なときは，放射場は同一平面内に電場成分を持つ直線偏光（詳細は後述）である．

　速度場・放射場の光源からの距離に対する依存性の違いから，光源の近くでは速度場が卓越する．このような領域は近傍領域（ニアーゾーン; near zone）と呼ばれる．一方光源から十分離れると速度場の存在は無視でき放射場のみが残る．このような領域を遠方領域（ファーゾーン; far zone）と呼ぶ．遠方領域では，ポインティングベクトルが以下のように書ける．

$$S = \frac{c}{4\pi} E \times B = \frac{c}{4\pi} [E^2 n]. \tag{3.38}$$

光源を取り囲む十分遠方の閉曲面 Σ から放射場によって持ち出される単位時間あたりのエネルギー量は，$\Sigma |S| \propto r^2 r^{-2} = $ 一定で光源から閉曲面までの距離によらず一定である．このことは，放射場は無限遠方に電磁場のエネルギーを持ち運べることを示している．放射場はこの性質ゆえに放射場あるいは電磁波と呼ばれる．一方速度場は $S \propto r^{-4}$ のため無限遠までエネルギーを持ち出すことができない．

　放射場のエネルギー密度は $U = 1/4\pi E^2$ と書ける．これを用いると，ポインティングベクトルは $S = cUn$ と書け，確かにエネルギー流束になっていることが一目でわかる．運動量密度は以下のように書ける．

$$g = \frac{1}{4\pi} \frac{1}{c} E^2 n = \frac{U}{c} n. \tag{3.39}$$

したがって，電磁波の運動量はエネルギーの $1/c$ である．

　放射場の位相一定面が平面の単色波を例に挙げる．これを平面波といい電場は以下のように書き表される．

$$E = \varepsilon \hat{E}(\omega, k) e^{i(k \cdot r - \omega t)}.$$

ここで ε は放射場の電場の方向を表す時間・空間に依存しない単位ベクトルであり，偏光ベクトルと呼ばれる．ω は角振動数，k は波数ベクトルと呼ばれる．位

相一定面を表す方程式は $\boldsymbol{k} \cdot \boldsymbol{r} - \omega t = $ 一定である．これから位相一定面が平面であること，波の進行方向が波数ベクトルの方向であることがわかる．これらの式を真空中のマクスウェル方程式に代入すると

$$\omega^2 = c^2 k^2$$

のとき解であることがわかる．これを真空中の電磁波の分散関係式（dispersion relation）と呼ぶ．この式から真空中では電磁波の位相速度がその波長に依存せず，真空は電磁波に対して非分散性媒質*2 であることがわかる．

電磁波の角運動量について以下のような特殊な状況設定で考察する．電荷 q，質量 m の粒子が角振動数 ω の z 軸の正の方向に進行する右回り円偏光（詳細は 3.2.11 節で説明）単色電磁波 $E_x = E_0 \cos(\omega t - kz)$，$E_y = -E_0 \sin(\omega t - kz)$ の下で定常的な運動をしている．粒子には速度に比例する抵抗力 $-\gamma \boldsymbol{v}$ が働いている．抵抗力が慣性力より圧倒的に強く，抵抗力と電磁波によるローレンツ力の釣り合いで定常運動が実現しているとする．さらに，粒子の運動が非相対論的であるとすると磁場の力が無視でき，釣り合いの式から粒子の速度は $\boldsymbol{v} = q\boldsymbol{E}/\gamma$ で与えられる．これより電磁波が粒子に単位時間あたりに与えるエネルギーは $\dot{U} = \boldsymbol{v} \cdot q\boldsymbol{E} = q^2 E^2/\gamma$ となる．一方，電磁波が粒子に与える単位時間あたりの角運動量 $\dot{\boldsymbol{L}}$ は電磁波の与えるトルクである．粒子の位置 $\boldsymbol{r}$ は速度を時間積分すれば $x = -qE_y/\gamma\omega$, $y = qE_x/\gamma\omega$ と求まる．その結果から $\dot{\boldsymbol{L}} = \boldsymbol{r} \times q\boldsymbol{E} = (0, 0, -q^2 E^2/\gamma\omega)$ となる．

したがって，電磁波から粒子には電磁波の進行方向とは反対向きの角運動量が受け渡され，単位時間あたりに与えられる角運動量とエネルギーの大きさの比は $1/\omega$ である．この結果から右回りの電磁波は，進行方向に対して負の方向を向いた角運動量を持ちその大きさはエネルギーの $1/\omega$ であることがわかる．

以上から電磁波の角運動量は以下のように書ける．

$$\boldsymbol{\ell} = \mp \frac{1}{4\pi\omega} \boldsymbol{E} \times \boldsymbol{B}.$$

複号は，右回りの円偏光のとき $-$，左回りの円偏光のとき $+$ をとる．

---

*2 伝搬する波の位相速度（屈折率）が，波の波長によらない媒質．

3.2.10　放射スペクトル

観測の現場において，放射場が運ぶ単位時間，単位周波数，単位面積あたりの
エネルギー量なる物理量が問題になる場面にしばしば遭遇する．そこでこの量を
放射スペクトルと呼ぶ．しかし，以下に示すように放射スペクトルは近似的にし
か定義できない量である．単位時間，単位面積あたりに放射が運ぶエネルギー量
はポインティングベクトルを用いて以下のように与えられる．

$$\frac{dW}{dt\,dA} = |\boldsymbol{S}| = \frac{c}{4\pi}E^2(t).$$

したがって，単位面積を通過する全エネルギー量は以下のようになる．

$$\frac{dW}{dA} = \frac{c}{4\pi}\int_{-\infty}^{\infty} dt\,E^2(t).$$

この式はパーシバルの公式と実条件を用いて放射場の電場成分のフーリエ積分表
示で以下のように書き表せる．

$$\frac{dW}{dA} = c\int_{0}^{\infty} d\omega|\hat{E}(\omega)|^2.$$

この式から，単位周波数，単位面積あたりのエネルギー量を以下のように定義す
るのは自然であろう．

$$\frac{dW}{dA\,d\omega} = c|\hat{E}(\omega)|^2. \tag{3.40}$$

これをさらに単位時間あたりにしたい．単位時間，単位周波数あたりのエネル
ギー量は時間と周波数の導関数であるから数学的には，Δt, $\Delta\omega$ を同時にゼロに
することを要求する．ここで観測の不確定性原理から以下の関係式があったこと
に注意する必要がある．

$$\Delta t\Delta\omega > 2\pi.$$

すなわち，Δt, $\Delta\omega$ を同時にゼロにできないのである．したがって，数学的に厳
密な意味で放射のスペクトルを定義することはできない．とは言え実用上便利な
この量を実際に行われている観測の条件に即して定義しておくことは有益である．
　強度変化がない定常的な天体の観測をまず考える．観測が行われた時間間隔を
T とする．単位時間あたりの放射のエネルギー量をこの時間の間に受けた全エネ

ルギー量を T で割ったものとして定義するのは自然である．そこで観測時間内で得たデータのみでフーリエ変換を行い以下の量を定義する．

$$\hat{E}_T(\omega) \equiv \frac{1}{2\pi} \int_{-T/2}^{T/2} dt E(t) e^{i\omega t}.$$

これを用いて単位時間，単位周波数，単位面積あたりの放射のエネルギー量を以下のように時間平均で定義しても定常天体では実用上問題ない．

$$\frac{dW}{dA\,d\omega\,dt} \equiv c\frac{1}{T}|\hat{E}_T(\omega)|^2. \tag{3.41}$$

以下，これを放射スペクトルと呼ぶ．もし観測している天体の強度が時間変動するときは，T は変動の時間スケール以下にすればよい．

　上記の定義は，観測の不確定性原理と抵触しないことは明らかである．観測時間が T で有限であることから，スペクトル分解能は $\Delta\omega > 2\pi/T$ になることが $\hat{E}_T(\omega)$ の中に自動的に含まれているからである．実際には，ほとんどの場合で

$$T \gg \frac{2\pi}{\Delta\omega}$$

が成立していると考えてよい．たとえば，スペクトル分解能 $R = \nu/\Delta\nu = 1000000$ の光学域 $\lambda = 5000\,\text{Å}$（$\nu = 6 \times 10^{14}\,\text{Hz}$）での観測を考える．これは現在の光学域での観測としては非常に高い分解能の分光観測である．このとき，$\Delta\nu = 6 \times 10^8\,\text{Hz}$ であり，観測の不確定性原理から決まる時刻の不確定さは

$$\Delta t = \frac{1}{\Delta\nu} = \frac{1}{6} \times 10^{-8}\,\text{sec}$$

である．これは，通常の観測時間 T に比べて圧倒的に短い．

3.2.11　偏光・ストークスパラメータ

　前述したように電磁波は，その電場または磁場成分を指定すればその物理状態が指定される．物質にエネルギーを伝えるのは電場成分であるので通常電場のみ扱う．電場は，進行方向に垂直な面内のベクトルである．ベクトルであるということの厳密な意味は，進行方向を軸として座標を 1 回転させると 1 回元に戻るということにより定義される．進行方向を軸として座標を 1 回転させた時元に戻る回数を波動のスピンと呼ぶ．したがって，電磁波はスピンが 1 である．スピン

0 は例外で，任意の無限小回転に対して普遍なもの，すなわち 1 回転させると無限回元に戻るものである．このような波動をスカラー波と呼び音波がその例である．電磁波のベクトル性を反映した物理量が偏光状態と呼ばれるものである．以下単色電磁波の偏光状態について説明する．簡単のため電磁波は平面波としその伝搬方向を z 軸にとる．

位相を $\tau = \omega t - kz$ で表すと任意の単色電磁波の電場成分は以下のように書ける．

$$E_x = a_1 \cos(\tau + \delta_1), \quad E_y = a_2 \cos(\tau + \delta_2). \tag{3.42}$$

これは以下のように変形できる．

$$\begin{pmatrix} \dfrac{E_x}{a_1} \\ \dfrac{E_y}{a_2} \end{pmatrix} = \begin{pmatrix} \cos\delta_1 & -\sin\delta_1 \\ \cos\delta_2 & -\sin\delta_2 \end{pmatrix} \begin{pmatrix} \cos\tau \\ \sin\tau \end{pmatrix}.$$

以下

$$\delta \equiv \delta_2 - \delta_1 \tag{3.43}$$

と定義し，右辺に現れた行列の逆行列を両辺に掛け，その結果の転置行列との内積をとると最終的に以下の式を得る．

$$X^2 + Y^2 - 2XY \cos\delta = \sin^2\delta.$$

ここで $X \equiv E_x/a_1, Y \equiv E_y/a_2$ である．これは X, Y の完全 2 次形式である．この完全 2 次形式の随伴行列の二つの固有値がともに正であることから X, Y の軌跡は楕円を描く．したがって，単色電磁波の偏光状態は一般に楕円偏光である．

以下，x, y 成分の位相差 δ の値によって偏光状態がどのように変わるかを調べる．位相差 δ を用いて電場の各成分を書きなおすと

$$E_x = a_1 \cos(\tau + \delta_1), \quad E_y = a_2 \cos(\tau + \delta + \delta_1)$$

となる．$\delta = \pi/2$ のとき

$$E_x = a_1 \cos(\tau + \delta_1), \quad E_y = -a_2 \sin(\tau + \delta_1)$$

であり，$a_1 = a_2$ なら右回りの円偏光となる．以下 $a_1 = a_2$ の場合を考える．δ が減少するに従って $0 < \delta < \pi/2$ の範囲では，右回り楕円偏光になる．$\delta = 0$ で

楕円がつぶれて直線偏光になる．δ がさらに減少して負になると左回り楕円偏光になり，$\delta = -\pi/2$ で左回り円偏光になる．

　円偏光の右回り左回りは，見方に依存した定義で客観性を欠く表現である．実際，業界（光学業界とプラズマ業界）によって同じ右回りでもまったく逆回りを指している．光学業界では，電磁波が進んでくる方向に向かって時計回りを右回りと定義する．これは，電磁波を受ける観測者の立場に立った定義と言える．一方，プラズマ業界では，粒子の進行方向に右ねじが進む方向を右回りと定義する．プラズマ業界で扱う粒子がおもに質量を持った粒子であるため，観測者によって粒子の進行方向が異なる可能性があるのでこのような定義の方が便利なのである．より客観的な定義として以下の式で定義されるヘリシティー（helicity）がある．

$$h \equiv \frac{\boldsymbol{s} \cdot \boldsymbol{k}}{|\boldsymbol{s}||\boldsymbol{k}|}. \tag{3.44}$$

ここで $\boldsymbol{s}$ は円偏光電磁波のスピンベクトルである．円偏光電磁波のスピンベクトルの向きは，偏光ベクトルの回転方向に右ねじを回転したときねじが進む方向として定義される．ヘリシティーは正か負かのみ意味があり，電磁波の進行方向とスピンの向きが同じときを正，逆のときを負のヘリシティーと定義する．

　偏光状態は通常ストークスパラメータ（Stokes parameters）と呼ばれる以下の式で定義される四つの物理量で表される．

$$I = a_1^2 + a_2^2, \quad Q = a_1^2 - a_2^2 \tag{3.45}$$

$$U = 2a_1 a_2 \cos\delta, \quad V = 2a_1 a_2 \sin\delta. \tag{3.46}$$

これらの間には，以下の関係が成り立つ．

$$I^2 = Q^2 + U^2 + V^2. \tag{3.47}$$

したがって，独立なストークスパラメータは三つであり，偏光状態を特徴づける物理量は a_1, a_2, δ の三つであったことと対応している．直線偏光のときは $V = 0$ であり，V は円偏光を特徴づける量といえる．円偏光のときは $Q = U = 0$ であり，これらは直線偏光を特徴づける量といえる．I は強度と等価な量ではあるが，正確には平均強度の 2 倍の量である．式（3.47）が成り立つとき，電磁波は完全偏光しているという．単色光は必ずいずれかの偏光状態に完全偏光しているのである．

　現実の電磁波はすべてが完全偏光しているわけではない．たとえば多くの自然光は無偏光である．以下，無偏光の電磁波がどのように実現しているのかを考察する．

　多くの場合現実の電磁波は，継続時間が有限のパルス波の重ねあわせで実現している．このパルス波を波連と呼ぶ．一つの波連はある特定の偏光状態にあるとする．無偏光の電磁波は，この波連の初期位相と発せられる時刻および偏光状態がランダムであるときに実現する．波連の継続時間より十分長い観測時間で偏光板を使って観測することを考える．特別な方向が存在しないので，偏光板をどの方向に傾けても得られる強度は一定になる．したがって，直線偏光していないという測定結果を得る．同様に円偏光を測定しても右回りと左回りがほぼ同数存在するので，円偏光していないという結果になる．これが無偏光状態であり，

$$Q = 0, \quad U = 0, \quad V = 0$$

となる．一方，現実の電磁波での完全偏光した状態とは，すべての波連が同じ偏光状態である場合である．一般の場合は，完全偏光した状態と無偏光状態の重ね合わせである．したがって，ストークスパラメータは以下の関係式を満たす．

$$I^2 \geqq Q^2 + U^2 + V^2.$$

そこで電磁波の偏光の度合いを表す物理量として偏光度 Π を以下のように定義する．

$$\Pi \equiv \frac{\sqrt{Q^2 + U^2 + V^2}}{I}. \tag{3.48}$$

偏光度が 0 と 1 の間の値を持つとき電磁波は部分偏光しているという．

3.2.12　相対論的速度で運動する荷電粒子からの放射強度

　加速度運動する相対論的荷電粒子からの電磁波の放射強度を求める．電荷 q の粒子の加速運動によって時刻 t に観測者 $\boldsymbol{r}$ の位置で作られる放射場は以下のように書けた．

$$\boldsymbol{E}(\boldsymbol{r}, t) = \frac{q}{c} \left[\frac{1}{R} \boldsymbol{g} \right],$$

$$\boldsymbol{g} \equiv \frac{1}{\kappa^3} \boldsymbol{n} \times \{ (\boldsymbol{n} - \boldsymbol{\beta}) \times \dot{\boldsymbol{\beta}} \}.$$

観測者が受信する粒子からの放射の単位立体角単位時間当たりの強度は

$$\frac{dW}{dt\,d\Omega} = \frac{c}{4\pi}[R^2 E^2] \tag{3.49}$$

である．これを受信強度（received power）と呼び $dP_r/d\Omega$ と書く．一方，観測者が dt 間に受信した放射は，粒子が dt' 間に放射した電磁波であり，$dt = dt'\kappa$ なる関係で結ばれる．粒子が単位時間当たりに放射した電磁波の強度を放射強度（emitted power）といい，$dP_e/d\Omega$ と書き，以下の式で与えられる．

$$\frac{dP_e}{d\Omega} \equiv \frac{dW}{dt'd\Omega} = \frac{c}{4\pi}[\kappa R^2 E^2]. \tag{3.50}$$

したがって，全放射強度（total emitted power）は以下のように与えられる．

$$P_e = \frac{q^2}{4\pi c}\int d\Omega[\kappa g^2].$$

全放射強度を求めるには上式の立体角積分を以下の手順に従って実行すればよい．$\boldsymbol{v}$ の方向を z 軸にとり，$\dot{\boldsymbol{v}}$ を x–z 平面にとって $\boldsymbol{v}$ とのなす角を i とする．また，$\boldsymbol{n} = (\sin\theta\cos\phi, \sin\theta\sin\phi, \cos\theta)$ とする．これらの変数を使って被積分関数は以下のように書ける．

$$\boldsymbol{n}\cdot\boldsymbol{\beta} = \beta\cos\theta, \quad \boldsymbol{n}\cdot\dot{\boldsymbol{\beta}} = \dot{\beta}(\sin\theta\cos\phi\sin i + \cos\theta\cos i), \quad \dot{\boldsymbol{\beta}}\cdot\boldsymbol{\beta} = \dot{\beta}\beta\cos i,$$

$$\kappa g^2 = \dot{\beta}^2\Big\{\frac{1}{\kappa^3} + \frac{2}{\kappa^4}\beta(\cos^2 i\,\sin\theta\,\cos\phi + \cos^2 i\,\cos\theta)$$
$$-\frac{1}{\kappa^5}\gamma^{-2}(\sin^2 i\,\sin^2\theta\,\cos^2\phi + 2\sin i\,\cos i\,\sin\theta\,\cos\theta\,\cos\phi$$
$$+ \cos^2 i\,\cos^2\theta)\Big\}.$$

立体角積分は $\mu = \cos\theta$ という変数変換を用いて $\int d\Omega = \int_0^{2\pi} d\phi \int_{-1}^{1} d\mu$ と書き直す．任意の正の整数 n に対して以下の三つの関係式が成り立つ．

$$I_{n+1} \equiv \int_{-1}^{1}\frac{d\mu}{(1-\beta\mu)^{n+1}} = \frac{(1+\beta)^n - (1-\beta)^n}{n\beta(1-\beta^2)^n},$$

$$J_{n+1} \equiv \int_{-1}^{1}\frac{\mu d\mu}{(1-\beta\mu)^{n+1}} = \frac{1}{n}\frac{dI_n}{d\beta},$$

$$K_{n+1} \equiv \int_{-1}^{1}\frac{\mu^2 d\mu}{(1-\beta\mu)^{n+1}} = \frac{1}{n}\frac{dJ_n}{d\beta}.$$

この関係式を用いて以下のように立体角積分が実行できる.

$$
\begin{aligned}
\int [\kappa g^2] d\Omega \\
= 2\pi \left[\dot{\beta}^2 \left(I_3 + 2\beta J_4 - \gamma^{-2} K_5 - \left\{ 2\beta J_4 + \frac{1}{2\gamma^2}(I_5 - 3K_5) \right\} \sin^2 i \right) \right] \\
= \frac{8\pi}{3c^2} [\dot{u}^2 \gamma^6 (1 - \beta^2 \sin^2 i)].
\end{aligned}
$$

ここで $\gamma = 1/\sqrt{1 - \beta^2}$ はローレンツ因子である. 以上から加速度運動する任意の速度をもつ電子による電磁波の全放射強度は次のようにもとまる.

$$
P_{\mathrm{e}} = \frac{2e^2}{3c^3} [\gamma^6 (\dot{u}^2 - |\dot{\boldsymbol{u}} \times \boldsymbol{\beta}|^2)]. \tag{3.51}
$$

これを初めに求めたのはリエナー（Liénard）であり 1898 年のことである. これは相対論の発見以前のことである. この呼び名は一般的ではないがこの本ではリエナーの公式と呼ぶ.

3.2.13　ラーマーの公式

電荷の運動が非相対論的なとき（$\beta = u/c \ll 1$）に限った場合の電磁波の全放射強度は, 式（3.51）の β の最低次を求めることで以下のように求まる.

$$
P = \frac{2q^2 \dot{u}^2}{3c^3}. \tag{3.52}
$$

これをラーマー（Larmor）の公式と呼ぶ. 非相対論的極限では, β の最低次を取る限り放射強度と受信強度の違いはない.

非相対論的な運動をする点電荷が作る放射場の詳細を調べる. いつでも $\beta \ll 1$ が成り立つためには, $\dot{\beta} \Delta t < O(\beta)$ でなければならない. ここで Δt は系の特徴的な時間スケールであり, たとえば放射される放射の周期 $\Delta t \sim 1/\nu$ などである. 放射場を β の 1 次までの近似で表すと以下のようになる.

$$
\boldsymbol{E}_{\mathrm{rad}} = \left[\frac{q}{Rc^2} \boldsymbol{n} \times (\boldsymbol{n} \times \dot{\boldsymbol{u}}) \right]. \tag{3.53}
$$

$\boldsymbol{n}, \boldsymbol{E}_{\mathrm{rad}}, \dot{\boldsymbol{u}}$ の関係を図示した（図 3.7）. 電場・磁場の大きさは次のようになる.

$$
|\boldsymbol{E}_{\mathrm{rad}}| = |\boldsymbol{B}_{\mathrm{rad}}| = \left[\frac{q\dot{u}}{Rc^2} \sin\Theta \right]. \tag{3.54}
$$

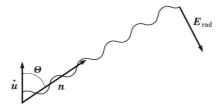

図 **3.7** 放射場の伝搬方向・偏光ベクトルと荷電粒子 $(q > 0)$ の加速度ベクトルの関係.

これらを式（3.50）に代入して β の最低次をとることで電磁波の放射強度分布が以下のように得られる.

$$\frac{dP}{d\Omega} = \frac{dW}{dt\,d\Omega} = [R^2 S] = \left[\frac{q^2 \dot{u}^2}{4\pi c^3}\sin^2\Theta\right]. \qquad (3.55)$$

次に放射の周波数分布を求める. この系の双極子モーメントは $\boldsymbol{d}(t') = q\boldsymbol{r}_0(t')$ で与えられる. これを用いると放射場の電場の振幅は以下のように書ける.

$$E(t) = \ddot{d}(t')\frac{\sin\Theta}{c^2 R}. \qquad (3.56)$$

双極子モーメントのフーリエ積分表示 $\hat{d}(\omega)$ を用いると電場の振幅の周波数分布が以下のように得られる.

$$\hat{E}(\omega) = -\frac{1}{c^2 R}\omega^2\hat{d}(\omega)\sin\Theta. \qquad (3.57)$$

ここで R の時間変化を無視した. この結果から非相対論的運動をする荷電粒子から放射される放射の周波数は, 粒子の振動の周波数と同じであることがわかる. このことは, 非相対論的近似において放射場を β の最低次, すなわち 1 次のみ残したことと直接関係している. 放射場の式（3.36），（3.37）を β についてテイラー展開すると β^2 等, 高次の項が出てくる. 粒子が振動数 ω_0 で単振動しているとする. たとえば 2 次の項は, $E(t) \propto \beta\dot{\beta} \propto \cos\omega_0 t \sin\omega_0 t \propto \sin 2\omega_0 t$ という寄与を与える. したがって, 2 次の項の存在は $\omega = 2\omega_0$ という倍周波数の電磁波の生成と結びつく. さらに高次の項を残せば, 高調波の存在と結びつく. 逆に 1 次まですなわち双極子のみ残した近似では, 高調波は存在せず放射される電磁波の周波数は $\omega = \omega_0$ のみとなるのである.

上記の結果から，単位周波数あたりの全放射エネルギーの角度分布および単位
周波数あたりの全放射エネルギーは以下のようにもとまる．

$$\frac{dW}{d\omega\,d\Omega} = cR^2|\hat{E}(\omega)|^2 = \frac{1}{c^3}\omega^4|\hat{d}(\omega)|^2 \sin^2\Theta, \tag{3.58}$$

$$\frac{dW}{d\omega} = \frac{8\pi\omega^4}{3c^3}|\hat{d}(\omega)|^2. \tag{3.59}$$

以上の結果からわかった加速度運動する非相対論的な電荷から放射される放射
の性質についてまとめる．

 （1） 放射強度は電荷の 2 乗，加速度の 2 乗に比例する．

 （2） 電場の振幅分布は双極子分布になる．加速度の方向で放射強度はゼロと
なり，加速度と直交する方向で放射強度が最大となる．

 （3） 電場ベクトルが加速度と n が作る面内にある．

 （4） 放射される電磁波の周波数は，放射体の振動数と同じである．

3.2.14　放射場の公式の物理的導出

　加速度運動する電荷から電場振幅が距離に反比例することを以下の例を用いて
物理的に示そう．

　図 3.8 に示したように x 軸の正の方向に速度 u で等速直線運動していた荷電
粒子が原点に到達した瞬間突然一定の加速度で減速を始め Δt 秒後に静止したと
する．減速を開始してから t 秒後の様子を図に示した．x 軸上の点 P は，減速を
せず等速運動を続けたとしたとき粒子が到達しているはずの位置を示した．減速
時間 Δt は t に比べて十分短いとして，粒子はほぼ原点で静止したとする．半径
ct の球面より外側の領域には，粒子が減速を始めたという情報はまだ伝わって
おらず点 P を中心とした放射状に電気力線が分布した速度場のみが存在する．
一方，半径 $c(t-\Delta t)$ の球面内側では，粒子が静止したという情報が伝わってお
り，ここには原点を中心とした放射状の速度場のみ存在する．この二つの球面に
挟まれた球殻状の領域は減速が起きている間に生成された電磁場が存在する領域
である．系の対称性からこの領域内の電気力線は同一平面内に存在しければなら
ない．荷電粒子以外に電荷が存在しないことから，電気力線は連続でなければな
らない．これらの条件から電気力線の分布は図 3.8 のようになる．図から明らか

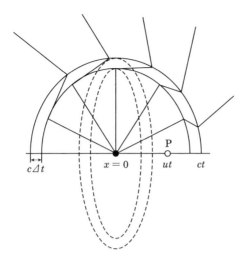

図 **3.8**　相対論的速度で運動する荷電粒子の作る電場.

なように加速度運動をする荷電粒子が作る電場は進行方向とほぼ直交している（半径 ct, 幅 $c\Delta t$ の円環内の電場）. このことは放射場が横波であることに対応している. 球殻内の電場の球面に沿った成分を E_t とする. 図の点線で示したようにこの球殻の粒子の軌跡に垂直な断面を原点を中心としたリング状に取る. このリングを貫く電気力線は $E_t 2\pi ct c\Delta t$ であり，これは保存する. したがって，$E_t \propto 1/ct = 1/R$ を得る.

次に荷電粒子の運動が非相対論的な場合に限ると図 3.9 を用いた物理的考察のみからラーマーの公式が導かれることを示そう. この場合，先ほどの例とは異なり半径 ct の球面の外側の領域の速度場が，点 P を中心として等方的になる. 半径 ct と半径 $c(t - \Delta t)$ の球面で挟まれた領域内の電場の動径成分を E_r とする. これは速度場なので $E_r = q/(ct)^2$ と書ける. 図から次の関係が成り立つことが容易にわかる.

$$\frac{E_t}{E_r} = \frac{ut \sin \Theta}{c\Delta t}.$$

この関係式から E_t が以下のように求まる.

$$E_t = \frac{q\dot{u}}{c^2 R} \sin \Theta.$$

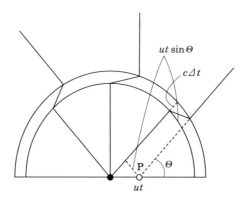

図 3.9 非相対論的運動をする荷電粒子の作る電場.

ここで $\dot{u} = u/\Delta t$, $R = ct$ の置き換えを行った．この結果はラーマーの公式
(3.54) と一致する．

3.2.15 非相対論的運動をする荷電粒子系からの放射場

ここまでは一つの点電荷から放出される放射について考察した．しかし，現実
の天体からの放射は多数の荷電粒子からの放射の重ね合わせである．そこで多数
の荷電粒子を含む系からの放射にこれまでの結果を拡張するための近似方法を示
す．N 個の荷電粒子を含む系を考える．第 i 番目の粒子の位置・速度・電荷をそ
れぞれ r_i, u_i, q_i とする．ただし，粒子の運動は非相対論的運動とする．原理的
には，すべての荷電粒子が作る放射場を計算し，重ね合わせればよいのだが，粒
子ごとに遅延時間が異なりかつ粒子の数も非常に多いので現実的にはこれを厳密
に実行することは不可能である．

まず以下の二つの極限的条件を満たす場合について重ね合わせがどのように実
行されるかを考察する．簡単のため各粒子からの放射の波形は $E_0(t)$ で共通とす
る．i 番目の粒子までの遅延時間を t_i とすると時刻 t に観測者が観測するこの系
からの電磁波の電場は以下の式で表される．

$$E(t) = \sum_{i=1}^{N} E_0(t - t_i).$$

$E_0(t)$ のフーリエ積分表示 $\hat{E}(\omega)$ を用いると $E(t)$ のフーリエ積分表示は以下の

ように表される.

$$\hat{E}(\omega) = \hat{E}_0(\omega) \sum_{i=1}^{N} e^{i\omega t_i}.$$

放射スペクトルを求めるために $|\hat{E}(\omega)|^2$ を計算する.

$$|\hat{E}(\omega)|^2 = |\hat{E}_0(\omega)|^2 \left(\sum_{i=1}^{N} 1 + \sum_{i \neq j} e^{i\omega(t_i - t_j)} \right). \tag{3.60}$$

右辺第 1 項は同一粒子からの寄与であり和は N となる.第 2 項は異なる粒子同士の掛けあわせからきた項である.第 2 項を以下,二つの極限の場合について評価する.

全粒子が存在する系のサイズを L とする.系のサイズが放射される電磁波の波長 λ より十分小さいとき,各粒子からの遅延時間の差 $t_i - t_j$ は電磁波の周期より十分短く,$|\omega(t_i - t_j)| \ll 2\pi$ である.したがって,第 2 項の和は $N(N-1)$ となる.このような波の重ね合わせを可干渉(coherent)な重ね合わせと呼ぶ.したがってこの場合 $|\hat{E}(\omega)|^2 = N^2 |\hat{E}_0(\omega)|^2$ となる.これは各粒子からの放射が重ね合わせの結果強めあい,粒子 1 個からの放射強度の N 倍より圧倒的に強くなることを示している.

次に $L \gg \lambda$ でかつ粒子間平均距離 $n^{-1/3}$ が波長より十分大きい,$n^{-1/3} \gg \lambda$ の場合を考える.系内で粒子は一様かつランダムに分布しているとする.この場合,各 i, j の組み合わせごとに $|\omega(t_i - t_j)|$ は $0 \sim 2\pi$ の間の値をランダムに取る.このように位相が $0 \sim 2\pi$ の間のランダムな値を取る多数の波の重ね合わせを行うと,お互い打ち消しあい近似的にゼロとみなしてよい.この近似を乱雑位相近似(Random Phase Approximation),別名 RPA と呼ぶ.このような波の重ねあわせを非可干渉(incoherent)な重ね合わせと呼ぶ.したがって,この場合は $|\hat{E}(\omega)|^2 = N |\hat{E}_0(\omega)|^2$ となる.これは系全体からの強度が各粒子からの放射強度の足し算であることを示している.たとえば,星間プラズマや銀河団プラズマでは電子密度が $1 \sim 10^{-3}\,\mathrm{cm}^{-3}$ と希薄であり粒子間隔が放射される電磁波の波長より十分長く,各電子からの放射の非可干渉な重ね合わせで全系からの放射強度が得られる.

最後に各粒子からの放射の波形が共通であるとする.ここまで課してきた条件

を外し，個々の粒子からの放射が式（3.53）で書き表される一般の場合について議論する．ここでは特に，系の大きさが放射される電磁波の波長より十分小さいときを取り上げる．各粒子間の遅延時間の差が無視できるため，放射場の電場は以下のように書ける．

$$\boldsymbol{E}_{\text{rad}} = \sum_i \left[\frac{q_i}{c^2} \frac{\boldsymbol{n}_i \times (\boldsymbol{n}_i \times \dot{\boldsymbol{u}}_i)}{R_i} \right]_0.$$

[ ]$_0$ は小領域内の代表点での遅延時間で評価せよという意味である．この放射体から観測者が十分遠方に離れると，$R_i \to R_0$，$\boldsymbol{n}_i \to \boldsymbol{n}_0 = \boldsymbol{n}$ であり，粒子ごとの距離の差，方向ベクトルの差も無視できるので代表点で置き換えることができる．放射場は以下のように書ける．

$$\boldsymbol{E}_{\text{rad}} = \left[\frac{1}{c^2} \frac{\boldsymbol{n} \times (\boldsymbol{n} \times \sum_i q_i \dot{\boldsymbol{u}}_i)}{R_0} \right]_0 = \left[\frac{\boldsymbol{n} \times (\boldsymbol{n} \times \ddot{\boldsymbol{d}})}{c^2 R_0} \right]_0,$$

$$\boldsymbol{d} \equiv \sum_i q_i \boldsymbol{r}_i.$$

ここで粒子についての和が [ ] の中に入ることができたのは，粒子間の遅延時間の差を無視できたからである．最後に導入された $\boldsymbol{d}$ は同時刻での和で定義され，考えている領域内の粒子系の双極子モーメントである．この結果は，系の大きさが放射される電磁波の波長より十分小さいとき，粒子系の全双極子モーメントと同じ双極子モーメントを持つ単一の電荷からの放射場で粒子系からの放射が近似できることを示している．この近似を双極子近似と呼ぶ．

3.2.16 放射場のフーリエスペクトル

位置 $\boldsymbol{r}$ にいる観測者が時刻 t に観測する放射場のフーリエスペクトル $\hat{\boldsymbol{E}}(\boldsymbol{r}, \omega)$ は次の式で与えられる．

$$\hat{\boldsymbol{E}}(\boldsymbol{r}, \omega) = \frac{1}{2\pi} \int_{T_1}^{T_2} \frac{q}{c} \frac{\boldsymbol{n} \times \{(\boldsymbol{n} - \boldsymbol{\beta}(t')) \times \dot{\boldsymbol{\beta}}(t')\}}{\kappa(t')^3 R(t')} e^{i\omega t} dt.$$

ここで $R(t') = |\boldsymbol{r} - \boldsymbol{r}_0(t')|$ は $t' = t - R(t')/c$ の遅延時間に $\boldsymbol{r}_0(t')$ にいた荷電粒子と観測者との相対距離である．また $T_1 < t < T_2$ は，スペクトルを求めるための観測が行われた期間である．ただしこの間に荷電粒子の加速度が有限の値を

持つとした. 以下では, 観測者が荷電粒子から十分離れているとして $\boldsymbol{n} = (\boldsymbol{r} - \boldsymbol{r}_0(t'))/R(t')$ の時間変化は無視する. この式を $R(t')^2 = \boldsymbol{R} \cdot (\boldsymbol{r} - \boldsymbol{r}_0(t'))$ より得られる関係式 $R(t') = \boldsymbol{n} \cdot \boldsymbol{r} - \boldsymbol{n} \cdot \boldsymbol{r}_0(t')$ と $dt = \kappa(t')dt'$ を用いて t' で書き換えると以下の式を得る.

$$\hat{\boldsymbol{E}}(\boldsymbol{r}, \omega)$$
$$= \frac{1}{2\pi R} e^{i\omega \boldsymbol{n} \cdot \boldsymbol{r}/c} \int_{T_1'}^{T_2'} \frac{q}{c} \frac{\boldsymbol{n} \times \{(\boldsymbol{n} - \boldsymbol{\beta}(t')) \times \dot{\boldsymbol{\beta}}(t')\}}{\kappa(t')^2} e^{i\omega(t' - \boldsymbol{n} \cdot \boldsymbol{r}_0(t')/c)} dt'.$$

ここで相対距離をその変化が無視できるほど小さいとし, 代表時刻 (たとえば $t' = 0$) での相対距離 R で近似した. さらに

$$\frac{\boldsymbol{n} \times \{(\boldsymbol{n} - \boldsymbol{\beta}) \times \dot{\boldsymbol{\beta}}\}}{\kappa^2} = \frac{d}{dt} \left(\frac{\boldsymbol{n} \times (\boldsymbol{n} \times \boldsymbol{\beta})}{\kappa} \right)$$

を用いて部分積分を実行すると次の式を得る.

$$\hat{\boldsymbol{E}}(\boldsymbol{r}, \omega) = \frac{q}{2\pi cR} e^{i\omega \boldsymbol{n} \cdot \boldsymbol{r}/c} \left[\frac{\boldsymbol{n} \times (\boldsymbol{n} \times \boldsymbol{\beta}(t'))}{\kappa(t')} e^{i\omega(t' - \boldsymbol{n} \cdot \boldsymbol{r}_0(t')/c)} \right]_{T_1'}^{T_2'}$$
$$- \frac{iq\omega}{2\pi cR} e^{i\omega \boldsymbol{n} \cdot \boldsymbol{r}/c} \int_{T_1'}^{T_2'} \boldsymbol{n} \times (\boldsymbol{n} \times \boldsymbol{\beta}(t')) e^{i\omega(t' - \boldsymbol{n} \cdot \boldsymbol{r}_0(t')/c)} dt'. \quad (3.61)$$

荷電粒子の軌道をこの式に代入すればその荷電粒子から放射される放射のスペクトルが求められる. 長時間平均を取ると右辺第 1 項が消えて第 2 項の積分のみが残る.

3.3 トムソン散乱

この節では, 自由電子による電磁波の散乱の基礎であるトムソン (J.J. Thomson) 散乱について学ぶ. トムソン散乱に入る前に散乱問題の基礎であるラザフォード散乱についてまず復習する.

3.3.1 ラザフォード散乱

陽子による電子の散乱の問題を考える. 陽子は, 電子より 1840 倍質量が重いので以下では陽子は重心に静止しているとする. 電子の運動方程式は以下のように書ける.

$$m_{\mathrm{e}} \frac{dv_x}{dt} = -\frac{e^2 x}{r^3}, \quad m_{\mathrm{e}} \frac{dv_y}{dt} = -\frac{e^2 y}{r^3}.$$

無限遠での電子の初速度を V_0, 衝突パラメータを b とする．中止力場中での運動なので角運動量保存が成り立つ．極座標表示を用いて粒子の位置を表すと，方位角 ψ の運動方程式は角運動量保存則を用いて以下のように書ける．

$$m_{\mathrm{e}} r^2 \dot{\psi} = -m_{\mathrm{e}} b V_0 \quad \longrightarrow \quad \dot{\psi} = -\frac{V_0 b}{r^2}.$$

散乱角を θ とすると散乱後の漸近的速度は $(V_0 \cos\theta, -V_0 \sin\theta)$ と書ける．角運動量保存則を用いて x 方向の運動方程式を t の微分から ψ の微分に書き換えそれを積分すると

$$\int_{V_0}^{V_0 \cos\theta} dv_x = \frac{e^2}{m_{\mathrm{e}} V_0 b} \int_{\pi}^{-\theta} d\psi \, \cos\psi,$$

$$\frac{m_{\mathrm{e}} V_0^2 b}{e^2} = \frac{\sin\theta}{1 - \cos\theta} = \cot\frac{\theta}{2}.$$

ここで入射電子の無限遠での角度は $\psi = \pi$ であり，散乱後は $\psi = -\theta$ であることを用いた．入射電子の個数密度を n とする入射個数フラックスは $I = n V_0$ である．微小面積要素 $b\, d\phi |db|$ に単位時間に入射した電子の数は，$n V_0 b\, d\phi |db|$ である．散乱によって ϕ は変化しないので，これは角度 θ, ϕ の方向を中心とした微小立体角 $d\Omega = \sin\theta\, d\theta\, d\phi$ の中に散乱されて出て行く電子の数と等しい．ここで $d\theta$ は以下の式で与えられる．

$$db = -\frac{e^2}{2 m_{\mathrm{e}} V_0^2} \frac{1}{\sin^2 \dfrac{\theta}{2}} d\theta.$$

ここでマイナス符号がつくのは，衝突パラメータが大きくなると散乱角 θ が小さくなることを反映している．以下ではこれらの絶対値をとって大きさのみを扱う．以上から次の式を得る．

$$n V_0 b\, d\phi |db| = \frac{n V_0}{2} \left(\frac{e^2}{m_{\mathrm{e}} V_0^2} \right)^2 \frac{\cos\dfrac{\theta}{2}}{\sin^3 \dfrac{\theta}{2}} d\theta\, d\phi$$

$$=nV_0\frac{1}{4}\left(\frac{e^2}{m_{\mathrm{e}}V_0^2}\right)^2\frac{1}{\sin^4\dfrac{\theta}{2}}d\Omega.$$

微分散乱断面積を入射個数フラックス I を用いて次の式で定義する.

$$I\frac{d\sigma(\theta,\phi)}{d\Omega}\equiv I\frac{b\,d\phi|db|}{d\Omega}.$$

以上のことから微分散乱断面積が以下のようにもとまる.

$$\frac{d\sigma}{d\Omega}=\frac{1}{4}\left(\frac{e^2}{m_{\mathrm{e}}V_0^2}\right)^2\frac{1}{\sin^4\dfrac{\theta}{2}}.$$

　散乱角が $\pi/2$ 以上のときは，粒子は入射電子の方向に戻ってくるので，この場合を激しく散乱された場合と考え大角度散乱の条件とする．b と θ の関係から $\theta>\pi/2$ のとき $b<e^2/m_{\mathrm{e}}V_0^2$ である．これは $m_{\mathrm{e}}V_0^2\leqq e^2/b$ とも書ける．左辺の $m_{\mathrm{e}}V_0^2$ は無限遠での電子の運動エネルギーを表し，右辺の e^2/b は陽子にもっとも近づいたときのクーロンポテンシャルエネルギーである．この式は，電子の無限遠での運動エネルギーがもっとも近づいたときのクーロンエネルギーより小さいと陽子のクーロン力の影響が大きく現れ，大角度散乱が起きる，ということを意味している．また，$b\to0$ で $\theta\to\pi$ である．以上から，電子の大角度散乱の全断面積は，

$$\sigma=\frac{1}{4}\left(\frac{e^2}{m_{\mathrm{e}}V_0^2}\right)^2\int_0^{2\pi}d\phi\int_{\pi/2}^{\pi}\sin\theta\frac{1}{\sin^4\dfrac{\theta}{2}}d\theta=\pi\left(\frac{e^2}{m_{\mathrm{e}}V_0^2}\right)^2$$

となる．最後の式の括弧の中は，ちょうど $\pi/2$ 散乱されるときの衝突パラメータであり，電子にとって陽子は，これを半径とした円盤の的であることを意味している．

　ここで断面積についておさらいする．全断面積とは衝突時の的の面積の大きさを表している．微分面積は，$(d\sigma/d\Omega)d\Omega$ で入射フラックスが 1 のとき，角度 θ,ϕ の方向を中心とした微小立体角 $d\Omega$ の中に散乱されて出て行く電子の数を与える．ランダムに粒子を投げ込んだとき，ある方向に散乱されて出てくる確率に比例した量と考えることもできる．

3.3.2　トムソン散乱

自由電子による電磁波の散乱を考察する．直線偏光した単色（周波数 ω_0）の電磁波が自由電子に入射すると電子を揺らす．電子の速度が非相対論的 $u \ll c$ の場合を考える．この場合，磁場によるローレンツ力を無視できる．電子の運動方程式は

$$m_e \ddot{\boldsymbol{r}} = -e \boldsymbol{\varepsilon} E_0 \cos \omega_0 t. \tag{3.62}$$

$\boldsymbol{\varepsilon}$ は電磁波の偏光ベクトルである．$\boldsymbol{d} = -e\boldsymbol{r}$ がこの系の双極子モーメントとなる．運動方程式から以下の式を得る．

$$\ddot{\boldsymbol{d}} = \frac{e^2 E_0}{m_e} \boldsymbol{\varepsilon} \cos \omega_0 t. \tag{3.63}$$

電磁波が入射したことにより双極子モーメントの時間についての 2 階微分が生じる．したがって，この電子は電磁波を放射する．

以下では，電子によって放射された波（2 次波）を電子による散乱波と考えて散乱断面積を導出する．放射波強度の時間平均を考える．ここで時間平均とは，電磁波の一周期 T にわたる平均と考えてもよいし，周期より十分長い時間 T にわたる平均と考えてもよい．長時間平均の方が実際の観測で行われる操作と近いのでここでは長時間平均と考えて扱う．単位立体角当たりの放射強度の長時間平均は，式（3.50）に式（3.63）を代入することで以下のように求まる．

$$\left\langle \frac{dP}{d\Omega} \right\rangle \equiv \frac{1}{T} \int_0^T dt \frac{1}{4\pi c^3} \left(\frac{e^2 E_0}{m_e} \right)^2 \sin^2 \Theta \cos^2 \omega_0 t \sim \frac{1}{8\pi c^3} \frac{e^4 E_0^2}{m_e^2} \sin^2 \Theta.$$

全放射強度は，

$$\langle P \rangle = \int d\Omega \left\langle \frac{dP}{d\Omega} \right\rangle = \frac{e^4 E_0^2}{3m_e^2 c^3}$$

となる．一方，入射電磁波のエネルギーフラックスはポインティングベクトルで与えられ，その時間平均は以下のようにもとまる．

$$\langle S \rangle = \frac{1}{T} \int_0^T dt \frac{c}{4\pi} E_0^2 \cos^2 \omega_0 t \sim \frac{c}{8\pi} E_0^2.$$

ラザフォード散乱にならって微分散乱断面積は以下のように定義できる．

$$\left\langle \frac{dP}{d\Omega} \right\rangle = \langle S \rangle \frac{d\sigma(\Theta)}{d\Omega}.$$

この式は，両辺を光子1個当たりのエネルギー $\hbar\omega$ で割って光子の数にし，$d\Omega$ を掛けると理解しやすい．左辺が，角度 θ, ϕ の方向の微小立体角 $d\Omega$ に散乱されて出て行く単位時間あたりの光子の数であり，右辺が微小面積 $(d\sigma(\Theta)/d\Omega)d\Omega$ に入射した光子の数となる．したがって，微分散乱断面積は以下のようにもとまる．

$$\left(\frac{d\sigma(\Theta)}{d\Omega} \right) = \frac{e^4}{m_e^2 c^4} \sin^2\Theta = r_0^2 \sin^2\Theta. \tag{3.64}$$

ここで $r_0 = e^2/m_e c^2 = 2.82 \times 10^{-13}$ cm は古典電子半径と呼ばれる量であり，電子が作る電場の自己エネルギー e^2/r_0 が質量エネルギー $m_e c^2$ と等しいとすることで決まる電子の大きさである．これから全散乱断面積が以下のようにもとまる．

$$\sigma_T = \int_0^{2\pi} d\phi \int_0^\pi \sin\Theta r_0^2 \sin^2\Theta \, d\Theta = \frac{8\pi}{3} r_0^2 = 0.665 \times 10^{-24} \quad \text{cm}^2.$$

これをトムソン散乱の全断面積（Thomson cross section）と呼ぶ．ラザフォード散乱の入射電子の速度を光速 c で置き換えた断面積とほぼ一致している．

トムソン散乱の特徴をまとめる．

(1) 断面積は入射電磁波の周波数に依存しない．

(2) 散乱波の周波数は入射波の振動数と等しい．また，断面積の導出方法から明らかなように入射波の全エネルギーと散乱波の全エネルギーは等しい．すなわち，トムソン散乱は弾性散乱であり，電磁波のエネルギーが散乱前後で保存され，言い換えるとフォトン数と各々のフォトンのエネルギーを散乱前後で保存する．

(3) 入射波が ε 方向に直線偏光している場合，散乱された電磁波は $\varepsilon, \boldsymbol{n}$ の作る平面内に電場がある直線偏光になる．

(4) 後方・前方散乱対称性（Backward–Forward symmetry）：$\Theta \to \Theta + \pi$ にしても微分散乱断面積が変わらない．すなわち散乱されて入射波の進行方向に対して前方に出て行く光子数と後方に出て行く光子数が等しい．

特徴 (4) は，散乱波の全運動量がゼロであることを意味している．しかし，入

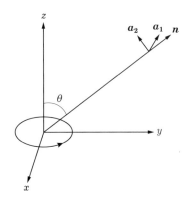

図 **3.10** 左回り円偏光の電子による散乱.

射波はある一定の方向から入ってきたとしているので有限の運動量を持っている.
すなわち散乱前後で電磁波の運動量が保存していない. これは, 電磁波による電子の運動方程式で, 磁場によるローレンツ力を無視したことに直接起因している.

電磁波の運動量は磁場によって荷電粒子に伝えられる. このことはたとえば,
式 (3.62) に従って運動を始めた電子に対する電磁波の磁場の効果を調べればわかるので読者は試みるとよい. 電磁波は電場で荷電粒子を揺らしてエネルギーを伝え, 揺れだしたら磁場で押して運動量を伝えているのである. したがって, 磁場の効果を無視した時点で電磁波の運動量の伝搬が無視されたことになっている. 運動量保存まで考慮した取り扱いおよびトムソン散乱の理論の適用限界についてはコンプトン散乱の節 (3.6 節) で扱う.

3.3.3 無偏光電磁波のトムソン散乱

無偏光の電磁波のトムソン散乱を考察する. 無偏光を, 右回り円偏光と左回り円偏光が同じ割合で位相がランダムに混合した状態として扱う. 入射波の角振動数を ω, 進行方向を z 軸の正の方向とする. 電磁波の入射前の電子は $z = 0$ で静止していたとする.

まず, 左回り円偏光の電子による散乱を扱う. 電子の速度が非相対論的であるとして磁場による力を無視すると電子の運動方程式は以下のようになる.

$$m_{\mathrm{e}} \frac{du_x}{dt} = -eE_0 \cos \omega t, \quad m_{\mathrm{e}} \frac{du_y}{dt} = -eE_0 \sin \omega t. \tag{3.65}$$

z 軸となす角 θ の $\boldsymbol{n}$ の方向に散乱される電磁波を考える. 簡単のために $\boldsymbol{n}$ が yz 平面内にあるとする. 散乱波の偏光ベクトルを $\hat{\boldsymbol{a}}_1$, $\hat{\boldsymbol{a}}_2$ とする. xyz 方向の単位ベクトルをそれぞれ $\hat{\boldsymbol{x}}$, $\hat{\boldsymbol{y}}$, $\hat{\boldsymbol{z}}$ とする. $\hat{\boldsymbol{a}}_1 = -\hat{\boldsymbol{x}}$ とすると,

$$\boldsymbol{a_2} = -\hat{\boldsymbol{y}}\cos\theta + \hat{\boldsymbol{z}}\sin\theta, \quad \boldsymbol{n} = \hat{\boldsymbol{y}}\sin\theta + \hat{\boldsymbol{z}}\cos\theta$$

となる. これらを式 (3.53) に代入すると以下の結果を得る.

$$\boldsymbol{E}_{\rm rad} = \frac{e^2 E_0}{R m_{\rm e} c^2}(\hat{\boldsymbol{a}}_1 \cos\omega t + \hat{\boldsymbol{a}}_2 \cos\theta\cos(\omega t - \pi/2)). \tag{3.66}$$

ここで物理量は自動的に遅延時間で求めることにして [　] をはずした. この結果から 3.3.2 節と同様の手続きを経て微分散乱断面積, 全断面積として以下の結果を得る.

$$\frac{d\sigma}{d\Omega} = \frac{r_0^2}{2}(\cos^2\theta + 1), \quad \sigma = \frac{8\pi}{3}r_0^2. \tag{3.67}$$

次に散乱波のストークスパラメータを求める. 式 (3.66) より, $\delta \equiv \delta_2 - \delta_1 = -\pi/2$ である.

$$I_l = \left(\frac{e^2 E_0}{R m_{\rm e} c^2}\right)^2 (\cos^2\theta + 1), \quad Q_l = \left(\frac{e^2 E_0}{R m_{\rm e} c^2}\right)^2 (1 - \cos^2\theta), \tag{3.68}$$

$$U_l = 0, \quad V_l = -2\left(\frac{e^2 E_0}{R m_{\rm e} c^2}\right)^2 \cos\theta. \tag{3.69}$$

これらから $\Pi = 1$ が求まり, 散乱波は完全偏光している. その偏光状態は, 入射波の進行方向に対する散乱波の角度によって以下のように変わる.

$\theta = 0$ のとき　左回り ($V < 0$ より) 円偏光,

$0 < \theta < \pi/2$ のとき　左回り ($V < 0$ より) 楕円偏光,

$\theta = \pi/2$ のとき　直線偏光,

$\pi/2 < \theta < \pi$ のとき　右回り ($V > 0$ より) 楕円偏光,

$\theta = \pi/2$ のとき　右回り ($V > 0$ より) 円偏光.

同様のことを入射波が右回り円偏光であるときについて考察する. 散乱波の放射場が以下の式で与えられることが容易に理解できる.

$$\boldsymbol{E}_{\rm rad} = \frac{e^2 E_0}{R m_{\rm e} c^2}(\hat{\boldsymbol{a}}_1 \cos\omega t + \hat{\boldsymbol{a}}_2 \cos\theta\cos(\omega t + \pi/2)). \tag{3.70}$$

$\delta = +\pi/2$ であるところだけが左回りのときとの違いである．この結果から散乱断面積が式 (3.67) と同じになることがわかる．またストークスパラメータは $I_r = I_l$, $Q_r = Q_l$, $U_r = 0$, $V_r = -V_l$ である．

　無偏光の散乱は，分解した左回り円偏光と右回り円偏光それぞれの散乱波の非可干渉な重ね合わせである．よって無偏光の電磁波の散乱断面積は，それぞれの結果を足して 2 で割ったものであり，式 (3.67) が無偏光の電磁波に対するトムソン散乱断面積を与える．完全偏光のときと同じ結果である．これは，もともと静止していた電子には，特別な方向は存在しないことから，どんな方向に偏光した電磁波に対しても同じように散乱することを反映した結果である．無偏光の電磁波の電子による散乱波のストークスパラメータは以下のように求まる．

$$I = \frac{1}{2}(I_l + I_r) = I_l, \quad Q = \frac{1}{2}(Q_l + Q_r) = Q_l, \tag{3.71}$$

$$U = \frac{1}{2}(U_l + U_r) = 0, \quad V = \frac{1}{2}(V_l + V_r) = 0. \tag{3.72}$$

したがって，無偏光の電磁波の散乱波は，直線偏光しておりその偏光度は定義式 (3.48) に代入することで以下のように与えられる．

$$\Pi = \frac{1 - \cos^2\theta}{1 + \cos^2\theta}. \tag{3.73}$$

入射方向と平行な方向から見ると散乱波は無偏光，垂直な方向から見ると 100% 直線偏光している．このことは，入射波を $\boldsymbol{n}$ と入射波の波数ベクトルが作る面内の偏光とそれに直交する偏光の二つの直線偏光に分解して考えると理解しやすい．$\theta = \pi/2$ のとき，面内の偏光成分が電子を振動させる方向は観測者の視線方向と一致する．したがって，この振動による 2 次波は観測者には届かない．一方，これに垂直な偏光成分の散乱波は最大強度で届く．これらの非可干渉な重ね合わせの結果，100% 直線偏光して観測される．$\theta = 0$ のときは両方が同じ強度で観測されるので，入射波が無偏光なら散乱波も無偏光になる．

3.4　制動放射

　天体から放射される電磁波はそのスペクトルの特徴によって輝線放射（line emission）と連続波放射（continuum emission）に大別される．線放射の代表

例は，原子に束縛された電子の束縛エネルギー準位間の遷移過程で放射される電磁波である．連続波放射の代表例は自由電子が加速度を受けた際に放射される電磁波である．

　この節では天体からの連続波放射のおもな発生機構の一つである，自由な電子がイオンと衝突したとき電子が運動エネルギーの一部を電磁波として放射する過程について学ぶ．ただし，放射後も電子はイオンに束縛されず自由電子である場合に限定する．放射前後で電子は束縛されていない自由な状態なのでこの放射過程を自由–自由遷移放射（free–free emission）と呼ぶ．この過程は電子が減速＝制動を受けることで起きる放射なので制動放射とも呼ばれる．

　19世紀後半のレントゲン（K. Röntgen）の時代にドイツで盛んに行われた陰極線の実験の過程で発見された放射なのでドイツ語で制動を表す brems と光線の放射を表す strahlen を合成したブレムスシュトラールング（bremsstrahlung）とも呼ばれる．

　最初に，1個の電子の制動放射過程を学び，後半では非相対論的な熱運動をする電子系からの制動放射である熱制動放射（thermal bremsstrahlung）について学ぶ．

　詳細に入る前にエネルギーをいろいろな単位で換算した量をまとめる．エネルギーの単位 $1\,\mathrm{eV} = 1.6 \times 10^{-12}\,\mathrm{erg}$ は，$1\,\mathrm{eV} = k_{\mathrm{B}}T$ として温度に換算すると $11600\,\mathrm{K}$ であり約1万度，また $1\,\mathrm{eV} = h\nu$ として電磁波の周波数に換算すると $240\,\mathrm{THz}$, 波長にすると $1.25\,\mu\mathrm{m}$ で近赤外線に対応する．

3.4.1　1個の荷電粒子からの制動放射

　プラズマ中の電子は，電子やイオンから常にクーロン力を受けて加速度運動している．したがって，双極子放射による電子からの電磁波の放射が期待される．まず電子同士の相互作用を考える．電子同士の系の電気的双極子モーメントは $\boldsymbol{d} = -e\boldsymbol{r}_1 - e\boldsymbol{r}_2 = -2e\boldsymbol{R}$ であり本質的に重心と等しい．二つの電子が互いのクーロン力を受けて運動しているとき重心の加速度はゼロである．したがって，電子同士の電気双極子モーメントの時間についての2階微分はゼロであり，電子同士の相互作用による電気双極子放射はおこらない．荷電粒子同士の衝突による双極子放射は，異種粒子間の衝突でのみ生じる．

　ここでは電子–陽子衝突を扱う．この場合，電荷が同じだが質量は陽子の方が電子より $m_\mathrm{p}/m_\mathrm{e} = 1836$ 倍大きいので，加速度は電子の方が陽子より $m_\mathrm{p}/m_\mathrm{e} = 1836$ 倍大きく，放射のほとんどは電子からである．以下，簡単のため陽子は原点に止まっているとする．

　陽子から電子を見た相対位置ベクトルを r とすると，この系の双極子モーメントは $d = -er$ となる．したがって，電子の運動方程式から電気双極子モーメントの時間についての 2 階微分が求まる．電子の加速度を求めるには電子の軌道を知らなければならない．正確な軌道を求めるには放射する電子の運動方程式への反作用を正確に考慮しなければならない．しかし，これはいわゆる鶏と卵の問題であり厳密な取り扱いは難しく，通常摂動法を用いて逐次精度を上げて行く方法が用いられる．幸い制動放射が観測される天体のほとんどは弱結合プラズマであるのでイオンのクーロン力が及ぼす電子軌道への影響は無視しえるほど小さく，散乱角も非常に小さい．電子のイオンによる散乱角が小さい，いわゆる小角度散乱（small–angle scattering）のときは，反作用を無視した取り扱いで十分精度のよい結果が得られる．小角度散乱では，陽子との相互作用による電子の軌道の変化も小さいので，陽子との相互作用を無視した自由なときの電子の軌道，つまり直線軌道を電子は走ると近似する．

　この過程で放射される電磁波の振動数にどのような特徴があるかを考察する．電子の運動が，非相対論的であれば双極子近似で十分良い精度の結果が得られる．したがって，双極子の振動の周波数と同じ周波数の電磁波が放射される．以下電子の運動は非相対論的であるとする．双極子モーメントのフーリエ積分表示 $\hat{d}$ は，以下の式で与えられる．

$$\hat{d}(\omega) = \frac{e}{2\pi\omega^2} \int_{-\infty}^{\infty} \dot{v} e^{i\omega t} dt. \tag{3.74}$$

ここで v は電子の速度である．衝突パラメータ（impact parameter）を b とし，衝突時間を $\tau = b/v$ で定義する．電子が陽子のクーロン力の影響を強く受けて加速度運動している期間は，もっとも陽子に近づいた地点を中心に衝突パラメータ程度の距離を運動している期間である．したがって，τ を電子とイオンの衝突（電子のイオンによる減速）が起きている時間と考えるのは妥当であろう．言い換えると電子からの放射が出ている時間間隔は τ 程度である．観測の不確定性

原理から，放射される電磁波の周波数分布はゼロを中心として $\omega \sim 1/\tau$ 程度の広がりを持ったものであることが期待される．以下簡単のために電子は，衝突時間の間は一定の加速度を受けそれ以外では加速は受けないと近似する．すると式（3.74）の積分は以下のようになる．

$$\int_{-\infty}^{\infty} dt \dot{\boldsymbol{v}} e^{i\omega t} \sim \Delta\boldsymbol{v} \operatorname{sinc} \frac{\omega\tau}{2}.$$

ここで $\dot{\boldsymbol{v}}\tau$ を $\Delta\boldsymbol{v}$ と書いた．これは陽子との散乱前後での電子の速度の変化量である．双極子モーメントはシンク関数（3.1.1 節参照）の性質から以下のように計算できる．

$$\hat{\boldsymbol{d}}(\omega) \sim \begin{cases} \dfrac{e}{2\pi\omega^2} \Delta\boldsymbol{v} & (\omega\tau \ll 1) \\ 0 & (\omega\tau \gg 1). \end{cases}$$

この結果を式（3.59）に代入すると，非相対論的電子からの制動放射の単位周波数あたりのエネルギー放射強度が以下のように求まる．

$$\frac{dW}{d\omega} = \begin{cases} \dfrac{2e^2}{3\pi c^3} |\Delta\boldsymbol{v}|^2 & (\omega\tau \ll 1) \\ 0 & (\omega\tau \gg 1). \end{cases} \tag{3.75}$$

小角度散乱を考えているので速度の変化は軌道と垂直方向にのみ起こると仮定して良い．軌道に垂直方向の電子の運動方程式を立てて，積分すると以下の結果を得る．

$$m_{\mathrm{e}} \frac{dv_{\perp}}{dt} = \frac{e^2}{b^2 + v^2 t^2} \frac{b}{(b^2 + v^2 t^2)^{0.5}},$$

$$\Delta v = \frac{e^2}{m_{\mathrm{e}}} \int_{-\infty}^{\infty} \frac{b\,dt}{(b^2 + v^2 t^2)^{3/2}} = \frac{2e^2}{m_{\mathrm{e}} v b}.$$

この結果を代入することで制動放射のスペクトル分布が求まる．

$$\frac{dW(b)}{d\omega} = \begin{cases} \dfrac{8e^6}{3\pi c^3 m_{\mathrm{e}}^2 v^2 b^2} & b \ll v/\omega \\ 0 & b \gg v/\omega. \end{cases} \tag{3.76}$$

3.4.2　プラズマからの制動放射

　以上の結果を用いて，電子密度 n_e，陽子密度 n_p からなるプラズマからの放射を考察する．電磁力は非常に強いため電荷中性が破れるとただちに復元して電荷分布の中性を保とうとする性質をプラズマは持つ．この性質から $n_e = n_p$ がよい近似で成立しているはずである．

　ある一つの陽子を中心にした半径 $b \sim b + db$ の円環を考える．ここを単位時間あたりに通過する電子の数は $n_e v 2\pi b\, db$ である．一方，単位体積あたりのターゲットの数は n_p である．制動放射が観測される天体ではほとんどの場合，放出される電磁波の波長（たとえば $10\,\text{Å}$）が電子間距離（たとえば銀河団では $10\,\text{cm}$ 程度）より圧倒的に短い．したがって異なる電子からの放射は非可干渉な重ね合わせでよい．以上から単位体積・単位角周波数あたりの放射強度は次のように求まる．

$$\frac{dW}{d\omega\, dV\, dt} = n_e n_p 2\pi v \int_{b_{\min}}^{b_{\max}} \frac{dW(b)}{d\omega} b\, db = \frac{16e^6}{3c^3 m_e^2 v} n_e n_p \ln\left(\frac{b_{\max}}{b_{\min}}\right).$$

ここで被積分関数には $\omega \ll v/b$ の低周波数極限の結果を代入した．そこで $b_{\max} = v/\omega$ を衝突パラメータの最大値として採用する．式（3.76）の導出には小角度散乱の仮定を用いていた．そこで散乱角が 90 度以下であることを小角度散乱の条件として採用すると衝突パラメータの最小値が $b_{\min} = e^2/m_e v^2$ で与えられる．実際には，$b \sim b_{\max}$ や $b \sim b_{\min}$ では低周波数極限や小角度散乱の近似の精度は良くない．衝突パラメータの最大値・最小値を決める境界は不定性が大きい．

　しかし幸いなことに $b_{\max}, b_{\min}$ は対数の中に入っているのでこの不定性からくる誤差は大きくない．上記の $b_{\max}, b_{\min}$ はあくまで一つの例であり，対象としているプラズマの状態によっては異なる物理によってこれらが決まることに注意が必要である．最後の対数の部分をクーロン対数（Coulomb logarism）と呼ぶ．対数の部分を取り出し以下の式で定義される量をガウント因子（Gaunt factor）と呼ぶ．

$$g_{ff}(v, \omega) = \frac{\sqrt{3}}{\pi} \ln\left(\frac{b_{\max}}{b_{\min}}\right). \tag{3.77}$$

ガウント因子は高々1 の量であり，詳細はその道のプロの計算結果を用いるのが

常である．ガウント因子を用いて制動放射のスペクトルを書くと以下のように
なる．

$$\frac{dW(v,\omega)}{d\omega\,dV\,dt} = \frac{16\pi e^6}{3\sqrt{3}c^3 m_e v}n_{\mathrm e}n_{\mathrm p}g_{ff}(v,\omega). \tag{3.78}$$

3.4.3 熱制動放射

　ここまでは電子の速度はある一つの値を持つとしてきた．しかし，実際にはプ
ラズマ中の電子の速度は分布を持っている．したがって，プラズマからの制動放
射のスペクトルを求めるには，3.4.2 節で得られた結果を電子の速度で平均しな
ければならない．ここでは熱平衡速度分布を持つ電子プラズマからの制動放射を
扱う．これを熱制動放射（thermal bremsstrahlung）と呼ぶ．

　以下では熱制動放射のスペクトルについて考察する．熱平衡状態の電子の速度
分布は以下のマックウェル–ボルツマン（Maxwell–Boltzmann）分布で与えら
れる．

$$P(\boldsymbol{v}) = \left(\frac{m_{\mathrm e}}{2\pi k_{\mathrm B}T}\right)^{3/2} e^{-m_{\mathrm e}v^2/2k_{\mathrm B}T}. \tag{3.79}$$

この速度分布で重みを付けて電子の速度について平均するのだが，速度の取りう
る範囲について量子力学的効果により制限がつく．制動放射では電子の運動エネ
ルギーが電磁波のエネルギーとして放射される．量子力学によれば振動数 ν の
電磁波はエネルギー $h\nu$ の光子の集まりである．振動数 ν の電磁波を放射するに
はエネルギー $h\nu$ の光子を少なくとも 1 個放出しなければならない．放射後の電
子が自由状態でいるためには，放射前の電子の運動エネルギーが $h\nu$ を超えてい
なければならず以下の条件を満たさねばならない．

$$h\nu \leqq \frac{1}{2}m_{\mathrm e}v^2.$$

放出される電磁波の周波数を固定するとその周波数の電磁波を出しうる電子の速
度の下限が以下のように与えられる．

$$v_{\min} = \sqrt{\frac{2h\nu}{m_{\mathrm e}}}.$$

スペクトルの速度平均を行う前に，ガウントファクターを速度について平均した

量 $\tilde{g}_{ff}(\omega)$ で置き換える．速度依存性が小さいのでこのような近似が使える．こ
れらのことに注意して制動放射のスペクトルを電子の速度分布について平均を取
ると以下のようになる．

$$\frac{dW(T,\nu)}{d\nu\,dV\,dt} = 2\pi \frac{\displaystyle\int_{v_{\min}}^{\infty} v^2 dv\,e^{-m_e v^2/2k_B T}\,\frac{dW(v,\omega)}{d\omega\,dV\,dt}}{\displaystyle\int_{o}^{\infty} v^2 dv\,e^{-m_e v^2/2k_B T}} \tag{3.80}$$

$$= \frac{2^5\pi e^6}{3mc^3}\left(\frac{2\pi}{3k_B m}\right)^{1/2} T^{-1/2} n_e^2 e^{-h\nu/k_B T}\tilde{g}_{ff}. \tag{3.81}$$

上の式では $\omega = 2\pi\nu$ の関係を用いて右辺を単位周波数あたりの式に変形した．
ここでも異なる電子からの放射が非可干渉な重ね合わせで良いことを使った．こ
の結果からわかる熱制動放射のスペクトルの特徴をまとめる．

（1） $e^{-h\nu/k_B T}$ の因子のため $h\nu > k_B T$ の高周波で強度が急激に減少する．
これはエネルギーが $k_B T$ を超える光子を放射するには電子の運動エネルギーが
$k_B T$ を超えている必要があり，熱平衡分布ではそのような電子の数が指数関数
的に減少することに起因している．

（2） $h\nu \ll k_B T$ の低周波では，強度は周波数によらず一定である．

（3） 強度は電子の密度の 2 乗に比例する．制動放射は電子のイオン（この
場合陽子）との衝突の過程で放射される．衝突の確率が電子とイオンとの密度の
積に比例するためである．

（4） 強度の温度に対する依存性は弱く，温度のルートに逆比例する．

上記の特徴からスペクトルの周波数分布を測定し，指数関数的に減少するとこ
ろを測定することでプラズマの温度が測定でき，絶対値から電子の密度が測定で
きることがわかる．

式（3.81）で与えられる単位周波数・単位体積・単位時間あたりの放射強度を
制動放射の放射率（emissivity）ε_ν^{ff} と定義する．制動放射の放射率は以下のよ
うに与えられる．

$$\varepsilon_\nu^{ff} = 6.3\times 10^{-48}\left(\frac{n_e}{10^{-3}\,\mathrm{cm}^{-3}}\right)^2\left(\frac{k_B T}{10\,\mathrm{keV}}\right)^{-1/2} e^{-h\nu/k_B T}$$
$$\times\,\tilde{g}_{ff}\,\mathrm{erg\,s^{-1}\,Hz^{-1}\,cm^{-3}}. \tag{3.82}$$

全周波数，全放射領域で積分した量 L は以下のように与えられる.

$$L \equiv \frac{dW}{dt} = \int dV \int d\nu \frac{dW}{d\nu \, dV \, dt}$$

$$= 1.7 \times 10^{45} \left(\frac{n_e}{10^{-3}\,\mathrm{cm}^{-3}} \right)^2 \left(\frac{k_B T}{10\,\mathrm{keV}} \right)^{1/2} \left(\frac{V}{\frac{4\pi}{3}(1\,\mathrm{Mpc})^3} \right) \tag{3.83}$$

$$\times \tilde{g}_{ff}\,\mathrm{erg\,s}^{-1}.$$

ここで代入した体積，電子密度，電子温度は銀河団中を満たすプラズマの典型的な値であり，簡単のため一様球対称分布を仮定した．これを制動放射の全輝度（bolometric limunosity）と呼ぶ．電子密度の2乗，電子温度の平方根に比例することはぜひ覚えておいてほしい特徴である．

3.5 シンクロトロン放射

　この節では，磁場のまわりを運動する相対論的電子からの放射について学ぶ．この過程も天体からの連続波放射のおもな発生機構である．

　磁場のまわりを回転運動する非相対論的電子からは，サイクロトロン（cyclotron）放射が発生される．発生する電磁波の周波数はサイクロトロン周波数で，多くの天体ではこの周波数は非常に小さく観測対象にはならない．しかし，電子の運動が光速に近づき相対論的運動になると話は一変する．相対論的ビーミング効果（後述）の帰結として発生する周波数が電波からX線まで観測対象域に上げられる．

　基本過程は，サイクロトロン放射と同じであるが，運動が相対論的であるか否かによって観測される電磁波の様子は本質的にサイクロトロン放射とは異なるものとなる．このような事情から磁場のまわりを運動する相対論的電子からの放射をシンクロトロン（synchrotron）放射とよびサイクロトロン放射と区別する．

　ここでは，このシンクロトロン放射の基礎について学ぶ．

3.5.1 サイクロトロン放射

　まず，一様磁場中を運動する非相対論的電子からの放射について考察する．これをサイクロトロン放射（cyclotron radiation）あるいはジャイロ放射（gyro radiation）と呼ぶ．z 軸正の方向に貫く一様磁場 B が存在するとする．電子は $z = 0$ の平面内に存在し，z 方向の初速度をゼロとし，$t = 0$ で $v_x = 0, v_y = v_0$ とする．電子の運動方程式は以下のようになる．

$$m_\mathrm{e} \frac{dv_x}{dt} = -ev_y \frac{B}{c}, \quad m_\mathrm{e} \frac{dv_y}{dt} = ev_x \frac{B}{c}.$$

これらの方程式は，$Z = v_x + iv_y$ という複素変数に置き換えて解くのが常套手段である．初期条件を満たす解は $Z = iv_0 e^{i\omega_\mathrm{ce}t}$ となる．ここで

$$\omega_\mathrm{ce} \equiv \frac{eB}{m_\mathrm{e}c} = 18 \left(\frac{B}{1\,\mu\mathrm{G}} \right) \mathrm{Hz} \tag{3.84}$$

はジャイロ周波数（gyro frequency）あるいはサイクロトロン周波数（cyclotron frequency）と呼ばれる．この結果を運動方程式に代入すると以下の式を得る．

$$m_\mathrm{e} \frac{dv_x}{dt} = -ev_0 \frac{B}{c} \cos \omega_\mathrm{ce}t, \quad m_\mathrm{e} \frac{dv_y}{dt} = -ev_0 \frac{B}{c} \sin \omega_\mathrm{ce}t. \tag{3.85}$$

式（3.85）と式（3.65）を比較すると $eE_0 \rightarrow ev_0 B/c$ の置き換えをすれば，磁場中の電子の運動方程式は左回りの円偏光による電子の運動方程式と同じであることがわかる．したがって，左回りの円偏光の電子による散乱の問題を扱った節（3.3.3 節）の結果がそのまま使える．放射電場，放射強度分布，放射強度は以下のようになる．

$$\boldsymbol{E}_\mathrm{rad} = \frac{e^2 v_0 B}{R m_\mathrm{e} c^3} (\hat{\boldsymbol{a}}_1 \cos \omega t + \hat{\boldsymbol{a}}_2 \cos \theta \cos(\omega t - \pi/2)), \tag{3.86}$$

$$\left\langle \frac{dP}{d\Omega} \right\rangle = \frac{r_0^2 v_0^2 B^2}{8\pi c} (\cos^2 \theta + 1), \tag{3.87}$$

$$\langle P \rangle = \frac{2}{3c} r_0^2 v_0^2 B^2 = \frac{2}{3} r_0^2 c \beta_\perp^2 B^2. \tag{3.88}$$

ここで $\beta_\perp \equiv v_\perp/c$ で磁場に垂直な電子の速度を光速で割ったものである．

　サイクロトロン放射は $\omega = \omega_\mathrm{ce}$ の単色の電磁波を放射する．星間磁場など宇宙の希薄プラズマ中の磁場は大体 $1\,\mu\mathrm{G}$ 程度であり，サイクロトロン周波数は非常に低い．したがって，観測にかかることはない．偏光状態については，3.3.3 節を参考にされたい．

3.5.2 相対論的ビーミング効果

放射場の電場は式（3.36）で与えられた．ここでは相対論的極限，すなわち $\beta \to 1$，ローレンツ因子 $\gamma = 1/\sqrt{1-\beta^2} \gg 1$ のときを考える．このとき β は，γ を用いて近似的に $\beta = \sqrt{1-1/\gamma^2} \sim 1 - 1/2\gamma^2$ と書ける．視線方向と粒子の速度のなす角を θ とすると $\boldsymbol{n} \cdot \boldsymbol{\beta} = \beta\cos\theta$ と書ける．$\theta \ll 1$ の範囲では，$\cos\theta \sim 1 - \dfrac{1}{2}\theta^2$ と近似できる．この範囲で κ は以下のように近似できる．

$$\kappa \sim \frac{1}{2\gamma^2}(\gamma^2\theta^2 + 1).$$

この式から κ は，$\theta < 1/\gamma$ の範囲内ではほぼ一定値 $\sim 1/\gamma^2$ を取るが，$\theta > 1/\gamma$ では θ の増加とともに急激に増加する関数であることがわかる．放射場の電場，磁場の強度は κ に反比例する．したがって，相対論的速度で運動する電子からの放射場の強度は進行方向を中心に狭い角度範囲 $\theta < 1/\gamma$ 内にいる観測者にとって非常に強くなる．強度の増加率を実感するため $\theta = 0$ での電場強度 E_0 と $\theta = \pi$ での電場強度 E_π の比を調べる．

$$\frac{E_0}{E_\pi} \sim \frac{(1+\beta)^2}{(1-\beta)^2} \sim 16\gamma^4.$$

$\gamma \gg 1$ の相対論的な電子の場合，運動方向前方への放射の集中は非常に強いものであることがわかる．相対論的電子から放射される電磁波強度が運動方向前方で非常に強くなる現象を相対論的ビーミング効果（relativistic beaming effect）と呼ぶ．放射の集中が観測されるのは，運動方向を中心に角度 $\theta < 1/\gamma$ のコーン内である．

時空図を用いて相対論的ビーミングがなぜ起こるかを物理的に説明する．図 3.11 の太い実線は，原点 $x = 0$ に静止した観測者に光速に近い速度で向かってくる光源の世界線である．一方，点線は光速の 1/4 の速度で観測者に向かって運動している光源の世界線である．二本の破線は事象 A, B, C からそれぞれ発して観測者へ向かう電磁波の世界線である．同じ時間間隔 $t \sim t + dt$ の間に観測者に二つの光源から届く情報を比べる．点線で示した光源からは事象 A から C の間に発せられた電磁波が届くのに対して，実線で示した光源からは事象 A から B の間の非常に長い期間に放出された電磁波が届く．これが相対論的ビーミング

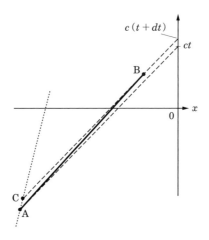

図 **3.11** 相対論的ビーミング効果.

効果の本質である．厳密には電磁波を放出するような粒子は加速度運動をしているため世界線は直線にならないが，加速度運動している粒子であっても相対論的ビーミング効果の本質はこの例が示すとおりである．

3.5.3 シンクロトロン放射

電磁場中の相対論的電子の運動方程式

一様磁場 $\boldsymbol{B}$ の中で運動する相対論的電子の運動方程式を導出する．4 元ポテンシャルを $A^\mu = (\phi, \boldsymbol{A})$ で定義すると電磁場は以下の 2 階の反対称テンソルで表現できる．

$$F_{\mu\nu} = \partial_\mu A_\nu - \partial_\nu A_\mu = \begin{pmatrix} 0 & -E_x & -E_y & -E_z \\ E_x & 0 & B_z & -B_y \\ E_y & -B_z & 0 & B_x \\ E_z & B_y & -B_x & 0 \end{pmatrix}. \tag{3.89}$$

ここでは計量として $\mathrm{diag}\,\eta^{\mu\nu} = (-1, 1, 1, 1)$ を採用する．電磁場中を運動をする相対論的電子のローレンツ力を以下の二つの指導原理の元で導く．

(1) すべての慣性系で同じ力が働く，

（2） 非相対論的極限でのローレンツ力を再現.

要請（1）を満たすには力がローレンツ変換に対して共変であればよい．要請（2）を満たすには粒子の速度と電場，磁場の掛け算の形で力が書けている必要がある．このような可能性としてもっとも簡単な場合は以下のものである．

$$F^\mu = -\frac{e}{c} F^\mu_\nu U^\nu. \tag{3.90}$$

ここで $U^\nu \equiv dx^\nu/d\tau$ は電子の 4 元速度，x^ν, τ はそれぞれ電子の 4 元位置ベクトル，固有時間である．これが相対論的に共変であることは自明であろう．要請（2）を満たすことを以下に示す．上記の式でローレンツ力を定義すると電子の運動方程式は以下のようになる．

$$m_e \frac{dU^\mu}{d\tau} = F^\mu. \tag{3.91}$$

この方程式の時間成分，空間成分は以下のようになる．

$$\frac{d}{dt}(\gamma m_e c^2) = -e\boldsymbol{E} \cdot \boldsymbol{v}, \tag{3.92}$$

$$\frac{d}{dt}(\gamma m_e \boldsymbol{v}) = -e\boldsymbol{E} - \frac{e}{c}\boldsymbol{v} \times \boldsymbol{B}. \tag{3.93}$$

非相対論的極限をとり β の 2 次まで上記の式を展開すると時間，空間成分はそれぞれ以下のようになる．

$$\frac{d}{dt}\frac{1}{2}m_e v^2 = -e\boldsymbol{E} \cdot \boldsymbol{v}, \quad \frac{d}{dt}m_e \boldsymbol{v} = -e\boldsymbol{E} - e\frac{\boldsymbol{v}}{c} \times \boldsymbol{B}.$$

時間成分は，電場による仕事率が電子の非相対論的極限での運動エネルギーの増加率に等しいという式である．空間成分は，非相対論的極限での電磁場中の電子の運動方程式である．確かに要請（2）を満たしていることが確認できた．以上のように式（3.90）で定義されたローレンツ力を用いた運動方程式（3.91）は，相対論的電子の電磁場中の運動方程式として適切であることが明らかになった．

一様磁場中を運動する相対論的電子の運動方程式の時間成分は以下のようになる．

$$\frac{d}{dt}(\gamma m_e c^2) = 0. \tag{3.94}$$

これより $\gamma = $ 一定となり電子のエネルギーが保存することが示される．この事

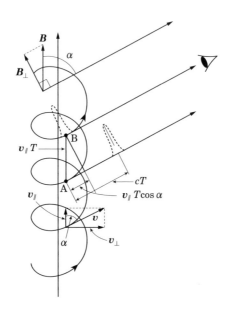

図 **3.12**　磁場中の相対論的電子の軌道とその電子からの放射.

実を用いて運動方程式の空間成分を書くと以下のようになる.

$$\frac{d\boldsymbol{v}_{/\!/}}{dt} = 0, \tag{3.95}$$

$$\frac{d\boldsymbol{v}_{\perp}}{dt} = -\frac{e}{\gamma m_{\mathrm{e}} c}\boldsymbol{v}_{\perp} \times \boldsymbol{B}. \tag{3.96}$$

ここで $\boldsymbol{v}_{/\!/}$, $\boldsymbol{v}_{\perp}$ は，それぞれ電子の速度の磁場に平行および垂直な成分である．これらの式から $|\boldsymbol{v}_{/\!/}|$, $|\boldsymbol{v}_{\perp}|$ それぞれが保存することがわかる．速度の垂直成分の方程式から電子は角周波数

$$\omega_{\mathrm{se}} = \frac{eB}{\gamma m_{\mathrm{e}} c} = \frac{\omega_{\mathrm{ce}}}{\gamma} = 18 \left(\frac{B}{1\,\mu\mathrm{G}}\right)\left(\frac{\gamma}{1}\right)^{-1}\ \mathrm{Hz}$$

の回転運動をすることがわかる．回転半径は $a_L \equiv v_{\perp}/\omega_{\mathrm{se}}$ で与えられ，ラーマー半径（Larmor radius）と呼ばれる．磁場と平行方向は等速直線運動である．磁場と速度のなす角 α をピッチ角（pitch angle）と定義する．$\tan\alpha = v_{\perp}/v_{/\!/}$ の関係がある．電子の運動は図 3.12 に示したようなピッチ角 α, 角周波数 ω_{se}（周期 $T = 2\pi/\omega_{\mathrm{se}}$）の螺旋運動（helical motion）である.

全放射強度

一様磁場中を運動する相対論的電子から放射される電磁波の全放射強度（total emitted power）は，前項の運動方程式から得られる $\dot{v}_\perp = \omega_{se} v_\perp$, $|\dot{\boldsymbol{v}} \times \boldsymbol{\beta}| = \beta v_\perp \omega_{se}$ をリエナーの公式に代入することで得られる.

$$P_{sync} = \frac{2}{3} r_0^2 c [\gamma^2 \beta^2 B^2 \sin^2 \alpha]. \tag{3.97}$$

電子の速度分布が等方的であるとき，電子の進行方向について平均することで全放射強度は以下のようになる.

$$P_{sync} = \frac{4}{3} \sigma_T c [\beta^2 \gamma^2 U_B]. \tag{3.98}$$

ここで $U_B = B^2/8\pi$ は磁場のエネルギー密度である.

スペクトラム

シンクロトロン放射のスペクトルの特徴について議論する. 電子の運動方程式からわかるように $\dot{\boldsymbol{\beta}} \perp \boldsymbol{\beta}$ である. このため以下のような特徴的な相対論的ビーミング効果の様子を示す. 放射場の電場の形から $\boldsymbol{n} - \boldsymbol{\beta} /\!/ \dot{\boldsymbol{\beta}}$ のとき放射場の電場がゼロになる. つまり $\boldsymbol{n} - \boldsymbol{\beta}, \boldsymbol{\beta}, \boldsymbol{n}$ を各辺とする三角形が直角三角形になったときに放射場がゼロになる. このことから強度がゼロになるときの，視線方向 $\boldsymbol{n}$ と粒子の進行方向 $\boldsymbol{\beta}$ のなす角 θ を決める方程式は $n\cos\theta = \beta$ である. $n = 1$ を使って変形すると $\sin\theta = 1/\gamma$ となる. $\gamma \gg 1$ の相対論的な極限では $\theta \sim 1/\gamma$ で電場強度がゼロになることになる.

磁場の回りを回転する相対論的電子からの電磁波の電場振幅分布を図 3.13 に示した. 原点から曲線上の各点までの距離が，その方向に放射される電磁波の電場の大きさに比例するよう描いた図である. 図 3.13 の左の図は，ある時刻に電子が静止して見える観測者が観測した振幅分布である. 加速度ベクトルを軸とした双極分布である.

一方，図 3.13 の右の図は，光速に近い速度で運動している電子からの放射を実験室系で観測したときの振幅分布である. ここでは $\beta = 0.7$ の場合を図示した. 電子の進行方向を中心に $|\theta| < 1/\gamma\,\mathrm{rad} \sim 45$ 度の範囲に放射強度が集中し，$|\theta| = 1/\gamma$ のところで一旦強度がゼロになり $|\theta| > 1/\gamma$ の方向に弱い放射を放つ

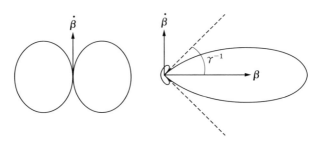

図 3.13　（左）電子静止系から観測した電磁波の放射強度分布．（右）実験室系から観測した電磁波の放射強度分布．

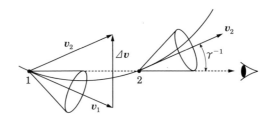

図 3.14　電子の軌道と放射コーン．

様子が見て取れる．

　これらの図から電子静止系で $-\pi/2 < \theta' < \pi/2$ の範囲に放射された電磁波が，実験室系では角度 $-1/\gamma < \theta < 1/\gamma$ の狭い範囲にすべて集中していることがわかる．これを以下では放射コーンと呼ぶ．

　これまでの結果を用いて磁場中を運動する 1 個の相対論的電子からの放射のパターンについて考察する．図 3.12 に示したように観測者の視線方向が磁場となす角とピッチ角 α が一致する電子を考える．図 3.14 には，この電子の軌道の一部を示した．放射コーンを速度ベクトルを中心とした円錐で示した．軌道上の位置 1 は放射コーンが初めに観測者の視線に入るときの電子の位置である．位置 2 は放射コーンが観測者の視線からは外れる位置である．観測者は電子が 1–2 の範囲を運動している間に放射した電磁波を観測することになる．この区間に電子が滞在している期間 $\Delta t'$ をまず評価する．図ではわかりやすくするため放射

コーンの広がり角を大きく描いたが実際は非常に小さな角である. したがって, この区間を通過する間の速度変化量 Δv は微小で位置 1 での速度に直交していると考えてよい. さらに軌道の曲率を無視して直線運動をしていると近似してよい. この近似の範囲で運動方程式 (3.96) から $\Delta v = v \sin\alpha \omega_{se} \Delta t'$ を得る. 図から明らかなように $\Delta v/v = \tan(2/\gamma) \sim 2/\gamma$ である. これらの関係から以下の結果を得る.

$$\Delta t' = \frac{2}{\gamma \omega_{se} \sin\alpha}.$$

この間に放射された電磁波が観測者に届く時間間隔を Δt_0 とする. 電子が図の 1 にいた時刻 t_1' に放射された電磁波が観測者に届くまでに走る光路長を L とするとこの電磁波は観測者に時刻 $t_1 = t_1' + L/c$ に届く. 一方, 電子が図の 2 にいた時刻 t_2' に放射された電磁波は観測者に時刻 $t_2 = t_2' + (L - v\Delta t')/c$ に届く. 定義から $t_2' - t_1' = \Delta t'$ であることを用いると観測者が電子からの電磁波を観測する時間間隔は以下のように与えられる.

$$\Delta t_0 = \Delta t'(1-\beta) \sim \frac{1}{\sin\alpha \gamma^2 \omega_{ce}}. \tag{3.99}$$

電子が観測者に近づいてくる分ドップラー効果で時間間隔が短くなっている. 観測者は継続時間が Δt_0 という短いパルス状の電磁波を観測する.

次に電子の周回運動によりこのパルスが観測される周期を考察する. 電子の回転の一周期は $T = 2\pi/\omega_{se} = 2\pi\gamma/\omega_{ce}$ で与えられる. 図 3.12 に示したケースでは $v_{/\!/} \neq 0$ のとき, 電子は観測者に近づいてくる. 図中点 B 周辺で電子が放射したパルスの様子を点 B を中心とした破線で示した. 同時刻には, 電子が点 A 周辺で放出したパルスは点 A と視線方向を結ぶ矢印上に示した破線の位置に進んでいる. したがって, パルスが観測される周期は $T_0 = (1 - \cos^2\alpha)2\pi\gamma/\omega_{ce}$ であることがわかる.

以上をまとめると観測される電子からの放射は, 式 (3.99) で与えられる短い時間に集中したパルスでありそれが周期 T_0 で繰り返す. 図 3.15 に観測される電場の時間変動を示した. 正負の入れ替えは放射分布の図からも理解できる. 電子が非相対論的なときは単色のコサイン型であったのが, 相対論的ビーミング効果でコサインの正の部分が短い時間間隔に押し込められた結果と解釈することもで

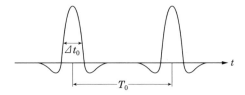

図 3.15 実験室系で観測される磁場中の相対論的電子から放射
される電磁波の電場振幅の時間変化.

きる.

上記の考察から観測されるシンクロトロン放射のスペクトルの特徴を導くこと
ができる.

(1) 観測の不確定性原理より周波数分布は $\Delta\nu \sim 1/\Delta t_0 = \gamma^2 \omega_{ce} \sin\alpha$ 程度
に広がったものになる.

(2) 周期性から周波数が $\omega_{ce}/(\gamma \sin^2\alpha)$ の整数倍のところのみに有限の振
幅を持つ数多くの δ 関数的スペクトルからなる.

サイクロトロン放射のときは電子の円運動の振動数と等しい単色の電磁波のみ
放射された. 違いは, シンクロトロンでは β が 1 に近いため, $\beta\dot\beta$, $\beta^2\dot\beta$ などの
4重極, 8重極といった高次の多重極の寄与が大きいことである. そのため大き
な振幅の高調波が現れるのである.

286 ページの「シンクロトロン放射スペクトルの厳密な導出」に示した詳細な
解析を行うと図 3.16 に示したようなスペクトル分布になり, $\omega \sim 0.29\omega_c$ のあ
たりで放射される電磁波のエネルギーが最大になる. ここで ω_c は臨界周波数
(critical frequency) と呼ばれる周波数で $\omega_c \equiv \dfrac{3}{2}\gamma^2 \omega_{ce} \sin\alpha$ で与えられる. 前

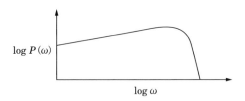

図 3.16 単一の電子からのシンクロトロン放射のスペクトル
分布.

段落で述べたように実際には $2\pi/T_0$ の整数倍の飛び飛びの振動数のところのみ値を持つスペクトルであるが，ここではピークの包絡線のみを示した．シンクロトロン放射強度が最大になる周波数は以下のようになる．

$$\nu_{\max} = 0.29 \frac{\omega_c}{2\pi} = 0.13 \left(\frac{\gamma}{10^4}\right)^2 \left(\frac{B}{1\,\mu\mathrm{G}}\right) \left(\frac{\sin\alpha}{1}\right) \mathrm{GHz}. \tag{3.100}$$

放射スペクトルの最大値は，放射に関与している電子のエネルギーに応じて電波から X 線まで広い周波数レンジに及ぶ．

ここまでは電子が単一の速度（エネルギー）を持つ場合に話を限ってきた．しかし，実際の天体からのシンクロトロン放射は速度分布，言い換えるとエネルギー分布を持つ電子系から放射される．シンクロトロン放射を行う相対論的電子の単位エネルギーあたりの個数密度分布（以下，電子のスペクトルと呼ぶ）は以下のようなベキ乗型（power law）をしている．

$$N(\gamma)d\gamma = N_0 \left(\frac{\gamma}{\gamma_0}\right)^{-p} \frac{d\gamma}{\gamma_0}, \quad \gamma_1 < \gamma < \gamma_2. \tag{3.101}$$

ここで $E = \gamma m_\mathrm{e} c^2$ を用いて電子のエネルギーを γ で表した．ここで $N(\gamma)d\gamma$ はエネルギーが $\gamma m_\mathrm{e} c^2 \sim (\gamma + d\gamma)m_\mathrm{e} c^2$ の電子の単位体積あたりの個数を表している．ベキ指数 p は正でありエネルギーが高い電子ほど数が少ないが，熱平衡分布のガウス型と比べて非常に高いエネルギーまで有限の値を持つことが特徴である．簡単のためにエネルギー $\gamma m_\mathrm{e} c^2$ の電子は周波数 $\nu = \nu_{\max}$ の電磁波を出すとする．すると $d\omega \propto \gamma\,d\gamma\,\omega_\mathrm{ce}\sin\alpha$, $\gamma \propto \omega^{1/2}\omega_\mathrm{ce}^{-1/2}\sin^{-1/2}\alpha$ となる．γ の電子1個からの放射強度は $\gamma^2 B^2 \sin^2\alpha$ に比例する．これらを用いてベキ乗型エネルギー分布をした電子系からのシンクロトロン放射のスペクトルが以下のように求まる．

$$P_\mathrm{tot}(\nu)d\nu \propto NB_\perp (\nu/\nu_\mathrm{ce,\perp})^{-(p-1)/2}d\nu.$$

ここで $B_\perp = B\sin\alpha$ は磁場の視線方向に垂直な成分である．$\nu_\mathrm{ce,\perp} = (eB_\perp/m_\mathrm{e}c)/2\pi$ は視線に垂直方向の磁場で定義されるサイクロトロン周波数である．電子のエネルギースペクトルについての足し合わせの結果，$\omega_\mathrm{ce}\sin\alpha/\gamma$ の整数倍のところに飛び飛びで現れていた放射スペクトルがすべての周波数について連続的に分布したスペクトルになった．この結果は，シンクロトロン放射の

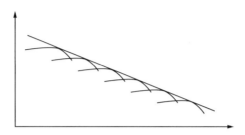

図 3.17 相対論的電子系からのシンクロトロン放射スペクトル.

強度の測定からは磁場の視線に垂直な成分の強度が測定されることを示している. 図 3.17 は, ベキ乗型の電子スペクトルのとき, それぞれの γ の電子からの放射を重ね合わせた結果シンクロトロン放射のスペクトルもベキ乗型になることを定性的に示している. 図は縦軸, 横軸ともに対数で表したグラフである. γ の異なる電子からのスペクトルのピークの包絡線を重ね合わせた結果, ベキ乗型スペクトルになることがその理由である.

シンクロトロン放射スペクトルの厳密な導出

ここでは, シンクロトロン放射のスペクトル分布の詳細な解析を行う. 式 (3.61) から計算を進める. 長時間平均を取り右辺第 1 項を落とす. 電子は z 軸方向を向いた一様磁場中を x–y 平面内で円運動しているとする. 一般性を失うことなく視線方向 $\boldsymbol{n}$ を yz 面内に設定できる. 視線方向と z 軸のなす角を θ とすると $\boldsymbol{n} = (0, \sin\theta, \cos\theta)$ と書ける. 放射電場の各成分のスペクトルが以下のように得られる.

$$
\begin{aligned}
\hat{E}_x(\omega) &= \frac{e\omega\beta}{2\pi cR} e^{i\varphi_0} \sum_n J_n'(\lambda) T' \mathrm{sinc}(\omega - n\omega_{\mathrm{se}}) \frac{T'}{2}, \\
\hat{E}_y(\omega) &= -\frac{ie\omega}{2\pi cR} \frac{\cos^2\theta}{\sin\theta} e^{i\varphi_0} \sum_n J_n(\lambda) T' \mathrm{sinc}(\omega - n\omega_{\mathrm{se}}) \frac{T'}{2}, \qquad (3.102) \\
\hat{E}_z(\omega) &= \frac{ie\omega}{2\pi cR} \cos\theta\, e^{i\varphi_0} \sum_n J_n(\lambda) T' \mathrm{sinc}(\omega - n\omega_{\mathrm{se}}) \frac{T'}{2}.
\end{aligned}
$$

ここで $\lambda = (\omega\beta/\omega_{\mathrm{se}})\sin\theta$, T' は観測時間 T に対応する遅延時間で今の場合粒子の運動を周期につき平均すると観測者に対して静止しているため $T' = T$ である. φ_0 は, 粒子の初期位置および時間原点の取り方による位相であるが, 強度

を求めるため絶対値を取ると消えてしまう. よってその詳細には興味がない. こ
こで J_n' は n 次ベッセル関数 $J_n(\lambda)$ の λ による微分を表す. n 次ベッセル関数
$J_n(z)$ は以下の式で定義される.

$$
J_n(z) = \frac{1}{\pi} \int_0^\pi \cos(n\varphi - z\sin\varphi)d\varphi
$$

$$
= \frac{1}{2\pi} \int_0^{2\pi} e^{iz\sin\varphi - in\varphi}d\varphi = \frac{i^{-n}}{2\pi} \int_0^{2\pi} e^{iz\cos\varphi + in\varphi}d\varphi, \tag{3.103}
$$

$T' \gg 1/\omega_{\rm se}$ となるような長い観測時間を取れば, 式 (3.102) の sinc 関数の部
分は $\omega \sim n\omega_{\rm se}$ でのみ値を持つデルタ関数として扱ってよい. すなわち放射スペ
クトルは, $\omega_{\rm se}$ の整数倍の角周波数でのみ値を持つ.

全放射強度を式 (3.41) および $dA = R^2 d\Omega$ を用いて計算すると以下の式が
得られる.

$$
\frac{dW}{dt'} = \int d\Omega \int d\omega R^2 c \frac{|\hat{E}_x|^2 + |\hat{E}_y|^2 + |\hat{E}_z|^2}{T'}
$$

$$
= \frac{2e^2\omega_{\rm se}^2}{c\beta} \sum_n \left[n\beta^2 J_{2n}'(2n\beta) - n^2(1-\beta^2)\int_o^\beta J_{2n}(2n\xi)d\xi \right]. \tag{3.104}
$$

ここでは以下の関係式を用いた.

$$
\int_0^{\pi/2} J_n^2(z\sin\theta)\sin\theta d\theta = \frac{1}{2z}\int_0^{2z} J_{2n}(t)dt. \tag{3.105}
$$

281 ページの「スペクトラム」で示したようにシンクロトロン放射の周波数分布
は $\omega \sim \gamma^3 \omega_{\rm se}$ まで有限の値を取る. そこで以下, $n \sim \gamma^3 \gg 1$ の高次でのベッセ
ル関数の漸近的振る舞いを調べる. 式 (3.103) は, $n \gg 1$ の極限で以下のよう
に書ける.

$$
J_{2n}(2n\xi) \begin{cases} \sim \dfrac{1}{\pi}\displaystyle\int_0^\infty \cos\left[2n\left(\dfrac{1-\xi^2}{2}\varphi + \dfrac{\varphi^3}{6}\right)\right]d\varphi, & (\xi \sim 1) \\[4mm] \sim 0 & \text{(その他)} \end{cases}
$$

ここで積分におもに寄与する φ の範囲では $1 - \xi^2 \sim \varphi^2$ であることを考慮して
φ^3 まで残した. $\xi \sim 1$ での漸近形は, 以下の式で定義されるエアリー関数

$$
{\rm Ai}(z) = \frac{1}{\sqrt{\pi}} \int_0^\infty \cos\left(z\varphi + \frac{\varphi^3}{3}\right)d\varphi \tag{3.106}
$$

を用いると次のように書ける.

$$J_{2n}(2n\xi) \sim \frac{1}{\sqrt{\pi}n^{1/3}}\mathrm{Ai}[n^{2/3}(1-\xi^2)]. \tag{3.107}$$

式（3.104）の和は, $n = \omega/\omega_{\mathrm{se}}$ と $d\omega$ の角周波数間隔に存在するモード数が $d\omega/\omega_{\mathrm{se}}$ であることを用いて, ω の積分に直すことができる. このときの被積分関数が単位角周波数あたりの放射強度を与え, 近似式（3.107）を用いて以下のように書ける.

$$\frac{dW}{d\omega dt'} \sim \frac{2e^3}{\sqrt{\pi}}\frac{B}{m_{\mathrm{e}}c^2}\sqrt{u_0}\left[-\mathrm{Ai}'(u_0) - \frac{u_0}{2}\int_{u_0}^{\infty}\mathrm{Ai}(u)du\right], \tag{3.108}$$

ここで $u_0 = (\omega/\omega_{\mathrm{se}})^{2/3}(1-\beta^2)$ である. この結果は, 以下の式で定義される変形されたベッセル関数（あるいはマクドナルド関数とも呼ばれる）

$$K_\nu(z) = \int_o^{\infty} e^{-z\cosh t}\cosh \nu t\, dt \tag{3.109}$$

とエアリー関数との間の関係式

$$\mathrm{Ai}(z) = \sqrt{\frac{z}{3\pi}}K_{1/3}\left(\frac{2}{3}z^{2/3}\right) \tag{3.110}$$

を用いて次のようにまとめられる.

$$\frac{dW}{d\omega dt'} = \frac{\sqrt{3}}{2\pi}\frac{e^3 B}{m_{\mathrm{e}}c^2}F(\chi_0). \tag{3.111}$$

ここで F, χ_0 は以下の式で定義される.

$$F(\chi_0) = \chi_0 \int_{\chi_0}^{\infty} K_{5/3}(\chi)d\chi, \quad \chi_0 = \frac{\omega}{\omega_c}, \quad \omega_c = \frac{3}{2}\gamma^3\omega_{\mathrm{se}} = \frac{3}{2}\gamma^2\omega_{\mathrm{ce}}.$$

図 3.16 は, 関数 $F(\chi_0)$ の χ_0 依存性を示したものであった. 式（3.110）は, 両辺ともに方程式 $f''(z) = zf(z)$ の解であり, 二つの境界 $z = 0, \infty$ で同じ境界値を持つことを示すことで証明できる.

　最後に電子系からの放射スペクトルを導出する. 以下電子の速度分布は等方的であるとする. 興味ある量は, すべての電子からの放射の重ね合わせの結果, ある特定の視線方向 $\boldsymbol{n}$ で観測される単位立体角あたりの放射強度である. このためには, さまざまなピッチ角 α の電子が $\boldsymbol{n}$ の方向に放射する放射場を重ね合わ

せる必要がある. 電子の空間分布がランダムで密度が十分希薄であれば, 各電子からの放射の重ね合わせは非可干渉な重ね合わせで与えられる. したがって, 各電子が n の方向に放射する放射強度を足し上げればよい. 以下では簡単のため, 視線方向が y 軸方向と一致する場合, すなわち $\theta = \pi/2$ の場合を取り上げて議論を進める.

281 ページの「スペクトラム」の議論から, ピッチ角が $\pi/2$ を中心に $\pm 1/\gamma$ の狭い範囲の電子からの寄与のみを考慮すれば十分である. したがって, ピッチ角が α_0 の電子のこの方向への寄与を同じエネルギーを持つピッチ角が $\pi/2$ の電子から $\theta = \pi - \alpha_0$ の方向への放射強度で近似できる. 視線方向が任意の θ のときの結果は, これまで得られた結果の中の磁場 B を $B_\perp = B\sin\theta$ で置き換えることで得られる.

以上から, 相対論的電子のエネルギー分布がベキ乗型で与えられるときの単位角周波数における単位立体角あたりの $n = (0, \sin\theta, \cos\theta)$ への放射強度は, 式 (3.101) を式 (3.111) に掛けて γ で積分し 4π で割り B を $B_\perp$ で置き換えることで, 以下の式のように与えられる.

$$P_{\rm e}(\omega, \boldsymbol{n}) = \frac{\sqrt{3}e^3 N_0 \gamma_0^{p-1} B_\perp}{8\pi^2 m_{\rm e} c^2 (p+1)} \Gamma\left(\frac{p}{4}+\frac{19}{12}\right)\Gamma\left(\frac{p}{4}-\frac{1}{12}\right)\left(\frac{m_{\rm e}c\omega}{3eB_\perp}\right)^{-(p-1)/2}.$$
(3.112)

ここで, 4π で割ったのは電子のエネルギー分布関数を単位立体角あたりに直すためであり, Γ はガンマ関数であり, $\gamma_1^2\omega_{\rm ce} \ll \omega \ll \gamma_2^2\omega_{\rm ce}$ を仮定し計算には以下の関係式を用いた.

$$\int_0^\infty x^\mu F(x)dx = \frac{2^{\mu+1}}{\mu+2}\Gamma\left(\frac{\mu}{2}+\frac{7}{3}\right)\Gamma\left(\frac{\mu}{2}+\frac{2}{3}\right).$$

偏光

放射のほとんどは電子のピッチ角が観測者の視線方向と磁場のなす角と一致している電子からのものである. このとき, 円運動を真横から見た形になるので磁場に垂直方向に直線偏光する. ピッチ角がこれより大きな電子は右回りに回って見えるので右回り楕円偏光する. 逆にピッチ角がこれより小さな電子は左回りに回って見えるので左回り楕円偏光する.

　さまざまなピッチ角の電子からの放射の重ね合わせを観測することを考慮すると，楕円偏光の部分は打ち消しあってゼロになり無偏光を作る．結果として直線偏光と無偏光の重ね合わせとして観測される．直線偏光を作る部分は，ビーミングを受けている部分なので強度が強い．したがって偏光度が非常に強い．式 (3.104) の $W_x + W_y + W_z$ を $W_x - W_y - W_z$ で置き換えて，286 ページの「シンクロトロン放射スペクトルの厳密な導出」で行った計算を一通り行うことで式 (3.112) に対応する量 $Q_\mathrm{e}(\omega, \boldsymbol{n})$ を得る．

$$Q_\mathrm{e}(\omega, \boldsymbol{n}) = \frac{\sqrt{3}}{8\pi^2} \frac{e^3 B_\perp}{m_\mathrm{e} c^2} \int_{\gamma_1}^{\gamma_2} N_0 \gamma^{-p} \gamma_0^{p-1} \chi_0 K_{2/3}(\chi_0) d\gamma. \tag{3.113}$$

したがって，$\gamma_1^2 \omega_\mathrm{ce} \ll \omega \ll \gamma_2^2 \omega_\mathrm{ce}$ の角周波数に対して，偏光度は以下のように計算できる．

$$\Pi = \frac{Q_\mathrm{e}(\omega, \boldsymbol{n})}{P_\mathrm{e}(\omega, \boldsymbol{n})} = \frac{p+1}{p+7/3}. \tag{3.114}$$

通常天体では $p \sim 3$–5 なので $\Pi \sim 75\%$–82% と非常に大きい．偏光方向は磁場に垂直な方向である．式 (3.113) の導出には，次のベッセル関数の関係式を用いた．

$$\int_0^{\frac{\pi}{2}} J_n^2(z \sin\theta) \frac{d\theta}{\sin\theta} = \int_0^{2z} \frac{J_{2n}(t)}{t} dt.$$

また，偏光度 (3.114) の導出には以下の関係式を用いた．

$$\int_0^\infty x^{\mu+1} K_{2/3}(x) dx = 2^\mu \Gamma\left(\frac{\mu}{2} + \frac{4}{3}\right) \Gamma\left(\frac{\mu}{2} + \frac{2}{3}\right).$$

　シンクロトロン放射が観測されている天体の多くでは偏光度があまり大きくない．この原因の一つは，以下のように考えられる．観測者から見て天体の奥で生成された放射は天体内を伝搬する間に強いファラデー回転を受ける．一方，手前側で生成された放射はさほどファラデー回転を受けない．結果として天体の奥で生成された放射の偏光方向と手前で生成された放射の偏光方向に大きな差が生じる．途中で生成された放射の偏光面はその間に分布する．これらを重ね合わせた結果お互い打ち消しあい偏光度が下がる．この現象をファラデー–デポーラリゼーション（Faraday depolarization）と呼ぶ．

3.6 コンプトン散乱

3.3 節では電磁波の電子による散乱を弾性散乱として扱った．トムソン散乱の取り扱いでは散乱前後で電磁波の運動量の保存が破れていた．古典的には電磁波の運動量の電子への受け渡しは，電磁波の磁場によるローレンツ力で起こる．したがって，電磁波によって加速される電子の速度が非相対論的である限り電磁波の磁場によるローレンツ力は無視しえるので運動量保存を破った取り扱いでもよい近似で現象を記述できる．しかしながら，電子の速度が相対論的になると散乱過程での運動量の受け渡しを考慮した取り扱いが必要になる．実際の電磁波は光子の集まりであり，電子と電磁波の散乱の素過程は光子と電子の散乱である．光子はエネルギー $h\nu$ を持つだけでなく運動量 $h\nu/c$ を持つ．光子と電子の散乱では，散乱の過程で運動量，エネルギーのやり取りが電子と必然的におきることになり，散乱はもはや弾性散乱ではありえなくなる．光子から電子へエネルギーが渡される場合をコンプトン散乱（Compton scattering）と呼び，逆に電子から光子にエネルギーが渡される場合を逆コンプトン散乱（inverse Compton scattering）と呼ぶ．

後で示すように，入射光子のエネルギーが電子の静止質量エネルギーを遥かに超えるような特殊な場合を除いて，逆コンプトン散乱による反跳（recoil）で電子が失うエネルギーは散乱前の運動エネルギーに比べて非常に小さい．このとき散乱は本質的にトムソン散乱と同じである．逆コンプトン散乱による光子のエネルギー変化は，3.6.2 節で示すように散乱前の電子静止系と実験室系との間でのローレンツ変換の結果である．このような場合，逆コンプトン散乱過程は電磁波を波動的に取り扱うことでも記述できる．そのことの具体例として以下で有名な逆コンプトン散乱強度（inverse Compton power）の公式をリエナーの公式（3.51）すなわちマクスウェル方程式から演繹的に導出できることを示す．

逆コンプトン散乱は，天体からの連続波放射のおもな発生機構の一つとして扱われる．放射（emission）とは一般に光子数の生成を伴う現象を指す言葉である．したがって，光子数生成を伴わない逆コンプトン散乱は厳密には放射ではない．逆コンプトン散乱は，背景光の一部を運動する電子が散乱し高いエネルギーの光子に変換する現象である．その結果，背景光よりはるかに高い周波数に放射

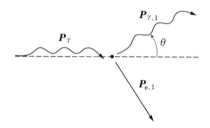

図 **3.18** 静止した電子による光子の散乱.

が現れたり，強度が一様な背景光に強度のコントラストが現れたりする．観測者にとっては，放射天体が存在するように観測されるので逆コンプトン散乱を天体からの放射過程の一つとして扱う．天体における逆コンプトン散乱の背景光の代表例は，その天体自身がシンクロトロン放射で生成した放射あるいは宇宙マイクロ波背景放射である．これらはともに連続波であり，これらが逆コンプトン散乱を受けた結果現れる放射も連続波となる．

3.6.1 静止した電子と光子の散乱: コンプトン散乱

まず静止した電子と光子の衝突を考察する．図 3.18 に示したように散乱前の光子，電子の 4 元運動量をそれぞれ $P_\gamma^\mu = (\varepsilon/c, \varepsilon/c, 0, 0)$, $P_e^\mu = (m_e c, 0, 0, 0)$, 散乱後の光子，電子の 4 元運動量をそれぞれ $P_{\gamma,1}^\mu = (\varepsilon_1/c, \varepsilon_1 \cos\theta/c, \varepsilon_1 \sin\theta/c, 0)$, $P_{e,1}^\mu = (\gamma m_e c, -\gamma m_e v \cos\theta_e, -\gamma m_e v \sin\theta_e, 0)$ とする．ここで θ, θ_e はそれぞれ光子，電子の散乱角である．4 元運動量保存則は以下のように書ける．

$$P_\gamma^\mu + P_e^\mu = P_{\gamma,1}^\mu + P_{e,1}^\mu.$$

これを $P_{e,1}^\mu = P_\gamma^\mu + P_e^\mu - P_{\gamma,1}^\mu$ と変形して，両辺の 2 乗をとることで以下のように散乱前後の光子のエネルギーの変化の式を得る．

$$\varepsilon_1 = \frac{\varepsilon}{1 + \dfrac{\varepsilon}{m_e c^2}(1 - \cos\theta)}. \tag{3.115}$$

ここで $P_\gamma^\mu P_{\mu,\gamma} = P_{\gamma,1}^\mu P_{\mu,\gamma,1} = 0$, $P_e^\mu P_{\mu,e} = P_{e,1}^\mu P_{\mu,e,1} = -(m_e c)^2$ を使った．$\varepsilon = h\nu = hc/\lambda$ を用いて散乱前後の光の波長の変化の式が以下のように求まる．

$$\lambda_1 = \lambda + \lambda_c (1 - \cos\theta). \tag{3.116}$$

ここで $\lambda_c = h/m_e c = 0.02426\,\text{Å}$ は電子コンプトン波長であり，散乱前後で波長が λ_c 程度変化することを示している．この過程では，光子の波長は必ず散乱後長くなるので光子はエネルギーを失い，光子から電子へエネルギーが渡される．散乱前電子は静止していたのだから当然の結果である．

$\lambda \gg \lambda_c$ $(h\nu \ll m_e c^2)$ のとき波長の変化が無視でき，散乱はほぼ弾性的である．したがって，このときはわずかに起こるエネルギー変化が問題でない限りトムソン散乱の扱いで十分である．逆に波長が λ_c と同程度かそれ以下のときは，散乱前後の光子のエネルギー変化が無視できなくなる．このときは，不確定性原理から電子の位置が光の波長程度で不確定であるから古典的には取り扱えず量子力学的取り扱いが必要になる．さらに光子のエネルギーが電子の静止質量エネルギー並みかそれ以上であるので，1回の散乱で散乱後の電子が相対論的速度を持つ可能性がある．したがって，相対論的取り扱いも必要である．このように光子の波長が電子コンプトン波長程度かそれより短い場合の電子との散乱を取り扱うには，相対論的量子力学を用いなければならない．これを用いて散乱を扱い以下のコンプトン散乱の散乱断面積を初めて求めたのは，仁科芳雄（Y. Nishina）とクライン（O. Klein）であった．今日では以下のコンプトン散乱の微分散乱断面積はクライン–仁科の公式と呼ばれている．

$$\frac{d\sigma}{d\Omega} = \frac{r_0^2}{2}\frac{\varepsilon_1^2}{\varepsilon^2}\left(\frac{\varepsilon}{\varepsilon_1} + \frac{\varepsilon_1}{\varepsilon} - \sin^2\theta\right). \tag{3.117}$$

$\lambda \gg \lambda_c$ の極限でこれはトムソン散乱と一致する．$\lambda \ll \lambda_c$ の相対論的極限では，断面積はトムソン散乱の断面積より入射光子のエネルギーに反比例して小さくなる．

3.6.2 運動する電子と光子の散乱: 逆コンプトン散乱

この節では，運動している電子による光子の散乱について考察する．以下，電子が運動して見える系を K 系あるいは実験室系（laboratory frame）と呼び，電子が静止して見える系を K′ 系あるいは電子静止系（electron rest frame）と呼ぶ．K′ 系の物理量には ′ をつける．ここでは $\varepsilon' \ll m_e c^2$ とする．K 系での散乱前の電子の速度を v とすると $\beta = v/c$ を用いてドップラー効果の公式から次の関係式が得られる．

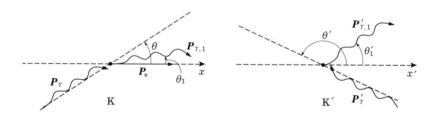

図 **3.19** 運動する電子による光子の散乱.

$$\varepsilon' = \varepsilon\gamma(1 - \beta\cos\theta), \quad \varepsilon'_1 = \varepsilon_1\gamma(1 - \beta\cos\theta_1).$$

図 3.19 に示したように θ, θ_1 はそれぞれ K 系での入射光子および散乱後の光子がそれぞれ散乱前の K 系での電子の速度となす角である．3.6.1 節の結果から以下の関係式が得られる．

$$\varepsilon'_1 = \frac{\varepsilon'}{1 + \dfrac{\varepsilon'}{m_{\mathrm{e}}c^2}(1 - \cos\Theta)}.$$

ここで $\cos\Theta \equiv \cos\theta'\cos\theta'_1 + \sin\theta'\sin\theta'_1(\cos\phi'\cos\phi'_1 + \sin\phi'\sin\phi'_1)$ は，K′ 系で観測した入射光子と散乱光子のなす角の余弦である．θ', θ'_1 は K′ 系で観測した θ, θ_1 である．ϕ', ϕ'_1 は，それぞれ K′ 系での散乱前後の光子の方位角である．$\varepsilon' \ll m_{\mathrm{e}}c^2$ より

$$\varepsilon'_1 \sim \varepsilon'.$$

K′ 系ではほぼ弾性散乱である．したがって，K 系の観測者にとっての散乱前後の光子のエネルギー変化は以下のように書き表せる．

$$\varepsilon_1 \sim \varepsilon\frac{1 - \beta\cos\theta}{1 - \beta\cos\theta_1}. \tag{3.118}$$

散乱後光子は電子からエネルギーを受け取る．これを逆コンプトン散乱と呼ぶ．$\theta = \pi, \theta_1 = 0$ のとき，つまり正面衝突し入射電子から見て前方に跳ね返されるとき，光子のエネルギー変化量 $\Delta\varepsilon = \varepsilon_1 - \varepsilon$ が以下の最大値をとる．

$$\varepsilon_1 \sim \varepsilon\frac{1 + \beta}{1 - \beta} \sim \gamma^2(1 + \beta)^2.$$

散乱前後で γ^2 倍になるならどんどんエネルギーが増加し得る．しかし，エネルギーは保存しなければならないので散乱後の光子のエネルギーは，散乱前の系の全エネルギーを超えられない．したがって上限は

$$\varepsilon_1 < \gamma m_{\mathrm{e}} c^2 + \varepsilon \sim \gamma m_{\mathrm{e}} c^2 \tag{3.119}$$

で逆コンプトン散乱では，散乱後の光子のエネルギーの上限は，散乱前の電子のエネルギーになる．

電子の速度が相対論的な場合，$\beta \sim 1$, $\gamma \gg 1$ なので散乱後の光子のエネルギーは以下のような値を持つ．

$$\varepsilon_1 \sim \varepsilon 4\gamma^2 \sim 100 \left(\frac{\varepsilon}{3 \times 10^{-4}\,\mathrm{eV}} \right) \left(\frac{\gamma}{10^4} \right)^2 \mathrm{keV}. \tag{3.120}$$

$\varepsilon \sim 3 \times 10^{-4}\,\mathrm{eV}$ は宇宙マイクロ波背景放射（3 K 黒体）の光子の典型的なエネルギーである．

3.6.3 逆コンプトン散乱の放射強度

リエナーの公式（3.51）から逆コンプトン散乱の放射強度を求める．ここでは電磁波を波動として扱う．トムソン散乱のときと同様に系には特別な向きが存在しない．したがって，結果は電磁波の偏光状態に依存しない．簡単のため電磁波は直線偏光しているとする．図 3.20 に示したように電磁波の進行方向を $\boldsymbol{n} = (0,0,1)$ とする．電磁波の電場，磁場をそれぞれ $\boldsymbol{E} = (E(t),0,0)$, $\boldsymbol{B} = (0,B(t),0)$ とする．ただし $E(t) = B(t)$ である．散乱前の電子の速度を $\boldsymbol{v} =$

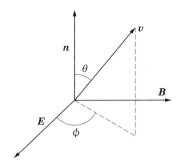

図 3.20　速度 $\boldsymbol{v}$ で運動する電子による電磁波の散乱.

$(v\sin\theta\cos\phi, v\sin\theta\sin\phi, v\cos\theta)$ とする．ここで θ は速度と電磁波の進行方向がなす角，ϕ は x–y 平面への速度ベクトルの射影の方位角である．相対論的電子の運動方程式（3.92），（3.93）にこれらを代入すると加速度が求まる．これをリエナーの公式に代入し，電子の速度が等方的であるとして入射電子の運動方向について平均すると以下の逆コンプトン散乱の放射強度を得る．

$$P_e = \sigma_T c \left[U_{ph}\gamma^2 \left(1 + \frac{1}{3}\beta^2\right)\right]. \tag{3.121}$$

ここで $U_{ph} = E(t)^2/4\pi$ は入射光子のエネルギー密度である．電子により単位時間あたりに散乱された電磁波の散乱前のエネルギーは

$$P_{\mathrm{ini}} = \sigma_T c[U_{ph}] \tag{3.122}$$

である．放射強度のうち逆コンプトン散乱による増加分を逆コンプトン強度と定義すると，P_e から P_{ini} を引くことで以下のように求まる．

$$P_{\mathrm{Comp}} = \frac{4}{3}[\gamma^2\beta^2\sigma_T c U_{ph}]. \tag{3.123}$$

ここで $\gamma^2 - 1 = \beta^2\gamma^2$ を用いた．

式（3.123）と式（3.98）から，同じローレンツ因子を持つ電子が起源の逆コンプトン強度とシンクロトロン放射強度の間には以下の関係式が常に成り立つことがわかる．

$$\frac{P_{\mathrm{sync}}}{P_{\mathrm{Comp}}} = \left[\frac{U_B}{U_{ph}}\right]. \tag{3.124}$$

電子の速度分布が温度 T で $k_B T \ll m_e c^2$ の非相対論的な熱平衡分布のときの逆コプトン強度を求める．式（3.123）を電子の速度分布について平均する．$\gamma \sim 1, \beta^2$ の平均が $3k_B T/m_e c^2$ であることを用いると以下のようになる．

$$P_{\mathrm{Comp}} = \left[\left(\frac{4kBT}{m_e c^2}\right)\sigma_T c U_{ph}\right]. \tag{3.125}$$

この式から，非相対論的熱平衡分布をした電子系との散乱における光子のエネルギー変化率の平均値が以下の式で与えられることがわかる．

$$\left\langle\frac{\Delta\varepsilon}{\varepsilon}\right\rangle = \left(\frac{4k_B T}{m_e c^2}\right) = 0.04\left(\frac{k_B T}{5\,\mathrm{keV}}\right). \tag{3.126}$$

　式（3.125）から式（3.126）が導かれることを示す．簡単のため散乱前の光子のエネルギーが ε ですべて揃っていたとする．このとき U_{ph}/ε は光子の数密度を表す．したがって $\sigma_T c U_{ph}/\varepsilon$ は一つの電子によって単位時間あたりに散乱される光子の数を表す．これに 1 回の散乱における光子のエネルギー変化量 $\Delta\varepsilon$ を掛ければ逆コンプトン強度になる．このようにして得られる式は，式（3.125）を式（3.126）を用いて $\langle \Delta\varepsilon/\varepsilon \rangle$ で書き換えた式にまさに一致する．

　逆コンプトン散乱によるエネルギー変化量を定量的に表現する物理量として以下で定義されるコンプトン y パラメータ（Compton y parameter）と呼ばれる量がしばしば用いられる．

$$y \equiv \left\langle \frac{\Delta\varepsilon}{\varepsilon} \right\rangle \times \tau_{es}. \tag{3.127}$$

τ_{es} は光子が電子により散乱を受ける平均回数である．式（3.127）は，散乱平均回数が 1 より十分小さいときの定義である．コンプトン y パラメータは逆コンプトン散乱による光子系全体の平均のエネルギー変化率を表している．非相対論的電子による逆コンプトン散乱のコンプトン y パラメータを具体的に評価すると次のようになる．

$$\tau_{es} = \sigma_T n_{\mathrm{e}} L = 2 \times 10^{-3} \left(\frac{n_{\mathrm{e}}}{10^{-3}\,\mathrm{cm}^{-3}} \right) \left(\frac{L}{1\,\mathrm{Mpc}} \right),$$
$$y = 8 \times 10^{-5} \left(\frac{k_{\mathrm{B}}T}{5\,\mathrm{keV}} \right) \left(\frac{n_{\mathrm{e}}}{10^{-3}\,\mathrm{cm}^{-3}} \right) \left(\frac{L}{1\,\mathrm{Mpc}} \right).$$

ここでは銀河団プラズマの典型的な値を代入した．銀河団中の高温プラズマの電子によって宇宙マイクロ波背景放射の光子が逆コンプトン散乱を受け，そのスペクトルが歪む現象が起きる．非相対論的電子による逆コンプトン散乱によって引き起こされる天体現象の典型的な例である．この現象は，初めて指摘した理論家の名前をつけてスニヤエフ–ゼルドビッチ効果（Sunyaev–Zel'dovich Effect（SZE））と呼ばれている．多くの SZE の研究論文ではコンプトン y パラメータの定義として式（3.126）の係数 4 を省いたものを用いているので注意が必要である．

3.7 チェレンコフ放射

真空中を等速直線運動をする荷電粒子が作る電磁場は速度場のみであり，電磁波を放射しない．しかし，光の屈折率が 1 以上の媒質の場合には相対論的速度で等速直線運動する荷電粒子から電磁波の放射が起きる．このとき荷電粒子の速度が光の位相速度を超えることが放射が起きるポイントである．これがチェレンコフ放射（Cherenkov radiation）である．チェレンコフ放射は，ニュートリノ観測装置や TeV ガンマ線観測装置のように直接捉えることが困難な物理量を観測する手法を我々に提供してくれている．

屈折率が $n_r > 1$ の媒質中では電磁波の位相速度が c/n_r と真空中の値より遅くなる．式（3.23），（3.24）の真空中の 4 元ポテンシャルの満たす方程式中の c を c/n_r に置き換えた式が 4 元ポテンシャルを求める方程式となる．その結果速度場の電場成分は次のようになる．

$$\boldsymbol{E}(\boldsymbol{r}, t) = q \left[\frac{(\boldsymbol{n} - n_r \boldsymbol{\beta})(1 - n_r^2 \beta^2)}{\kappa^3 R^2} \right], \tag{3.128}$$

$$\kappa = 1 - n_r \boldsymbol{n} \cdot \boldsymbol{\beta}. \tag{3.129}$$

$n_r > 1$ のとき，荷電粒子の速度が c に近づくと $\kappa = 0$ となりうる．$\boldsymbol{n}$ と $\boldsymbol{\beta}$ のなす角を θ とするとき，$\kappa = 0$ となる角度は，

$$\cos \theta = \frac{1}{n_r \beta} \tag{3.130}$$

で求まる．これを臨界角と呼ぶ．これを満たす角度が存在するためには $n_r \beta > 1$ でなければならない．屈折率の 1 からのズレを Δn_r とする．たとえば空気では，$\Delta n_r \sim 0.0003$ で 1 より十分小さい．そこで $\Delta n_r \ll 1, \gamma \gg 1$ の極限で考えると，

$$\gamma > \frac{1}{\sqrt{2 \Delta n_r}} \sim 40 \left(\frac{\Delta n_r}{0.0003} \right)^{-0.5} \tag{3.131}$$

が $\kappa = 0$ となる角度が存在する条件である．このとき臨界角は

$$\theta \sim \sqrt{2 \Delta n_r - \frac{1}{\gamma^2}} \tag{3.132}$$

であり，$\gamma^2 \gg \Delta n_r$ の極限で $\theta \sim \sqrt{2 \Delta n_r} \sim 1 \, (n_r/0.0003)^{0.5}$ 度となる．

　真空中の速度場は，距離の 2 乗に反比例して振幅が減少するので無限遠まで
エネルギーを運搬することができなかった．しかし，屈折率が 1 より大きい媒質
中では，$\kappa = 0$ となる点では速度場が非常に大きくなり，詳細は省くが無限遠へ
のエネルギー伝搬量が有限値をとりうる．また，この点では，$\boldsymbol{n} \cdot (\boldsymbol{n} - n_r \boldsymbol{\beta}) =$
$\kappa = 0$ であり，電場の方向 $\boldsymbol{n} - n_r \boldsymbol{\beta}$ が進行方向 $\boldsymbol{n}$ と直交している．したがって，
$\kappa = 0$ を満たす方向に伝わる速度場は，放射と同じ横波である．これがチェレン
コフ放射である．

参考文献

第 1 章

湯川秀樹監修，内山龍雄訳編『アインシュタイン選集 2（一般相対性理論および統一場理論）』，共立出版，1970

A. パイス著，西島和彦監訳『神は老獪にして …: アインシュタインの人と学問』，産業図書，1987

J. スターシェル著，前田恵一訳「相対性理論の歴史（第 4 章）」『20 世紀の物理学 I』，丸善，1999, p.296

C.M. Will, *Theory and Experiment in Gravitational Physics* (2nd ed.), Cambridge University Press, 1993

S.L. Shapiro and S.L. Teukolsky, *Black Holes, White Dwarfs, and Neutron Stars: The Physics of Compact Objects*, Wiley, 1983

C.W. Misner, K.S. Thorne, J.A. Wheeler, *Gravitation*, Freeman, 1973

K.S. Thorne, *Black Holes and Time Warps —— Einstein's Outrageous Legacy*, W.W. Norton & Company, 1994;（邦訳）K.S. ソーン著，林 一・塚原周信訳『ブラックホールと時空の歪み —— アインシュタインのとんでもない遺産』，白揚社，1997

R.M. Wald, *General Relativity*, Univ. of Chicago Press, 1984

佐藤勝彦著『相対性理論』，岩波書店，1996

B.F. Schutz , *A first course in general relativity*, Cambridge Univ. Press, 1985;（邦訳）B.F. シュッツ著，江里口良治・二間瀬敏史訳『相対論入門 上，下』，丸善，1988

S.W. Hawking and G.F.R. Ellis, *The large scale structure of space-time*, Cambridge University Press, 1973

ランダウ・リフシッツ著，恒藤 敏彦訳『場の古典論』，東京図書，1978

佐々木 節著『一般相対論』，産業図書，1996

中村卓史，大橋正健，三尾典克著『重力波をとらえる』，京都大学学術出版会，1998

第 2 章

S. Ichimaru, *Statistical Plasma Physics* Vol.I: *Basic Principles*, Westview Press, 2004

R.D. Hazeltine and F.L. Walbroeak, *The Framework of Plasma Physics*, Westview Press, 2004

T.J.M. Boyd and J.J. Sanderson, *The Physics of Plasma*, Cambridge University Press, 2003

D.A. Gurnett and A. Bhattacharjee, *Introduction to Plasma Physics*, Cambridge Univ. Press, 2005

F.F. Chen 著，内田岱二郎訳『プラズマ物理入門』，丸善，1977

寺沢敏夫著『太陽圏の物理』, 岩波講座 物理の世界 2, 岩波書店, 2005
高部英明著『さまざまなプラズマ』, 岩波講座 物理の世界 4, 岩波書店, 2004
リフシッツ・ピタエフスキー著, 井上・石橋・抑大訳『物理学的運動学（全 2 巻)』, 東京図書, 1982

第 3 章
G.B. Rybicki and A.P. Lightman, *Radiative Processes in Astrophysics*, John Wiley & Sons, 1979
J.D. Jackson, *Classical Electrodynamics*（3rd ed.）, John Wiley & Sons, 1999
W.K.H. Panofsky and M. Phillips, *Classical Electricity and Magnetism*, Addison-Wesley, 1961
F.H. Shu, *The Physics of Astrophysics* Vol. I: *Radiation*, University Science Books, 1992
A. Hofmann, *The Physics of Synchrotron Radiation*, Cambrige University Press, 2004

インターネット天文学辞典, 日本天文学会編, https://astro-dic.jp/
天文・宇宙に関する 3000 以上の用語をわかりやすく解説. 登録不要・無料.

索引

日本天文学会第 2 版化ワーキンググループ

茂山　俊和（代表）　　岡村　定矩　　熊谷紫麻見　　桜井　　隆　　松尾　　宏

日本天文学会創立 100 周年記念出版事業編集委員会

岡村　定矩（委員長）

家　　正則　　　池内　　了　　　井上　　一　　　小山　勝二　　　桜井　　隆

佐藤　勝彦　　　祖父江義明　　　野本　憲一　　　長谷川哲夫　　　福井　康雄

福島登志夫　　　二間瀬敏史　　　舞原　俊憲　　　水本　好彦　　　観山　正見

渡部　潤一

12巻編集者　観山　正見　岐阜聖徳学園大学・岐阜聖徳学園大学短期大学部，
　　　　　　　　　　　　　　国立天文台名誉教授（責任者）

　　　　　　　　野本　憲一　東京大学カブリ数物連携宇宙研究機構（2 章）

　　　　　　　　二間瀬敏史　東北大学名誉教授（1 章，3 章）

執　筆　者　牧野淳一郎　神戸大学大学院理学研究科（1.1–1.2 節）

　　　　　　　　前田　恵一　早稲田大学名誉教授（1.3–1.5 節）

　　　　　　　　田中　貴浩　京都大学大学院理学研究科（1.6 節）

　　　　　　　　星野　真弘　東京大学大学院理学系研究科（2 章）

　　　　　　　　服部　　誠　東北大学大学院理学研究科（3 章）

天体物理学の基礎 II[第2版]
シリーズ**現代の天文学　第12巻**

発行日　2008年5月30日　第1版第1刷発行
　　　　2023年8月15日　第2版第1刷発行

編　者　観山正見・野本憲一・二間瀬敏史
発行所　株式会社 日本評論社
　　　　170-8474 東京都豊島区南大塚3-12-4
　　　　電話　03-3987-8621(販売)　03-3987-8599(編集)
印　刷　三美印刷株式会社
製　本　牧製本印刷株式会社
装　幀　妹尾浩也

JCOPY　〈(社)出版者著作権管理機構委託出版物〉
本書の無断複写は著作権法上での例外を除き禁じられています. 複写される
場合は, そのつど事前に, (社)出版者著作権管理機構(電話03-5244-5088,
FAX03-5244-5089, e-mail: info@jcopy.or.jp)の許諾を得てください. また,
本書を代行業者等の第三者に依頼してスキャニング等の行為によりデジタル
化することは, 個人の家庭内の利用であっても, 一切認められておりません.

© Shoken Miyama *et al.* 2008, 2023 Printed in Japan
ISBN978-4-535-60762-0

シリーズ 現代の天文学 全18巻 [第2版]

Modern Astronomy Series 2nd.ed.

圧倒的な支持を得た旧版に、重力波の直接観測、太陽系外惑星など、
この10年のトピックスを盛り込んだ[第2版]刊行開始!

🐚日本評論社